数据库应用技术研究

范长英　著

北京工业大学出版社

图书在版编目（CIP）数据

数据库应用技术研究 / 范长英著. — 北京 ：北京工业大学出版社，2019.6（2021.5 重印）
ISBN 978-7-5639-6837-4

Ⅰ. ①数… Ⅱ. ①范… Ⅲ. ①关系数据库系统—研究 Ⅳ. ① TP311.138

中国版本图书馆 CIP 数据核字（2019）第 102359 号

数据库应用技术研究

著　　者：范长英
责任编辑：李俊焕
封面设计：点墨轩阁
出版发行：北京工业大学出版社
（北京市朝阳区平乐园 100 号　邮编：100124）
010-67391722（传真）　bgdcbs@sina.com
经销单位：全国各地新华书店
承印单位：三河市明华印务有限公司
开　　本：710 毫米 ×1000 毫米　1/16
印　　张：19
字　　数：380 千字
版　　次：2019 年 6 月第 1 版
印　　次：2021 年 5 月第 2 次印刷
标准书号：ISBN 978-7-5639-6837-4
定　　价：79.80 元

前 言

数据库技术是计算机领域中的一项重要技术，是软件学科的一个独立分支。数据库技术的应用遍及各行各业，大到企业级的应用程序，小到个人的管理信息系统，可以说无处不在。数据库的设计在一定程度上决定了数据库应用系统的功能，只有掌握数据库应用技术，才能设计出好的数据库应用系统，从而有利于利用数据库应用技术做各种数据处理等工作。

由于计算机技术的进步，使得关系型数据库管理系统软件得到了快速发展，尤其是微软公司的SQL Server数据库系统，从SQL Server7.0、SQL Server 2000发展到现在的SQL Server 2005和SQL Server 2008，并且随着版本的不断升级，功能也越来越强大。可视化数据库的设计与管理是当前的技术热点。

SQL Server是一个全面的、集成的、端到端的数据解决方案，它为组织中的用户提供了一个更安全可靠和更高效的平台，用于企业数据和商务智能（BI）应用。SQL Server为IT专家和信息工作者带来了强大的、熟悉的工具，同时降低了从移动设备到企业数据系统的多平台上创建、部署、管理和使用企业数据和分析应用程序的复杂性。通过全面的功能集与现有系统的互操作性以及对日常任务的自动化管理能力，SQL Server为不同规模的企业提供了一个完整的数据解决方案。

SQL Server包含的内容很多，本书在具体内容的安排上，从应用的角度出发，以实用性为重点，侧重于操作和应用所必需的基础知识；在取材的深度和广度方面也进行了精心的优化筛选，精心设计实例，语言通俗易懂。为了便于学习掌握，本书还注意了例题安排上的连续性，各章相对独立，又互为补充，使学习者可以在有限的学时内更好地掌握数据库的实用技术。

本书取材注重实用，内容由浅入深，语言简练，逻辑性强，适用于教学和技术应用。本书既可作为高等院校相关专业“数据库应用技术”课程的教材使用，同时也可供从事数据库研究和使用SQL Server进行数据库系统开发的计算机专业人员参考。

由于时间仓促，作者水平有限，书中难免有不当之处，敬请读者批评指正。

目 录

第一章　数据库系统概论

第一节　信息数据与数据处理

在科学、技术、经济、文化和军事等各个领域会遇到大量的数据，如何科学地管理数据是一个重要的课题。数据库技术是使用计算机来管理数据的科学技术，经过多年的研究和实践，数据库技术已发展成为一门完整的学科，运用数据库技术科学、有效地管理数据，已经成为计算机应用的重要领域。

一、信息与数据

计算机的出现，开创了数据处理的新纪元。数据处理的基本要素是数据的组织、存储、检索、维护和加工利用，这些正是数据库系统所要解决的问题。

数据是数据库系统研究和处理的对象。数据与信息是分不开的，它们既有联系又有区别。

1. 信息

随着社会的发展和科学技术的进步，人们对“信息”这个名词已经不再陌生。对于信息的定义，从不同角度来说又有着不同的解释。一般认为，信息是人们进行各种活动所需要的知识，是现实世界各种状态的反映。合理利用信息可以增加人们的知识，提高人们对事物的认识能力。在现代社会，不论是生产、科学研究和社会活动，还是个人生活，都离不开信息。

2. 数据

数据是描述信息的符号，也是信息的载体。符号的形式多种多样，如数值、文本、图形、图像、声音等类型。利用计算机进行信息处理，就需要把信息转换为计算机能够识别的符号，即用 0 和 1 两个编码符号来表示各种信息。

数据和信息既有联系又有区别。如果把客观世界的某种现象或观念所反映的知识用一定的方法描述出来，那么前者是信息，后者是数据。因为信息和数据都是通过现象和概念反映知识的，这是它们的共同点。因此当不需要严格区分时，这两者是一样的。

信息以数据的形式处理，而处理的结果又可能产生新的信息。

二、数据处理

数据处理是指对各种形式的数据进行收集、存储、加工和传播等一系列活动的总和。其目的是从大量的、原始的数据中抽取、推导出对人们有价值的信息，以作为行动和决策的依据；数据处理从根本上来说是为了借助计算机科学地保存和管理复杂的、大量的数据，以便人们能方便且充分地利用这些宝贵的信息资源。

在数据处理的一系列活动中，数据的收集、组织、存储、传播、检索、分类等活动是基本环节，这些基本环节统称为数据管理或信息管理。在数据处理中，数据的加工、计算、打印报表等操作对不同的业务部门可以有不同的内容。数据库技术属于数据管理技术。数据库技术所研究的问题就是如何科学地组织和存储数据，如何高效地获取和处理数据。

第二节　数据管理技术的发展

数据管理技术的发展与硬件（主要是外存）、软件、计算机应用的范围有着密切的联系。数据管理技术的发展经过三个阶段：人工管理阶段、文件系统阶段和数据库系统阶段。

一、人工管理阶段

人工管理阶段，即20世纪40年代中期电子计算机问世至50年代中期，这一阶段的计算机系统，既没有操作系统，也没有管理数据的软件。这一阶段的计算机主要用于科学计算。

在人工管理阶段，数据管理的特点如下。

①数据不保存在机器中。因为计算机主要用于科学计算，一般不需要将数据长期保存。在计算时将数据输入，计算完毕将数据输出。

②没有软件系统对数据进行管理。程序员不仅要规定数据的逻辑结构，而且还要在程序中设计物理结构，包括存储结构、存取方法、输入输出方式等。因此程序中存取数据的部分要随着存储结构的改变而改变，使得数据与程序

不具有独立性，这样程序员不仅在数据的物理布置上必须花费许多精力，而且一旦数据在存储结构上有改变，就必须修改程序。

③只有程序的概念没有文件的概念。数据的组织方式必须由程序员自行设计。

④数据是面向应用的。一组数据对应一个程序，即使两个应用程序涉及某些相同的数据，也必须各自定义，所以程序与程序之间有着大量重复的数据。

二、文件系统阶段

20 世纪 50 年代中期至 60 年代中期属于文件系统阶段。这一阶段计算机不仅用于科学计算，还大量用于管理。计算机硬件比过去有了较大的发展，外存储器有了磁盘、磁鼓等直接存取的存储设备。在软件方面，操作系统中已经有了专门的数据管理软件，一般称为文件系统。

1. 文件系统阶段数据管理的特点

（1）数据可以长期保存在外存储设备上

由于计算机大量用于数据处理，数据需要长期保留在外存储设备上反复进行查询、修改、插入和删除等操作。

（2）数据与程序之间有了一定的独立性

文件的逻辑结构与存储结构可以由文件系统进行转换，这使程序与数据之间有了一定的独立性。这样程序员可以集中精力研究算法，而不必过多地考虑物理细节。

（3）文件组织呈现多样化

由于已有了直接存取的存储设备，文件也就不再局限于顺序文件，还有索引文件、链接文件等。

（4）数据不再属于某个特定的程序，可以重复使用

虽然数据不再属于特定的程序，可以被多个程序反复使用，但是文件结构的设计仍然基于特定的用途，程序仍然基于特定的存储结构和存取方法，因此程序与数据结构之间的依赖关系并未根本改变。

在文件系统阶段，设备具有独立性，因此在改变存储设备时，不必改变应用程序。但这只是初级的数据管理，还未能彻底体现数据的逻辑结构独立于物理存储结构的要求。当数据的物理结构需要修改时，仍需修改应用程序。

2. 文件系统结构的缺陷

随着数据管理规模的扩大，数据量急剧增加，文件系统结构显露出以下缺陷。

（1）数据冗余度大

相同的数据存在多份的现象，称为数据冗余。文件系统中的文件基本上是对应于某个应用程序的，即数据是面向应用的。即使不同的应用程序具有部分相同的数据，也必须建立各自的文件，而不能共享相同的数据，因此数据冗余度大，浪费存储空间，并且由于相同数据的重复存储、各自管理，给数据的修改和维护带来了困难，容易造成数据的不一致性。

（2）数据和程序缺乏独立性

文件系统中的文件是专属于某一特定应用服务的，一旦数据的逻辑结构改变，则必须修改应用程序和文件结构的定义，而应用程序的改变，也将影响文件数据结构的改变，即数据和程序缺乏独立性。

（3）数据间联系弱

由于文件之间是独立的，要想在文件之间建立联系必须通过程序完成。文件系统是一个无弹性的、无结构的数据集合，不能反映现实世界事物之间的联系。

随着人们对数据处理需求的增加，以及计算机科学的不断发展，对数据进行有效、科学、正确、方便的管理成为人们的迫切需求。针对文件系统的缺陷，人们逐步研究和发展了以统一管理和共享数据为主要特征的数据库管理系统。

三、数据库系统阶段

到20世纪60年代后期，计算机的软硬件得到了进一步的发展，已配备了速度高、容量大的磁盘，各种软件系统进一步完善，需要管理的数据量急剧增加。人们在数据管理方面已积累了丰富经验，数据管理技术研究取得了很大进展，这为数据库系统的研究提供了良好的技术基础。

1968 年美国国际商业机器（IBM）公司成功开发了世界上第一个数据库管理系统 IMS（Information Management System）；1969 年美国数据系统语言协会（Conference On Data Systems Languages，CODASYL）的数据库任务组（DataBase Task Group，DBTG）公布了它的研究成果——DBTG 报告；1970 年 IBM 公司的研究员科德（E.F.Codd）发表了题为《大型共享数据库数据的关系模型》等一系列关系数据库论文。这三大事件标志着数据处理已进入数据库技术的新时代。

数据库系统克服了文件系统的缺陷，提供了对数据更高级更有效的管理。数据库系统阶段的特点如下。

（1）数据是结构化的

这就要求在描述数据时不仅要描述数据本身，还要描述数据之间的联系。在文件系统中，文件由记录构成，数据的存取以记录为单位。文件系统的结构仅限于记录内部。在文件系统中，尽管其记录内部已经有了某些结构，但记录之间是无联系的，孤立的。因此数据的结构化是数据库的主要特征之一，也是数据库与文件系统的根本区别。

（2）数据冗余度小，易扩充

由于数据库是从整体观点来看待和描述数据的，数据不再针对某一应用而是面向整个系统的，这就大大减少了数据的冗余度，既节约存储空间，减少存取时间，又可避免数据之间的不相容性和不一致性。

（3）具有较高的数据独立性

所谓数据的独立性，就是应用程序不必因为数据的存储结构的变化而修改，即应用程序与数据结构之间不存在依赖关系，这是数据库系统所努力追求的一个目标。数据库的数据独立性分为两级。

①物理独立性。数据库物理结构的变化（如物理设备的更换、物理位置的变化、存取方法的改变等），不影响数据库的逻辑结构，从而也就不影响应用程序，不会导致应用程序的修改。

②逻辑独立性。数据库逻辑结构的变化（如数据定义的修改、新数据类型的增加、数据间联系的变更等），不影响用户原有应用程序的修改。

这两种独立性统称为数据独立性。数据独立性的目的，就是使应用程序尽可能不受数据的影响。这两种数据独立性是靠数据库管理系统来实现的，从而大大减轻了程序员的负担。

（4）统一的数据库控制功能

数据库是不同用户的共享资源。计算机的共享一般是并发的，即许多用户同时使用数据库。因此，系统必须提供以下数据库控制功能。

①数据库的安全性控制。数据库的安全性是指保护数据库以防止不合法的使用造成数据的泄密和破解。数据库的安全性问题不是数据库系统所独有的，所有计算机系统都有这个问题。只是在数据系统中大量数据集中存放，从

而使安全性问题更为突出，这就要求采取一定的安全保密措施。例如，系统用检查口令或其他手段来检查用户身份，合法用户才能进入数据库系统；同时，要求提供用户访问级别和数据存取权限，当用户执行数据库操作时，系统自动检查用户是否有权执行这些操作，检查通过后才执行允许的操作。

②数据库的完整性控制

数据库的完整性是指数据库的正确性、有效性与相容性。系统提供必要的功能，保证数据库中的数据在输入、修改过程中始终符合原来的定义和规定，如学生性别只能是男或女、学号是唯一的等。

此外，当计算机软硬件发生故障而破坏了数据或对数据库数据的操作发生错误时，系统能进行应急处理将数据库恢复到正确状态。

③数据库的并发控制

当多个用户的并发进程同时存取、修改数据库时，可能会发生互相干扰而得到错误的结果，导致数据库的完整性遭到破坏，因此必须对多用户的并发操作加以控制和协调。

（5）数据的最小存取单位是数据项

数据库中数据的存取单位可以是一个数据项或一组数据项，也可以是一条记录或一组记录。

数据库是一个通用化的综合性数据集合，它可以供各种用户共享且具有最小的数据冗余度和较高的数据与程序的独立性。由于多种程序并发地使用数据库，为了能及时有效地处理数据，并保证数据库的安全性和完整性，必须有一个软件系统——数据库管理系统（Database Management System，DBMS）在建立、运用和维护时对数据库进行统一控制。

第三节　数据模型

一、数据描述的三个领域

数据库中所存储的数据来源于现实世界的信息流，是用来描述现实世界中一些事物的某些方面的特征及其相互联系的。在处理这些信息之前，必须先分析它们，选择一种方法来描述这些待处理对象，并将这种描述转换成计算机所能接收的数据形式。在数据处理中，数据描述涉及不同的范畴，涵盖了现实世界、信息世界和机器世界三个领域。

1. 现实世界

现实世界是指存在于人脑之外的客观世界，泛指客观存在的事物及其相互间的联系。客观事物是一个具体的事物，如一个学生、一台计算机、一本书等，也可以是一个抽象的事物，如一次比赛、一次借书等。

每个客观事物都有自己的特征，用来区别于其他客观事物，如学生用姓名、性别、年龄、身高、体重等许多特征来标识自己。把具有相同特征的客观事物称为同类客观事物，所有同类事杨的集合称为总体。例如所有的“学生”、所有的“课程”都是一个总体。

所有这些客观事物是信息的源泉，也是数据库技术接触到的最原始的数据，数据库设计就是对这些原始数据进行综合处理，抽取出数据库技术所需要的数据。

2. 信息世界

现实世界中的事物反映到人们的头脑里，经过认识、选择、命名、分类等综合分析而形成印象和概念，产生认识，这就是信息。在信息世界中，每一个被认识的客观事物称为实体，是具体事物在人们头脑中产生的概念，是信息世界的基本单位。另外，客观事物的特征称为属性，属性反映了实体的某一特征。一个实体可由若干个属性来表示。例如，一本书是一个实体，可以由书号、书名、作者、出版社、定价 5 个属性表示。

在信息世界里，人们主要研究的不是个别的实体，而是它们的共性。通常人们把具有相同属性的实体称为同类实体，而把同类实体的集合称为实体集。例如，所有的男学生组成了男学生实体集。能唯一标识每个实体的属性或属性集称为实体标识符。例如，书的书号可以作为书的实体标识符。

3. 机器世界

在信息世界中，有些信息可以直接用数字表示，如学生的成绩、年龄等；有些信息是由符号、文字或其他形式表示的。在计算机中，所有信息只能用二进制数表示，一切信息进入计算机时，必须是数据化的。可以说，数据是信息的具体表现形式。机器世界涉及的术语如下。

①数据项。数据项是属性的数据表示，它是可以命名的最小信息单位，又称数据元素或字段，如职工的职工号、姓名等。

②记录。记录是实体的数据表示，由若干个数据项组成，如一个职工就是一条记录，它由职工号、姓名、性别、职称等数据项组成。

③文件。文件是同类记录的集合，如所有职工的登记表组成一个文件。

④关键字。能唯一标识文件中每条记录的数据项或数据项的集合，称为记录的关键字，如职工的职工号可以作为职工记录的关键字。

现实世界、信息世界、机器世界是由客观到认识、由认识到使用管理的不同领域，而且后一领域是前一领域的抽象描述。

二、数据模型

1. 数据模型的分类

模型是对现实世界特征的模拟和抽象。数据模型是对现实世界数据特征的抽象。在数据库中用数据模型对现实世界进行抽象，数据模型是数据库系统中用于提供信息表示和操作手段的形式构架。

在数据库系统中针对不同的使用对象和应用目的，采用不同的数据模型。不同的数据模型提供了不同的模型化数据和信息工具。根据模型应用的不同目的，可以将模型分为概念数据模型（也称信息模型）和结构数据模型两类。

（1）概念数据模型

概念数据模型用于信息世界的建模，它从数据的语义视角来抽取模型并按用户的观点对数据和信息建模。概念数据模型是现实世界到信息世界的第一层抽象，是用户和数据库设计人员之间进行交流的语言。这类模型主要用于数据库的设计阶段，常用的概念数据模型是实体联系模型。

（2）结构数据模型

结构数据模型用于机器世界的建模，它从数据的组织层次来描述数据并按计算机系统的观点对数据建模。结构数据模型可以用来定义、操纵数据库中的数据，是信息世界到机器世界的第二层抽象。这类模型主要用于数据库管理系统的实现，常用的结构数据模型包括层次模型、网状模型、关系模型和面向对象模型等。

2. 数据的基本特性

（1）数据的静态基本特性

数据的静态特性包括数据的基本结构、数据间的联系和数据中的约束。例如，学生的基本信息包括学号、姓名、性别、年龄、专业，这些都是数据静态特性中的基本结构；学生进行选课时使用的学号必须是学生基本信息中的学号，这就是数据间的联系。学生的性别只能取“男”或“女”，这就是数据中的约束。

（2）数据的动态特性

数据的动态特性指定义在数据上的操作，例如对学生基本信息进行修改、查询、增加和删除记录等操作。

3. 数据模型的三要素

这里所说的数据模型指结构数据模型。数据模型是严格定义的概念集合，这些概念精确地描述系统的静态特性、动态特性和完整性约束条件。因此，数据模型通常由数据结构、数据操作和数据约束条件三部分组成。

（1）数据结构

数据结构是对系统静态特性的描述，是所研究的对象类型的集合。这些对象是数据库的组成成分，它们一般可分为两类：一类是与数据类型、内容、性质有关的对象，在关系模型中对应的是域、属性、关系等；另一类是与数据之间的联系有关的对象。

数据模型中的数据结构规定了如何把基本数据项组成大的数据单位，以及如何表达数据项之间的联系。在数据库系统中通常按照数据结构的类型来命名数据模型，如层次结构、网状结构和关系结构的模型分别命名为层次模型、网状模型和关系模型。

（2）数据操作

数据操作是指对数据库中各种对象（型）的实例（值）允许执行的操作集合。数据操作是对系统动态特性的描述，它包括操作及相关的操作规则。数据库主要有检索和更新（包括插入、删除、修改）两大类操作。

数据模型必须定义这些操作的确切含义、操作符号、操作规则（如优先级别）以及实现操作的语言。

（3）数据约束条件

数据约束条件是一组完整性规则的集合。完整性规则是给定的数据模型中数据及其联系所具有的约束和依存规则，用以限定符合数据模型的数据库状态以及状态的变化，以保证数据的正确、有效和相容。

数据模型应该反映和规定符合这种数据模型所必须遵守的、基本的、通用的完整性约束条件。

此外，数据模型还应该提供定义完整性约束条件的机制，以反映具体用户的应用所涉及的数据必须遵守的特定语义约束条件。例如，在某学校的学生数据库中规定学生不得有两门以上不及格等。

三、概念数据模型

为了把现实世界中的具体事物抽象、组织为某一具体的DBMS支持的数据模型，首先要把现实世界中的客观事物抽象为某一种信息结构，这种信息结构不依赖于具体的计算机系统，而且也不与具体的DBMS相关，是概念级的模型；然后再把概念级模型转换为计算机上的DBMS支持的数据模型。因此，概念模型是现实世界到机器世界的一个中间层次。

1. 信息世界涉及的主要概念

（1）实体

实体是客观存在的且又相互区别的事物。实体可以指实际对象，也可以指某些概念；可以是事物本身，也可以是事物与事物之间的联系。例如，一个职工，一个学生，一个部门，一门课是具体的实体；而学生的一次选课，部门的一次订货也是实体，它们是抽象的实体。

（2）属性

属性指现实世界中事物所具有的特性。属性刻画了实体的特征。一个实体有若干个属性。例如学生的属性可以有姓名、性别、年龄、专业等。属性有名和值两部分。例如，“张三”是姓名属性的值。

（3）码

唯一标识实体的属性或属性集称为码。例如，学生实体的码是学号。

（4）域

属性的取值范围称为域。例如，学号的域为8位整数，姓名的域为字符串集合，年龄的域为0 ~ 35的整数，性别的域为“男”和“女”。

（5）实体型

具有相同属性的实体称为实体型。人们常用实体名及其属性名的集合表示实体。例如，学生（学号、姓名、年龄、性别、所在系、专业）是一个实体型。

（6）实体集

同类实体的集合称为实体集。例如，全体学生就是一个实体集。

（7）联系

联系也称关系，反映实体内部或实体之间的关联。实体内部的联系通常是指组成实体的各属性之间的联系，实体之间的联系通常是指不同实体集之间的联系。

两个实体集之间的联系分为三类。

第一，一对一关系（1∶1）。若对于实体集 A 中的每一个实体，实体集 B 中至多有一个实体与之关联，反之亦然，则称实体集 A 与实体集 B 具有一对一的关系，记为1∶1。例如，班级和班长（一个班级只有一个班长，一个班长只能领导一个班级）是一对一关系。

第二，一对多关系（1∶N）。若对于实体集 A 中的每一个实体，实体集 B 中有 n 个实体（$n \geqslant 0$）与之关联；反之，对于实体集 B 中的每一个实体，实体集 A 中只有一个实体与之关联，则称实体集 A 与实体集 B 具有一对多的关系，记为 1∶N。例如，班级和学生（一个班级有多个学生，一个学生只能属于一个班级）是一对多关系。

第三，多对多关系（M∶N）。若对于实体集 A 中的每一个实体，实体集 B 中有 n 个实体（$n \geqslant 0$）与之关联；反之，对于实体集 B 中的每一个实体，实体集 A 中也有 m 个实体（$m \geqslant 0$）与之关联，则称实体集 A 与实体集 B 具有多对多的关系，记为 M∶N。例如，学生和课程（每个学生可以选修多门课程，每门课程可以被多个学生选修）是多对多关系。

实际上，一对一关系是一对多关系的特例，而一对多关系又是多对多关系的特例。

多个实体集间的联系指包括三个或三个以上实体集间的关系。例如，一个供应商可以供应若干项目的多种零件，而每个项目可以使用不同供应商供应的零件，每种零件可由不同供应商供给，因此供应商、项目和零件之间是多对多的关系。

2. 实体关联模型

概念数据模型是现实世界到机器世界的第一级抽象，反映现实世界中有应用价值的信息结构，不依赖于数据的组织结构。概念模型的表示方法最常用的是实体关联模型，它是美籍华人陈平山于 1976 年提出的，通常称为 E-R（Entity-Relationship）模型，是目前描述信息结构最常用的方法。

E-R 模型有两个明显的优点：接近于人的思维，容易理解；与计算机无关，用户容易接受。因此，E-R 模型已成为软件工程的一项重要设计方法。用 E-R 图表示的概念模型独立于具体的 DBMS 所支持的结构数据模型，它是各种数据模型的共同基础。

但是 E-R 模型只能说明实体间语义的关系，而不能进一步说明详细的数据结构。一般遇到实际问题，总是先设计一个 E-R 模型，然后再把 E-R 模型转换成计算机能实现的数据模型。

四、结构数据模型

数据库管理系统大都是基于某种结构数据模型的。目前，在数据库领域中最常用的结构数据模型有层次模型、网状模型、关系模型和面向对象模型。其中层次模型和网状模型统称为非关系模型。非关系模型的数据库系统在20世纪70年代非常流行。到了20世纪80年代，逐渐被关系模型的数据库系统取代。自20世纪80年代以来，面向对象的方法和技术在计算机各个领域（包括程序设计语言、软件工程、信息系统设计、计算机硬件设计等方面）都产生了深远的影响，也促进了数据库中面向对象数据模型的研究和发展。

1. 层次模型

层次模型是数据库系统中最早出现的数据模型，层次数据库系统采用层次模型作为数据的组织方式。用树形（层次）结构表示实体类型以及实体间的联系是层次模型的主要特征。

层次结构是一棵有向树，树的结点是记录类型，根结点只有一个，根结点以外的结点有且只有一个父结点。即从一个结点到其双亲结点的映像是唯一的，所以对于每一条记录（除根结点外）只需要指出它的双亲记录，就可以表示出层次模型的整体结构。上一层记录类型和下一层记录类型间的联系是1∶M关系（包括1∶1关系）。

层次模型的另一个基本特点是，任何一条给定的记录值只有按其路径查看时，才能显示出其全部意义，没有一条子记录值能够脱离双亲记录值而独立存在。

目前许多流行的大型数据库系统都采用层次模型，其中最著名的是IBM公司研制的IMS（Information Management System）系统。除IMS系统外，还有许多采用层次模型的系统，如SYSTEM 2000系统。

2. 网状模型

在现实世界中事物之间的联系更多的是非层次关系，用层次模型表示非树形结构很不直接，网状模型则可以克服这一弊端。

用网状结构表示实体类型及实体间联系的数据模型称为网状模型。在网状模型中，一个子结点可以有多个父结点，在两个结点之间可以有一种或多种关联。网状模型实现实体间 $M:N$ 关系比较容易，记录之间的联系是通过指针实现的，因此，数据的关联十分密切。网状模型的数据结构在物理上也易于实现，效率较高，但是编写应用程序较复杂，程序员必须熟悉数据库的逻辑结构。

网状数据库系统采用网状模型作为数据的组织方式。网状数据模型的典型代表是 DBTG 系统，也称 CODASYL 系统，它是 20 世纪 70 年代由数据系统语言协会（CODASYL）下属的数据库任务组（DBTG）提出的一个系统方案。DBTG 系统并不是实际的软件系统，但是它提出的基本概念、方法和技术具有普遍意义，它对网状数据库系统的研制和发展起了重大的作用。

3. 关系模型

关系模型是目前最常用的一种数据模型。关系数据库系统采用关系模型作为数据的组织方式。1970 年美国 IBM 公司圣荷西（San Jose）实验室的研究员科德首次提出了数据库系统的关系模型，开创了数据库关系方法和关系数据理论的研究，为数据库技术奠定了理论基础。

20 世纪 80 年代以来，计算机厂商推出的数据库管理系统几乎都支持关系模型，非关系系统的产品也都加上了关系接口，数据库领域的研究工作也以关系方法为基础。

用表格形式的结构表示实体类型以及实体间关联的模型称为关系模型。关系模型比较简单，容易被初学者接受。关系就是一个表格，记录是表中的行，属性是表中的列。关系模型是由若干个关系模式组成的集合。关系模式就是记录类型，它的实例就是关系。

关系模型的数据结构简单易懂，用户只需用简单的查询语句就可对数据库进行操作。关系模型是数学化的模型，可把表格看成记录的集合，因此集合论知识可引入关系模型中来。关系模型已是一个成熟的模型，得到了广泛应用。

4. 面向对象模型

目前，关系数据库的使用已相当普遍。但是，现实世界中仍然存在着许多含有更复杂数据结构的应用领域（如 CAD 数据、图形数据等），而关系模型在这方面的处理能力就显得力不从心。因此，人们需要更高级的数据库技术来表达这类信息。面向对象的概念最早出现在程序设计语言中，随后迅速渗透到计算机领域的每一个分支。面向对象数据库是面向对象概念与数据库技术相结合的产物。

面向对象模型能完整地描述现实世界的数据结构，具有丰富的表达能力，但模型相对比较复杂，涉及的知识面也广，实现起来较困难。因此，面向对象数据库尚未达到关系数据库那种普及程度。

第四节　数据库的体系结构

数据库系统的体系结构是数据库系统的一个总体框架。尽管实际的数据库系统软件产品多种多样，它们支持不同的数据模型、使用不同的数据库语言、建立在不同的操作系统之上，数据的存储结构也各不相同，但是绝大多数的数据库系统在体系结构上都具有三级模式的结构特征。

一、数据库系统的模式结构

在数据模型中有“型”和“值”的概念。型是指对某一类数据的结构和属性的说明，值是型的一个具体赋值。例如，学生记录定义为学号、姓名、性别、年龄、所在系、专业这样的记录型，而“S040112”“周芬健”“男”“19”“电子系”“通信”则是该记录型的一个记录值。

模式是数据库中全体数据的逻辑结构和特征的描述，它仅仅涉及型的描述，不涉及具体的值。模式的一个具体值称为模式的一个实例。一个模式可以有很多实例。模式是相对稳定的，而实例是相对变动的，因为数据库中的数据是在不断更新的。模式反映的是数据结构及其关系，而实例反映的是数据库某一时刻的状态。

数据库系统由模式、外模式和内模式三级抽象模式组成。

二、三级模式结构

数据库系统的三级模式是数据的三个抽象级别，它把数据的具体组织留给 DBMS 管理，使用户能逻辑地、抽象地处理数据，而不必关心数据在计算机中的表示和存储方式。

1. 模式

模式亦称逻辑模式或概念模式，它描述的是数据的全局逻辑结构。模式是数据库中全部数据的逻辑表示或描述。它是数据库体系结构的中间层。所谓“逻辑”是指独立于存储的关于数据类型以及它们之间联系的形式表示或描述。模式不涉及数据的物理存储细节和硬件环境，不涉及具体的应用程序和程序语言等。

一个数据库只有一个模式。模式除了定义数据的逻辑结构外，还定义与数据有关的安全性、完整性等。换言之，模式既要定义数据记录内部的结构，又要定义数据项之间的关系以及记录之间的关系。

数据库管理系统提供模式数据语言（模式 DDL），用模式 DDL 写出的一个数据库逻辑定义的全部语句称为某一个数据库的模式。模式是对数据库结构的一种描述，是数据库的一个框架，而不是数据库本身。

2. 外模式

外模式亦称子模式或用户模式，它是数据库用户（包括应用程序员和最终用户）能够看到和使用的局部逻辑结构和特征的描述，是与应用有关的数据的逻辑表示。

一个数据库可以有多个外模式。不同用户的外模式可以互相覆盖，同一外模式可以为某一用户的任意多个应用程序所使用，一个应用程序只能使用一个外模式。

外模式通常是模式的子集，它是各个用户的数据视图，因用户需求不同，看待数据的方式可以不同，对数据保密的要求可以不同，使用的程序设计语言也可以不同。因此，不同用户外模式的描述是不同的。

外模式是保证数据安全性的一个有力措施。每个用户只能看到和访问所对应的外模式中的数据，数据库中的其余数据是不可见的。

数据库管理系统提供外模式数据描述语言（外模式 DDL）用来描述用户数据视图，用外模式 DDL 写出的一个用户数据视图的逻辑定义的全部语句称为此用户的外模式。

3. 内模式

内模式亦称物理模式或存储模式，它是全体数据库数据的内部表示或者底层描述。内模式被用来定义数据的存储方式和物理结构。例如，记录是按顺序结构存储还是按链式结构存储，或是按散列结构存储；索引的组织方式是什么；数据是否压缩存储，是否加密；数据存储记录结构的规定；等等。

一个数据库只有一个内模式。内模式通常用内模式数据描述语言（内模式 DDL，亦称存储模式 DDL）来描述和定义。

三、两级模式映像及数据独立性

数据库系统的三级模式之间的二级映像将模式映像至内模式以及将外模式映像至模式，正是这两层映像保证了数据库系统中的数据具有较高的数据独立性。

1. 两级模式映像

（1）外模式—模式映像

模式描述的是数据库数据的全局逻辑结构，外模式描述的是数据的局部逻辑结构。对应于同一个模式，可以有任意多个外模式。对于每一个外模式，数据库管理系统都有一个外模式—模式的映像，它定义该外模式和模式之间的对应关系，这些映像定义通常包含在各自外模式的描述中。

（2）模式—内模式映像

模式—内模式映像定义数据的全局逻辑结构与存储结构之间的对应关系（例如，说明逻辑记录和字段在内部是如何表示的）。该映像定义通常包含在模式的描述部分中。

2. 两级数据独立性

在数据库技术中，数据独立性是指应用程序和数据之间相互独立，不受影响，即当数据的结构改变时，应用程序可以不变。数据独立性分成物理独立性和逻辑独立性两级。

（1）物理独立性

如果数据库的内模式要进行改变，即数据库的存储设备和存储方法有所变化，那么只要对模式—内模式的映像做相应的修改（这是数据库管理员的责任），就可以使模式尽可能保持不变，从而使应用程序保持不变，这样，我们就称数据库达到了物理数据独立性。

（2）逻辑独立性

如果数据库的逻辑模式要进行改变，例如增加记录类型或增加数据项，那么只要对外模式—模式的映像做相应的修改（这也是数据库管理员的责任），就可以使外模式尽可能保持不变，从而使应用程序保持不变，这样，我们就称数据库达到了逻辑数据独立性。

第五节　数据库系统

数据库系统（DBS）是一个实际可运行的、按照数据库方式存储、维护和为应用系统提供数据或信息支持的系统。它是存储介质、处理对象和管理系统的集合体。

一、数据库系统的组成

数据库系统是指在计算机系统中引入数据库后构成的综合系统。

1. 数据库

数据库（DataBase，DB）是存放数据的仓库，是长期存储在计算机内的、有组织的、可共享的数据集合。数据库中的数据按一定的数据模型组织、描述和存储，具有较小的冗余度、较高的数据独立性和易扩展性，并可为一定范围内的各种用户共享。

数据库通常由两大部分组成：一部分是应用数据的集合，称为物理数据库，它是数据库的主体；另一部分是关于各级数据结构的描述，称为描述数据库。

2. 硬件

数据库系统的硬件包括中央处理器、内存、外存、输入 / 输出（I/O）设备、数据通道等硬件设备。由于数据库系统所存放和处理的数据量很大，加之数据库管理系统丰富的功能使得其自身的规模也很大，因此整个数据库系统对硬件资源提出了较高的要求，特别要关注内存、外存、I/O 存取速度、可支持终端数和性能稳定性等指标。在许多应用中，还要考虑系统支持联网的能力和配备必要的后备存储器等因素。此外，还要求系统有较高的通道能力，以提高数据的传输速度。

3. 软件

数据库系统的软件包括数据库管理系统、操作系统、各种宿主语言和应用开发支撑软件等。

4. 数据库用户

数据库系统的基本目标是为用户和各种应用系统提供一个高效的运行环境。不同的用户涉及不同的数据抽象级别，具有不同的数据视图。根据与数据库系统接触方式的不同，数据库系统的用户可以分为四类。

（1）数据库管理员

数据库管理员（Database Administrator，DBA）是控制数据整体结构的人，负责数据库系统的正常运行。数据库管理员可以是一个人，在大型系统中也可以是由几个人组成的小组。数据库管理员负责数据库物理结构与逻辑结构的定义、修改，承担创建、监控和维护整个数据库结构的责任。

（2）专业用户

专业用户是指系统分析员和数据库设计人员。系统分析员负责应用系统的需求分析和规范说明，他们要和用户及数据库管理员相结合，确定系统的硬软件配置并参与数据库系统的概要设计。

数据库设计人员负责数据库中数据的确定、数据库各级模式的设计。数据库设计人员必须参加用户需求调查和系统分析，然后进行数据库设计。

（3）应用程序员

应用程序员是使用宿主语言和数据操作语言编写应用程序的计算机工作者。应用程序员负责设计和编写应用系统的程序模块，并进行调试和安装。

（4）最终用户

最终用户是使用应用程序的非专业人员（如银行的出纳员、商店的销售员等），他们通过应用系统的用户接口使用数据库。常用的接口方式有浏览器、菜单驱动、表格操作、图形显示、报表书写等。

二、数据库管理系统

数据库管理系统是指数据库系统中对数据进行管理的软件系统，它是数据库系统的核心组成部分，数据库系统的一切操作（包括查询、更新以及各种控制）都是通过 DBMS 进行的。DBMS 是基于某种数据模型的。根据所采用的数据模型的不同，DBMS 可以分为层次型、网状型、关系型等若干类型，但在不同的计算机系统中，由于缺乏统一的标准，即使是同种类型的 DBMS，它们在用户接口、系统功能等方面也常常不同。

数据库管理系统是为数据库的建立、使用和维护而配置的软件，它建立在操作系统的基础上，对数据库进行统一的管理和控制。用户使用各种数据库命令以及执行应用程序都要通过数据库管理系统。数据库管理系统还承担着数据库的维护工作，按照数据库管理员所规定的要求，保证数据库的安全性和完整性。

数据库管理系统的基本功能如下。

（1）数据库定义功能

DBMS 提供的数据定义语言（DDL）用于定义数据库的结构，描述模式、子模式和存储模式及其模式之间的映像，定义数据的完整约束条件和访问控制条件等。这些定义通常由数据库管理员或数据所有者按系统提供的数据定义语言的源形式给出，由 DBMS 自动将其转换成内部目标形式存入数据字典，供以后进行数据操作或数据控制时查阅使用，某些定义也允许用户查阅。

（2）数据库操纵功能

数据库管理系统一般均提供数据操纵语言（DML），允许用户根据需要在授权的范围内对数据库中的数据进行操作，包括对数据库中数据的检索、插入、修改和删除等操作。

数据操纵语言一般分以下两种。

①交互式命令语言。该语言语法简单，可在终端上交互操作。

②宿主型语言。该语言一般可嵌入某些主语言中，如可嵌入 FORTRAN、C、PASCAL 等高级语言中。这种语言本身不能独立使用，因此它被称为宿主型语言。

（3）数据库控制功能

DBMS 对数据库的控制功能主要包括以下几种。

①数据安全性控制。它是对数据库的一种保护，作用是防止数据库中的数据被未经授权的用户访问，并防止在有意或无意中对数据库造成的破坏性改变。

②数据完整性控制。它是 DBMS 对数据库提供保护的另一个重要方面。其完整性控制的目的主要是保证进入数据库的数据及其语义的正确性和有效性，防止任何操作对数据造成违反其语义的改变。

③数据库的恢复。它是 DBMS 在数据库被破坏或数据不正确时，系统有能力把数据库恢复到正确的状态。

④数据库的并发控制

多个用户同时对同一个数据进行操作，可能造成对数据库中数据的破坏。DBMS 的并发控制机制可防止上述问题的发生，正确处理好多用户、多任务环境下的并发操作。

（4）数据库的服务功能

DBMS 有许多实用程序提供给数据库管理员运行数据库系统时使用，这些程序起着维护数据库的作用。它包括数据库中初始数据的录入，数据库的转储、重组、性能监测、分析以及系统恢复等功能。

三、数据库管理员

要想成功地运转数据库，就要在数据处理部门配备管理人员——数据库管理人员。数据库管理人员必须具有熟悉企业全部数据的性质和用途、对用户的需求有充分的了解、对系统的性能非常熟悉等素质。

数据库管理人员的主要职责如下。

（1）决定数据库的信息内容和结构

在数据库中存放哪些信息最终由数据库管理人员决定，为此数据库管理人员必须参与数据库设计的全过程，与用户、应用程序员、系统分析员紧密结合，设计概念模式，决定与应用有关的实体、实体之间的关系和实体的属性。

（2）决定数据库的存储结构和存取策略

数据库管理人员要综合各用户的应用要求，与数据库设计人员共同决定数据库的存储结构和存取策略。

（3）定义数据库的安全性要求和完整性约束条件

数据库管理人员负责确定不同用户对数据库的存取权限、数据的保密级别和完整性约束条件等。

（4）监督和控制数据库的使用和运行

数据库管理人员负责监视数据库系统的运行情况，及时处理运行过程中出现的问题，尤其是遇到硬件、软件或人为故障时，数据库管理人员必须能够在最短时间内把数据库恢复到某一正确的状态，并且尽可能不影响或少影响计算机系统其他部分的正常运行。为此，数据库管理人员要定义和实施适当的备份和恢复策略，如周期性地转储数据、维护日志文件等。

（5）数据库系统的性能改进

数据库管理人员负责监视、分析系统的性能。系统的性能包括空间利用率和处理效率两方面。数据库管理人员要负责对运行状况进行记录、统计分析，依靠工作实践，并根据实际应用环境，不断改进数据库设计。

（6）数据库系统的重组

在数据库运行过程中，许多数据不断插入、删除、修改，时间一长会影响系统的性能。数据库管理人员要定期地按一定的策略对数据库进行重新组织。当增加或改变用户的需求时，数据库管理人员还要对数据库进行较大的改造，包括内模式和模式的修改，即数据库的重构造。

第二章　关系数据库系统

第一节　关系模型的基本概念

关系数据库是以关系模型为基础的数据库，它是运用数学理论处理数据的一种方法。关系数据库具有简单灵活的数据模型和较高的数据独立性，能提供具有良好性能的语言接口，并且具有比较坚实的理论基础等优点，是目前最为流行的数据库系统。例如，Oracle 就是其中比较有名的关系数据库系统，它可在 IBM 大型机、DEC 等厂家的小型机以及 IBM 个人计算机上运行，受到了用户的欢迎。另外，由于微型机的日益普及，SQL Server、FoxPro 等关系数据库系统也被广泛地用于各个领域。

一、关系模型的基本术语

在关系模型中，用二维表结构来表示实体及实体间的关系。

1. 关系

一个关系对应一个二维表，二维表名就是关系名。

2. 属性及值域

二维表中的列（字段）称为关系的属性。属性的个数称为关系的元数，又称为度。度为 1 的关系称为一元关系，度为 2 的关系称为二元关系，度为 n 的关系称为 n 元关系。关系的属性包括属性名和属性值两部分，其列名即为属性名，列值即为属性值。属性值的取值范围称为值域。每一个属性对应一个值域。不同属性的值域可以相同。

3. 关系模式

二维表中的行定义（表头）、记录的类型（即对关系的描述）称为关系模式。

4. 元组

二维表中的一行，即每一条记录的值称为关系的一个元组。其中每一个属性的值称为元组的分量。关系由关系模式和元组的集合组成。

5. 键

键是由一个或几个属性组成的，在实际使用中，有以下几种键。

（1）超键

在关系中，能唯一标识元组的属性或属性的组合称为该关系的超键。

（2）候选键

在关系中，不含有多余属性的超键称为该关系的候选键。在候选键中若要再删除属性，就不是键了。

（3）主键

在关系中，用户选作元组标识的一个候选键称为该关系的主键。

6. 主属性与非主属性

在一个关系中，包含在任何一个候选键中的属性称为主属性，不包含在任何一个候选键中的属性称为非主属性。

7. 外键、参照关系与依赖关系

当一个关系中的某个属性或属性的组合虽然不是该关系的主键或只是主键的一部分，但却是另一个关系的主键，且其值来源于另一关系的主键值时，称该属性或属性的组合为这个关系的外键。以外键作为主键的关系称为参照关系或主关系，外键所在的关系称为依赖关系或从关系。在关系模型中，两个关系之间的关联是通过外键实现的。

二、关系的定义和性质

尽管关系对应的是二维表，但不是任意的一个二维表都能表示一个关系。严格地说，关系是一种规范化了的二维表。在关系模型中，对关系做了下列规范性限制。

①关系中的每一个属性值是不可分解的，也就是说，要求关系的每一个分量必须是一个不可分的数据项。这是关系数据库对关系的最基本限制。

②每一个关系模式中属性的数据类型以及属性的个数是确定的，并且在同一个关系模式中，属性名必须是不同的。

③关系中元组的顺序无关紧要，即没有行序。

④关系中属性的顺序可任意交换，即没有列序。

⑤同一个关系中不允许出现完全相同的元组。

三、关系模型的三要素

关系模型由数据结构、关系操作及完整性规则组成。

1. 数据结构

关系模型中所选用的数据结构为二维表结构，一个二维表就是一个关系，即用关系来描述实体集，同时也用关系来描述实体之间的关系。关系模型已经成为数据库系统普遍选用的模型。

2. 关系操作

关系模型中的数据操作是非过程化的，用户只需指出做什么，不必指出怎么做。关系操作能力的表达有两种方法：

代数方法：也称为关系代数，以集合（关系是元素的集合）操作为基础，应用对关系的专门运算来表达查询的要求；

逻辑方法：也称为关系演算，以谓词演算为基础，通过元组必须满足的谓词公式来表达查询要求。

对于关系数据库，这两种方法在表达能力上是等价的。需要说明的是，关系数据库的操作包括对数据的查询和更新，查询用于各种检索操作，更新用于插入、删除和修改等操作。其中数据查询的表达是关系操作中最重要的部分。

3. 完整性规则

数据完整性由完整性规则来定义，关系模型的完整性规则是对关系的某种约束条件。在关系模型中，数据的约束条件通过三类完整性约束条件来描述，它们是实体完整性、参照完整性和用户定义的完整性。为了维护数据库中的数据完整性，在对关系数据库执行插入、删除和修改等操作时，必须遵守这三类完整性规则。

（1）实体完整性

在关系中用主键来唯一地标识一个实体，若一个实体的主键值为空值（所谓空值是“不知道”或“无意义”的值），说明存在某个不可标识的实体，这与实体的概念相矛盾，即不存在不可标识的实体，因此限定关系中的主键值不能为空。关系的这种约束称为实体完整性。

在关系数据库系统中，用户在建立关系模式时，应定义该模式的某些属性为主键，然后由系统负责维护该模式下任何一个关系中的元组在这些属性上不能取空值，以保证关系数据库系统中的任何一个关系都满足实体完整性约束条件。

（2）参照完整性

参照完整性规则是用于约束外键的。若 F 是关系 R 中对应关系 S 的外键，则对于 R 中每个元组在 F 上的值有以下两种可能：

或者取空值（F 的每个属性值均为空）；

或者等于 S 中某个元组的主键值。

关系 R 和 S 不一定是不同的关系。

实体完整性和参照完整性由关系数据库管理系统自动维护。

（3）用户定义的完整性

关系数据库管理系统允许用户定义某一具体数据库所涉及的数据必须满足的约束条件。这种约束条件是对数据在语义范畴的描述，由具体应用环境决定，这就是用户定义的完整性。

用户定义的完整性应由用户利用 DBMS 提供定义这类完整性的方法定义用户数据应满足的约束条件，然后由 DBMS 负责检验用户数据库是否满足用户定义的完整性。

第二节　关系代数

在关系模型下对数据库的操作都是以关系作为运算对象对一个或多个关系进行的集合运算，其运算结果仍是关系，这就是关系运算。

关系代数是以关系为运算对象的一组高级运算的集合。关系定义为元数相同的元组的集合，集合中的元素为元组。

关系代数的运算可分为两类：

一类是传统的集合运算，如并、交、差、广义笛卡儿积，这类运算将关系看成元组的集合，其运算是从关系的“水平”方向，即行的角度来进行的；

另一类是专门的关系运算，如选择、投影、连接和除法运算，这类运算不仅涉及行而且涉及列。

传统的集合运算是一个二目运算，是在两个关系中进行的。但并不是任意的两个关系都能进行这种集合运算，而是要在两个满足一定条件的关系中进行运算。下面先看一个定义：

设给定两个关系 R 和 S，若满足具有相同的度 n，且 R 中的第 1 个属性和 S 中的第 1 个属性必须来自同一个域，则称关系 R 和 S 是相容的。

如果两个关系相容，则可以在这两个关系之间进行并、差、交三种传统的关系运算。如果两个关系不相容，则只能进行广义笛卡儿积运算。现分别介绍如下。

1. 并

设关系 R 和关系 S 为相容关系，则 R 和 S 的并（Union）记为 $R \cup S$，结果关系与 R（或 S）具有相同的度，且由属于 R 或属于 S 的元组组成。定义如下：

$R \cup S \equiv \{t \mid t \in R \vee t \in S\}$，$t$ 是元组变量，结果关系要消除重复元组。

2. 差

设关系 R 和关系 S 为相容关系，则 R 和 S 的差（Difference）记为 $R\text{-}S$，结果关系与 R（或 S）具有相同的度，且由属于 R 但不属于 S 的元组组成。定义如下：

$R \cup S \equiv \{t \mid t \in R \wedge t \in S\}$，$t$ 是元组变量，R 和 S 的差即在关系 R 中减去 R 和 S 的相同元组。

3. 交

设关系 R 和关系 S 为相容关系，则 R 和 S 的交（Intersection）记为 $R \cap S$，结果关系与 R（或 S）具有相同的度，且由属于 R 并属于 S 的元组组成。定义如下：

$R \cap S \equiv \{t \mid t \in R \wedge t \in S\}$，$t$ 是元组变量，R 和 S 的交包含关系 R 和关系 S 的相同元组。

4. 广义笛卡儿积

设关系 R 和关系 S 的度分别为 r 和 S，元组数分别为 m 和 n，则 R 和 S 的广义笛卡儿积（Cartesian Product）记为 $R \times S$，结果关系的度为 $r+s$，元组数为 $m \times n$，且结果关系的每一个元组的前 r 个分量（属性值）来源于 R 的一个元组，后 s 个分量来源于 S 的一个元组。定义如下：

$R \times S \equiv \{t \mid t=<tr, ts> \wedge tr \in R \wedge ts \in S\}$，$t$ 是元组变量，tr 是关系 R 的元组变量，ts 是关系 S 的元组变量。

第三节 关系模式的设计问题及范式

关系数据库规范化理论就是数据库设计的一种理论指南。规范化理论研究的是关系模式中各属性之间的依赖关系及其对数据模式性能的影响，探讨“好”的关系模式应该具备的性质，以及达到“好”的关系模式的设计算法。规范化理论是设计人员的有力工具，并使数据库设计工作有了严格的理论基础。

一、关系模式的设计问题

关系数据库设计主要是关系模式的设计。关系模式设计的好坏将直接影响数据库的质量。

例如：商品供应关系模式 SUPPLY={SNO，SNAME，SCITY，CODE，PNO，PNAME，WEIGHT，QTY}。

其中各属性的含义是：

SNO 是供应商号，SNAME 是供应商名，SCITY 是供应商所在的城市，CODE 是供应商所在城市的区号，PNO 是零件号，PNAME 是零件名，WEIGHT 是零件重量，QTY 是零件数量。

由现实世界中的事实可知：一个供应商只有一个供应商名、一个所在城市；一个城市只有一个区号；一种零件只有一个零件号、一个零件名、一个重量；一个供应商供应某一种零件，有一个确定的供应数量，因此该关系模式 SUPPLY 的主键是（SNO，PNO）。该模式在使用过程中明显存在下列问题。

（1）数据冗余

如果供应者提供多种零件，则每提供一种零件关系数据库就必须存储一次供应商的名称、所在城市及其区号信息。例如，供应商 S2 供应两种零件，该供应商信息被存储两次。同样，当一种零件由各个供应商提供时，关系数据库也必须重复存储该零件的零件名和重量信息。

（2）修改异常

由于数据冗余，关系数据库中的数据在进行更新时会出现问题。当修改某些数据项时，关系数据库中可能有一部分相关元组被修改，而另一部分相关元组却没有被修改。例如，供应商 S2 供应两种零件，在关系中就会有两个元组。如果该供应商所在城市改变了，这两个元组中的所在城市、区号都要改变。若有一个元组中的信息没有被修改，就造成该供应商所在的城市不唯一，产生错误的信息。

（3）插入异常

在关系理论中，每个关系必须用键值区分关系中的不同元组。当需要使用一种新的零件，而这种零件还没有任何一个供应商供应时，该零件的信息将无法进入数据库。例如，若需要新零件 P052，但还未找到供应商，则该零件信息不能存入数据库。这是因为在关系模式 SUPPLY 中，（SNO，PNO）是主键，此时 SNO 为空值，实体完整性约束不允许主键为空或部分为空的元组在关系中出现，因此该零件的信息不能被数据库存储。

（4）删除异常

与插入问题相反，删除操作会引起一些信息的丢失，如某种原来使用的零件现在不使用了，那么就要把这种零件的所有元组都删除，但同时，只供应这种零件的供应商的信息也一起被删除了，显然这不是人们希望的。例如，零件 P102 不再使用，必须将该元组删除，而供应商 S1 的信息也会被删除。

基于上述模式中存在的问题，可将商品供应关系模式 SUPPLY 分解为以下四种模式：

SUPPLIER（SNO，SNAME，SCITY）

CITY（SCITY，CODE）

PART（PNO，PNAME，WEIGHT）

S_P（SNO，PNO，QTY）

关系模式 SUPPLIER 存放供应商信息，关系模式 CITY 存放城市信息，关系模式 PART 存放零件信息；关系模式 S_P 存放每个供应商供应每种零件的数量。这样分解后，前面提到的四个问题基本解决了。

将关系模式 SUPPLY 分解的方法有多种，可将商品供应关系模式 SUPPLY 分解为以下三种模式：

SUPPLIER（SNO，SNAME，SCITY，CODE）

PART（PNO，PNAME，WEIGHT）

S_P（SNO，PNO，QTY）

解决关系模式存储异常的方法是模式分解，使分解后的模式达到一定的规范化级别（即范式），而模式分解的依据是函数依赖。函数依赖是关系数据库设计理论的重要部分。

二、函数依赖

设 R（U）是属性集 U 上的关系模式，X、Y 是 U 的子集，若对于 R（U）的任意一个可能的关系 r，r 中不可能存在两个元组在 X 上的属性值相等，而

在 Y 上的属性值不等，则称“X 函数决定 Y”或“Y 函数依赖于 X”，记作 $X \to Y$。其中 X 称为决定因素，Y 称为依赖因素。

在关系模式 R（U）的当前值 r 的两个不同元组中，如果 X 值相同，就一定要求 Y 值也相同，或者说，对于 X 的每一个具体值，都有 Y 唯一的具体值与之对应，即 Y 值由 X 值决定，这就是函数依赖。

注意：函数依赖不是指关系模式 R 的某个或某些关系满足的约束条件，而是指 R 的一切关系均要满足的约束条件，因此不能仅考察关系模式 R 在某一时刻的关系值 r，就判定某函数依赖是否成立。

函数依赖是语义范畴的概念，只能根据语义来确定一个函数依赖是否成立。

三、关系模式的范式

关系数据库的关系模式是要满足一定要求的，满足不同程度要求的关系模式称为范式（Normal Form）。满足最低要求的关系模式称为第一范式，简称 1NF。第一范式中进一步满足一些要求的称为第二范式，其余类推。

范式的研究者科德提出了规范化的问题，并给出了范式的概念。1971 ~ 1972 年，他系统地提出了 1NF、2NF 和 3NF 的概念。后来，人们又进一步讨论了规范化的问题。1974 年，科德和博伊斯（Boyce）共同提出一个新的范式概念，即 BCNF。1976 年，费根（Fagin）又提出了 4NF。

所谓“第几范式”是表示关系模式的某一种级别，所以经常称某一关系模式 R 为第几范式。当 R 为第 x 范式时，就可以写为 $R \in x$NF。

对于各种范式之间的关系，有 4NFBCNF3NF2NF1NF 成立。

一个低一级范式的关系模式，通过模式分解可以转换为由若干个高一级范式的关系模式组成的集合，这种过程称为规范化。

下面主要介绍 1NF、2NF、3NF。

1. 第一范式

设 R 是一个关系模式，如果 R 中每一个属性的值域中的每一个值都是不可分解的，则称 R 属于第一范式，简称 1NF。这是对关系模式的最低条件的要求。不满足上述条件的关系称为非规范化关系。在数据库系统中，凡是非规范化关系都需要转化成规范化关系。

非规范化的关系模式，这种非 1NF 的关系模式的缺点是更新操作困难。如果学号是 S040101 的学生想把自己选修的课程改为（信号与系统，网络技术），则系统在处理上将面临二义性，即是修改第一个元组中的课程属性值呢，还是把第二个元组中的学号属性值扩充为（S040101，S040102）。另外，如果想在关系 Study 中加入一个属性成绩，随之而来的是约束条件（学号，课程）→成绩，在这种非规范化的关系中也难以表示。

2. 第二范式

设 $X \to Y$ 是一个函数依赖，且对于任何 X 的真子集 X'，$X' \to Y$ 都不成立，则称 $X \to Y$ 是一个完全函数依赖。反之，如果 X' —Y 成立，则称 $X \to Y$ 是部分函数依赖。

设 R 是一个关系模式，如果 R 属于第一范式，并且 R 中任何一个非主属性都完全函数依赖于 R 的任意一个候选键，则称 R 属于第二范式，简称 2NF。

2NF 就是不允许关系模式的属性之间有 $X \to Y$ 的函数依赖，其中 X 是候选键的真子集，Y 是非主属性，即不允许有非主属性对候选键的部分函数依赖。

显然，2NF 消除了在 1NF 中的部分函数依赖。

3. 第三范式

设有关系模式 R（U），X、Y、$Z \subseteq U$，如果 $X \to Y$（Y！ $\to X$），$Y \to Z$，则有 $X \to Z$，称 Z 传递函数依赖于 X。

设 R 是一个关系模式，如果 R 属于 2NF，且它的任何一个非主属性都不传递依赖于 R 的任一候选键，则称 R 是第三范式，简称 3NF。

3NF 就是不允许关系模式的属性之间有这样的非平凡函数依赖 $X \to Y$，其中 X 不包含候选键，Y 是非主属性。X 不包含候选键有两种情况：一种情况是 X 是候选键的真子集，这是 2NF 不允许的；另一种情况是 X 不是候选键的真子集，这是 3NF 不允许的。

显然，3NF 消除了在 2NF 中的传递函数依赖。

非主属性对键具有函数依赖。不是第三范式的关系模式在操作时都存在着诸如插入异常、删除异常和数据冗余等问题，因此可通过消除关系模式中非主属性间的函数依赖来解决这些问题。

第三章　数据库设计

第一节　数据库设计概述

数据库是现代各种计算机应用系统的核心。数据库所存储的信息能否正确地反映现实世界，能否在运行中及时、准确地为各个应用程序提供所需的数据，关系到以此数据库为基础的应用系统的性能。换言之，设计一个能够满足应用系统中各个应用要求的数据库，是数据库应用系统设计中的关键问题。

一、数据库设计的内容

数据库的设计是从用户的数据需求、处理要求和建立数据库的环境条件（如硬件特性、操作系统和 DBMS 特性）及其他限制等出发，把给定的应用环境（现实世界）中存在的数据合理地组织起来，逐步抽象成已经选定的某个 DBMS 能够定义和描述的具体数据结构的过程。

数据库设计的主要内容如下。

（1）静态特性设计（又称结构特性设计）

静态特性设计：根据给定的应用环境和用户的数据需求，设计数据库的数据模型（即数据结构）或数据库模式。静态特性设计包括数据库的概念结构设计和逻辑结构设计两个方面。

（2）动态特性设计

动态特性设计：根据应用处理要求，设计数据库的查询、事务处理和报表处理等应用程序。动态特性设计反映了数据库在处理上的要求，即动态要求，所以又称为数据库的行为特性设计。

（3）物理设计

根据动态特性（应用处理要求），在选定的 DBMS 环境下将静态特性设计中得到的数据库模式加以物理实现，即设计数据库的存储模式和存取方法。

二、数据库设计的特点和成果

数据库设计的主要特点是，从数据模型即数据结构开始设计，并以数据模型为核心逐步展开。数据库的一个重要优点是减少数据冗余，实现数据共享。因此，设计包含各个用户视图的统一数据模型是数据库设计中的核心问题。同时数据库设计应该和应用系统设计相结合，整个设计过程把结构设计和行为设计密切结合起来，这是建立数据库应用系统行之有效的方法。

从上述可知，数据库设计的成果是数据库模式和以数据为基础的应用程序。它们分别反映了对数据库的静态要求和动态要求。但应用程序是随着应用的发展而不断变化的。在有些以实时访问为主的数据库中，事先很难编出所需的应用程序或事务，因此，数据库设计的最基本成果是数据库模式。数据库模式的设计必须反映数据处理的要求，且应根据应用需求适当地修改、调整数据结构，优化数据模型，以便进一步提高数据库应用系统的性能。

三、数据库设计的方法

数据库设计的方法分为四类：直观设计法、规范设计法、计算机辅助设计法和自动化设计法。直观设计法又称为单步设计法，它依赖于设计者的技巧和经验，因此越来越不适应信息管理系统发展的需要。为了改变这种情况，1978 年 10 月来自欧美 30 多个国家的主要数据库专家在美国新奥尔良市专门讨论了数据库设计问题，提出了数据库设计规范，把数据库设计分成公司需求分析（分析用户需求）、信息分析和定义（建立公司的组织模式）、设计实现（逻辑设计）和物理数据库设计（物理设计）四个阶段。目前，常用的规范设计方法大多起源于新奥尔良方法。

1. 基于 3NF 的数据库设计方法

这是由阿特雷（S.Atre）提出的数据库设计的结构化方法，其基本思想是在需求分析的基础上，识别并确认数据库模式中的全部属性和属性间的依赖，将它们组织成一个单一的关系模式，然后再分析模式中不符合 3NF 的约束条件，用投影和连接的方法将其分解，使其达到 3NF 条件。

具体设计步骤如下：

①企业模式设计，即利用上述得到的 3NF 关系模式画出企业模式；

②设计数据库概念模式，即把企业模式转换成 DBMS 所能接受的概念模式，并根据概念模式导出各个应用的外模式；

③数据库存储模式（物理模式）设计；

④对物理模式进行评价；

⑤数据库实现。

2. 基于实体联系（E-R）的数据库设计方法

这种方法是由陈平山在 1976 年提出的，其基本思想是在需求分析的基础上，用 E-R 图构造一个纯粹反映现实世界实体之间内在关系的企业模式，然后再将此企业模式转换成选定的 DBMS 上的概念模式。

3. 基于视图概念的数据库设计方法

此方法先从分析各个应用数据着手，为每个应用建立各自的视图，然后再把这些视图汇总起来合并成整个数据库的概念模式。合并时必须注意解决下列问题：

①消除命名冲突；

②消除冗余的实体和联系；

③进行模式重构。

在消除了命名冲突和冗余后，需要对整个汇总模式进行调整，使其满足全部完整性约束条件。

除了以上方法外，还有属性分析法、实体分析法以及基于抽象语义规范的设计法等，这里不再介绍。在实际设计过程中，各种方法可以结合起来使用。

目前，分步设计法已在数据库设计中得到广泛的应用并获得较好的效果。此方法遵循自顶向下、逐步求精的原则，将数据库的设计过程分解为若干相互独立又相互依存的阶段，每一阶段采用不同的技术与工具，解决不同的问题，从而将问题局部化，减少了局部问题对整体设计的影响。

在分步设计法中，通常将数据库的设计分为需求分析、概念设计、逻辑设计和物理设计四个阶段。

1. 需求分析

需求分析的目标是通过调查研究，了解用户的数据要求和处理要求，并按一定的格式整理形成需求说明书。需求说明书是需求分析阶段的成果，也是今后设计的依据。它包括数据库所设计的数据、数据的特征、使用频率和数据量的估计，如数据名、属性及其类型、主关键字属性、保密要求、完整性约束条件、使用频率、更改要求、数据量的大小等。这些关于数据的数据称为元数据（Metadata）。在设计大型数据库时，这些数据通常由称为数据字典（Data Dictionary，DD）的计算机软件（专用软件包或 DBMS）来管理。用数据字典管理元数据有利于避免数据的重复或重名，以保持数据的一致性及提供各种统计数据，因而有利于提高数据库设计的质量，同时可以减轻设计者的负担。

2. 概念设计

概念设计是数据库设计的第二阶段，其目标是对需求说明书提供的所有数据和处理要求进行抽象与综合处理，按一定的方法构造反映用户环境的数据及其相互联系的概念模型，即用户的数据模型或企业数据模型。这种概念数据模型与 DBMS 无关，是面向现实世界的数据模型，极易为用户所理解。为保证所设计的概念数据模型能正确、完全地反映用户（一个单位）的数据及其相互关系，便于进行所要求的各种处理操作，在本阶段设计中可吸收用户参与和评议设计。在进行概念设计时，可设计各个应用的视图（View），即各个应用所看到的数据及其结构，然后再进行视图集成（View Integration），以形成一个单位的概念数据模型。这样形成的初步数据模型还要经过数据库设计者和用户的审查和修改，最后形成所需的概念数据模型。

3. 逻辑设计

逻辑设计阶段的设计目标是把上一阶段得到的与 DBMS 无关的概念数据模型转换成等价的并为某个特定的 DBMS 所接受的逻辑模型所表示的概念模式，同时将概念设计阶段得到的应用视图转换成外部模式，即特定 DBMS 下的应用视图。在转换过程中要进一步落实需求说明，并满足 DBMS 的各种限制。逻辑设计阶段的结果就是用 DBMS 提供的数据定义语言（DDL）写成的数据模式。逻辑设计的具体方法与 DBMS 的逻辑数据模型有关。

4. 物理设计

物理设计阶段的任务是把逻辑设计阶段得到的逻辑数据库在物理上加以实现，其主要内容是根据 DBMS 提供的各种手段设计数据的存储形式和存取路径，如文件结构、索引的设计等，即设计数据库的内模式或存储模式。数据库的内模式对数据库的性能影响很大，应根据处理需求及 DBMS、操作系统和硬件的性能进行精心设计。

在数据库设计的基本过程中，每一阶段设计基本完成后，都要认真地进行检查，看看是否满足应用需求，是否符合前面已执行步骤的要求和满足后续步骤的需要，并分析设计结果的合理性。在每一步设计中，都可能发现前面步骤遗漏或处理不当之处，此时，往往需要返回去重新处理并修改设计及有关文档。所以，数据库设计过程通常是一个反复修改、反复设计的迭代过程。

第二节　需求分析

一、需求分析的任务

需求分析是数据库设计的第一阶段，这一阶段收集到的基础数据和一组数据流图（Data Flow Diagram，DFD）是下一步设计概念结构的基础。

从数据库设计的角度考虑，需求分析阶段的目标是：对现实世界要处理的对象（组织、部门、企业等）进行详细调查，在了解原系统的概况和确定新系统功能的过程中，收集支持系统目标的基础数据并进行相应处理。

调查的重点是“数据”和“处理”，通过调查可获得每个用户对数据库的下列要求。

（1）信息要求

信息要求定义未来信息系统用到的所有信息，即在数据库中需存储哪些数据，对这些数据做何处理等，描述数据间本质上和概念上的联系，描述信息的内容和结构，以及信息之间的联系等性质。

（2）处理要求

处理要求定义未来系统处理数据的操作功能，描述操作的优先次序，包括操作执行的频率和场合，操作与数据之间的联系。处理要求还包括弄清楚用户要完成什么样的处理功能，对某种处理功能的响应时间、处理的方式是批处理还是联机处理。

（3）安全性和完整性的要求

在众多分析和表达用户需求的方法中，结构化分析（Structured Analysis，SA）方法是一个简单实用的方法。SA 方法用自顶向下逐层分解的方式分析系统，用数据流图、数据字典描述系统。

二、需求分析的基本步骤

需求分析大致分为三步完成，即需求信息的收集、分析整理和评审。

1. 需求信息的收集

需求信息的收集又称为系统调查。为了充分了解用户可能提出的要求，在调查研究之前，要做好充分的准备工作，明确调查的目的、调查的内容和调查的方式。

首先要了解组织的机构设置、主要业务活动和职能；其次要确定组织的目标、大致的工作流程和任务范围划分。调查的内容包括外部要求、业务现状、组织机构和规划中的应用范围及要求。外部要求一般包括信息的性质，响应的时间、频度和发生的规则，以及经济效益的考虑和要求、安全性及完整性要求。业务现状包括信息的种类、信息的流程、信息的处理方式、各种业务工作过程和各种票据。调查方式可采用开座谈会、跟班作业、请调查对象填写调查表、查看业务记录和票据以及个别交谈等形式。

2. 需求信息的分析整理

要想把收集到的信息（如文件、图表、票据、笔记等）转化为下一阶段设计工作可用的信息形式，必须对需求信息进行分析整理。

（1）业务流程分析

业务流程分析的目的是获得业务流程及业务与数据联系的形式描述。业务流程分析一般采用数据流分析法，分析结果用数据流图表示。

（2）分析结果的描述

除了数据流图外，数据分析的结果还可用一些规范的表格进行补充性描述，一般有数据清单（数据元素表）、业务活动清单（事务处理表）、完整性及一致性要求、响应时间要求、预期变化的影响等。系统的需求可使用数据字典和需求分析语言来描述。

3. 需求信息的评审

评审的目的在于确认某一阶段的任务是否全部完成，以避免重大的疏漏或错误。评审应由项目组以外的专家和主管部门负责人参加，以保证评审工作的客观公正。

需求分析的阶段成果是产生系统需求说明书。系统需求说明书主要包括数据流图、数据字典的表格、各类数据的统计表格、系统功能结构图，并加以必要的编辑说明。系统需求说明书将作为数据库设计全过程的重要依据。

第三节　概念设计

概念设计的任务是，在需求分析产生的需求说明书的基础上，按照一定的方法抽象出满足应用需求的用户（单位）信息结构，即通常所称的概念模型。

概念设计过程也就是正确地选择设计策略、设计方法和概念数据模型并加以实施的过程。

一、概念设计的目标和策略

概念设计的目标是产生一个用户易于理解的反映系统信息需求的整体数据库概念模型。概念模型是系统中各个用户共同关心的信息结构，它独立于计算机的数据模型，独立于特定的数据库管理系统，独立于计算机的软硬件系统。

概念结构独立于数据库的逻辑结构，独立于支持数据库的 DBMS，其作用如下：

提供能够识别和理解系统要求的框架，因此，必须弄清每个应用的重要方面及各个应用的细微差别，否则就设计不出适用的概念模型；该模型为数据库提供一个说明性结构，作为设计数据库逻辑结构即逻辑模型的基础。

设计概念结构的策略如下：

①自顶向下：首先定义全局概念结构的框架，然后逐步细化；

②自底向上：首先定义各局部应用的概念结构，然后将它们集成，得到全局概念结构；

③由里向外：首先定义最重要的核心概念结构，然后向外扩充，生成其他的概念结构；

④混合策略：采用自顶向下和自底向上相结合的方法，即使用自顶向下策略设计一个全局概念结构的框架，以它为骨架集成由自底向上策略中设计的各局部概念结构。

最常用的设计概念结构的策略是自底向上的设计策略。

二、采用 E-R 方法的数据库概念设计

概念设计的常用方法是实体联系方法（E-R 方法）。E-R 方法的原理是对具体数据进行抽象加工，将实体集合抽象成实体类型，用实体间的关系反映现实世界事物间的内在联系。利用 E-R 方法进行数据库的概念模型设计可以分为三步：首先设计局部 E-R 模型，然后把各局部 E-R 模型综合成一个全局 E-R 模型，最后对全局 E-R 模型进行优化，得到最终的 E-R 模型，即概念模型。

1. 设计局部 E-R 模型

每个数据库系统都是为多个不同用户服务的。各个用户对数据的观点可能不一样，信息处理需求也可能不同。在设计数据库概念结构时，为了更好地模拟现实世界，一般先分别考虑各个用户的信息需求，形成局部概念结构，然后再综合成全局结构。在 E-R 方法中，局部概念结构又称为局部 E-R 模型，其图形表示称为局部 E-R 图。局部 E-R 模型的设计过程如下。

（1）确定局部结构范围

设计各个局部 E-R 模型的第一步就是确定局部结构的范围划分。划分的方式一般有两种：一种是依据系统的当前用户进行自然划分，如一个企业的用户有不同部门，各部门对信息的内容和处理的要求明显不同，应分别为它们设计各自的局部 E-R 模型；另一种是按用户要求将数据库提供的服务归纳成几类，使每一类应用访问的数据显著地不同于其他类，并且为每一类应用设计一个局部 E-R 模型。

（2）定义实体

每一个局部结构都包括一些实体类型。实体定义的任务就是从信息需求和局部范围定义出发，确定每一个实体类型的属性和键。

实体类型确定后，其属性也随之确定。实体类型的命名应反映实体的语义性质，在一个局部结构中应是唯一的。键可以是单个属性，也可以是属性的组合。

（3）定义关系

定义关系的一种方式是依据需求分析的结果，考察局部结构中任意两个实体类型之间是否存在关系，若存在关系，进一步确定是一对一、一对多还是多对多的关系。定义关系还要考察一个实体类型内部是否存在关系、两个实体类型之间是否存在关系、多个实体类型之间是否存在关系等。

在确定关系类型时，应注意防止出现冗余的关系，即可以从其他关系导出的关系，如果存在，要尽可能识别并消除这些冗余关系，以免影响全局 E-R 模型。

（4）属性的分配

确定了实体与关系后，可用属性描述局部结构中的其他语义信息。首先确定属性，然后把属性分配到有关的实体和关系中去。

确定属性的原则是：属性应该是不可以再分解的语义单位；实体与属性之间的关系只能是一对多的关系；不同实体类型的属性之间应没有直接的关联关系。

当多个实体类型用到同一属性时，将导致数据冗余，从而可能影响存储效率和完整性约束，因而需要确定把它分配给哪个实体类型，一般把属性分配给那些使用频率最高的实体类型，或分配给实体值少的实体类型。

2. 设计全局 E-R 模型

所有局部 E-R 模型设计好后，就需要把它们综合成单一的全局概念结构。

全局概念结构不仅要支持所有的局部 E-R 模型，还必须合理地表示一个完整、一致的数据库概念结构。全局 E-R 模型的设计过程如下。

（1）确定公共实体类型

当系统较大时，可能有很多局部 E-R 模型，且这些局部 E-R 模型是由不同的设计人员确定的，因而对同一现实世界的对象可能给予不同的描述。有的作为实体类型，有的作为关系类型或属性。即使都表示成实体类型，实体类型名和键也可能不同。一般把同名实体类型或具有相同键的实体类型作为可能的公共实体类型。

（2）局部 E-R 模型的合并

局部 E-R 模型合并的原则是：首先进行两两合并，再合并那些现实世界中有关系的局部结构；合并从公共实体类型开始，最后再加入独立的局部结构。

（3）消除冲突

将局部 E-R 模型合并成全局 E-R 模型时，应消除以下三种冲突。

第一，属性冲突。属性冲突，首先包括属性域的冲突，即属性值的类型、取值范围或取值集合不同，如对于零件号，不同的部门常采用不同的编码方式；其次是属性取值单位的冲突，如质量单位有的用公斤，有的用克。

第二，结构冲突。结构冲突首先包括同一对象在不同应用中的不同抽象，如职工在某个应用中为实体，在另一应用中为属性；其次是同一实体在不同局部 E-R 模型中属性组成不同，如属性个数、次序等；再者实体之间的关系在不同的局部 E-R 模型中可能会呈现不同的类型。

第三，命名冲突。命名冲突包括属性名、实体名、关系名之间的冲突。同名异义，即不同意义的对象具有相同的名字；异名同义，即同一意义的对象具有不同的名字。

属性冲突和命名冲突通常采用讨论、协商等行政手段解决，结构冲突则要认真分析后才能解决，如把实体变换为属性或把属性变换为实体，使同一对象具有相同的抽象；又如取同一实体在各局部 E-R 模型中属性的并集作为集成后该实体的属性集，并对属性的取值类型进行统一协调。

3. 全局 E-R 模型的优化

一个好的全局 E-R 模型，除能准确、全面地反映用户功能的需求外，还应满足下列条件：实体类型的个数尽可能少；实体类型所含属性个数尽可能少；实体类型间的关系无冗余。但是这些条件不是绝对的，要视具体的信息需求与处理需求而定。优化原则如下。

（1）实体类型的合并

一般把具有相同键的实体类型以及具有 1∶1 关系的两个实体类型合并。

（2）冗余属性的消除

通常在各个局部结构中是不允许冗余属性存在的。但在综合成全局 E-R 模型后，可能产生全局范围内的冗余属性。一般当同一非键的属性出现在几个实体类型中，或者一个属性值可从其他属性的值导出时，应把冗余属性从全局模式中去掉。

（3）冗余关系的消除

在全局模式中可能存在冗余的关系，通常利用规范化理论中函数依赖的概念消除冗余关系。

第四节　逻辑设计

数据库概念设计阶段得到的数据模式是用户需求的形式，它独立于具体的计算机系统和 DBMS。为了建立用户所要求的数据库，必须把上述数据模式转换成某个具体的 DBMS 所支持的概念模式，并以此为基础建立相应的外模式。这是数据库逻辑设计的任务，是数据库结构设计的重要阶段。

逻辑模型设计的主要目标是产生一个 DBMS 可处理的数据模型和数据库模式。该模型必须满足数据库的存取、一致性及运行等各方面的用户需求。

一、逻辑设计的步骤

逻辑设计的主要任务是：将概念数据模型转换成目标 DBMS 所支持的数据模型；开发目标 DBMS 下的数据库模式和子模式，即使用选定的 DBMS 的数据定义语言来描述数据模型，同时与应用程序设计活动相作用，给出应用程序的设计指南。此外，完成这些任务的一个先决条件就是根据应用环境的特征、数据特点来确定所需要的 DBMS 功能与特征，并选择目标 DBMS。

数据库的逻辑设计大体分为以下三个步骤。

（1）将 E–R 图转换为一般的数据模型

现有的 DBMS 支持网状、层次、关系模型，要按不同的转换规则将 E-R 图转换为某一种数据模型。

（2）模型评价

检查转换后的模型是否满足用户对数据的处理要求，主要包括功能要求和性能要求。

（3）模型修正

根据模型评价的结果调整和修正数据模型，以提高系统性能。修改后的模型要重新进行评价，直到认为满意为止。

二、E-R 模型向关系数据模型的转换

E-R 模型可以向现有的各种数据库模型转换，对不同的数据库模型有不同的转换规则，以下介绍 E-R 模型向关系数据模型转换的规则。

E-R 模型中的主要成分是实体类型和联系类型，因此转换过程分为两步。

1. 实体类型的转换

对于实体类型，可以将每个实体类型转换成一个关系模式，实体的属性即为关系模式的属性，实体标识符即为关系模式的键。

2. 联系类型的转换

对于联系类型，要视 $1:1$、$1:N$ 和 $M:N$ 三种不同的情况进行处理。

（1）实体间的联系为 $1:1$

在两个实体类型转换成的两个关系模式中，向任意一个关系模式的属性中加入另一个关系模式的键和联系类型的属性。

（2）实体间的联系为 $1:N$

在 N 端实体类型转换成的关系模式中加入 1 端实体类型转换成的关系模式的键和联系类型的属性。

（3）实体间的联系为 $M:N$

可以将联系类型转换成一个新关系模式，其属性为两端实体类型的键加上联系类型的属性，而键为两端实体键的组合。

三、关系数据库的逻辑设计

逻辑设计可以运用关系数据库模式的设计理论，使设计过程形式化地进行，并且结果可以验证。

概念设计的结果直接影响到逻辑设计过程的复杂性和效率。在概念设计

阶段已经把关系规范化的某些思想用作构造实体类型和联系类型的标准。在逻辑设计阶段，仍然要使用关系规范化理论来设计模式和评价模式。关系数据库逻辑设计的结果是一组关系模式的定义。

关系数据库的逻辑设计过程如下。

1. 模式转换

模式转换就是将概念设计的结果（即全局 E-R 模型）按转换规则转换成初始关系模式。

2. 规范化处理

规范化的目的是减少乃至消除关系模式中存在的各种异常，改善完整性、一致性和存储效率。规范化的过程分为以下两个步骤。

（1）确定规范级别

规范级别取决于两个因素：一是归结出来的数据依赖的种类；二是实际应用的需要。在仅有函数依赖时，规范级别一般达到 3NF 或 BCNF 即可。

（2）实施规范化处理

确定规范级别后，逐一考察关系模式，判断它们是否满足规范要求。若不符合上一步确定的规范级别，则利用相应的规范算法将关系模式规范化。

3. 模式评价

模式评价的目的是检查已给出的数据库模式是否满足用户的功能要求，是否具有较高的效率，并确定需要加以修正的部分。模式评价主要包括功能评价和性能评价两个方面。

功能评价对照需求分析的结果，检查规范化后的关系模式集合是否支持用户所有的应用需求。关系模式必须包括用户可能访问的所有属性。

性能评价对于目前得到的数据库模式进行性能评价比较困难，因为缺乏有关的物理设计因素和相应的评价手段，但可以利用逻辑记录访问计算法进行估算，以给出改进建议。

4. 模式修正

根据模式评价的结果，对已生成的模式集合进行修正。修正的方式依赖于导致修正的原因，如果出于需求分析、概念设计的疏漏导致某些应用得不到支持，则应相应地增加新的关系模式或属性。如果出于性能上的考虑而要求修正，则可采用合并、分解等方式进行。

如果有若干个关系模式具有相同的键，并且对这些模式的处理主要为查询操作，当同时涉及多个关系的查询占有相当比例时，可对这些模式按组合使用的频率进行合并，这样可减少连接操作，提高查询效率。在某些特殊情况下，对即使不具有相同键的模式，也可以采用合并方式提高查询速度，但这样可能会影响规范化的等级。

已经达到规范化要求的关系模式仍然可能由于某些属性值的重复而占用过多的存储空间，如有的属性值有较少的不同值，且每一个值的长度较长，此时可对属性值实现代码化，构造一个代码转换的关系模式，以便使占用的空间达到极小化。

在经过模式评价及修正的多次反复后，最终的数据模式得以确定，全局逻辑结构设计即告结束。

第五节　物理设计

数据库物理设计的任务就是为上一阶段得到的逻辑数据库选择一个最适合应用环境的物理结构，也就是确定在物理设备上能有效地实现一个逻辑数据模型所必须采用的存储结构和存取方法，然后对该存储模式进行性能评价和修改设计，经过多次反复，最后得到一个性能较好的存储模式。

数据库物理设计的主要目标是提高数据库的性能，节省存储量。在这两个目标中，提高数据库的性能更为重要。因为在目前的大多数数据库系统中，性能仍然是主要的薄弱环节，也是用户最关切的问题。

一、物理设计的内容

一般说来，物理设计就是根据满足用户信息需求的已确定的逻辑数据库结构研制出一个有效的、可实现的物理数据库结构的过程。物理设计包括满足某些操作约束，如存储空间的限制和响应时间的要求等。

数据库的物理设计与具体 DBMS 有关，主要包括确定记录存储格式、选择文件的存储结构、决定存取路径、完整性和安全性分析、程序设计等内容。

1. 确定记录存储格式

数据库中每条记录数据项的类型和长度要根据用户要求及数据值的特点来确定。DBMS 提供多种数据类型进行选择，如字符型的数据可用字符或二进制位串来表示，如果数据项的位在一个不大的有限集内，用二进制位串来表示可以节约存储空间。

为了加快存取速度，可把记录数据按不同应用进行水平或垂直分割，把它们分别存储在不同的设备或同一设备的不同位置上，尽可能地使应用程序访问数据库的代价最小。

2. 选择文件的存储结构

文件存储结构的选择与对文件进行的处理有关。对需要成批处理的数据文件，可选用顺序存储结构，而当经常需要随机查询某一记录时，选用散列方式的存储结构则比较合适。对一些 DBMS，有多种存储结构可供选择，如 IMS 中有四种存储结构：层次顺序存取法、层次索引顺序存取法、层次直接存取法和层次索引直接存取法。

在有些 DBMS 中还支持聚集索引，采用聚集索引可使记录的物理存储顺序与主关键字值顺序相同，从而可以提供按主关键字查询的最高效率。

3. 决定存取路径

一个文件的记录之间及不同文件的记录之间都存在着一定的联系。因此，一条记录的存取可根据应用的不同而选择不同的存取路径，以提高处理效率。物理设计的任务之一就是要确定和建立这些存取路径。

在关系数据库系统中，可通过建立索引来提供不同的存取路径。需要在哪些属性上建立索引，哪些是主索引，哪些是次索引，索引的键是单属性还是属性的组合，这些都是设计中需要解决的问题。

当然，索引的建立会增加系统开销，数据更新时要同时更新索引，降低了数据更新操作的效率。

4. 完整性和安全性分析

数据库在物理设计时，同样必须在系统的完整性、安全性等方面进行分析，并产生多种方案。在实施数据库之前，对这些方案进行细致的评价，以选择一个较优的方案是十分必要的。

5. 程序设计

逻辑数据库结构确定以后，应用程序的设计就可以开始了。从理论上说，物理数据独立性的目的是消除由物理结构设计决策的变化而引起的对应用程序的修改。但是，当物理数据独立性未得到保证时，数据结构的改变可能会引起对应用程序的修改。

二、物理设计的性能

假设数据库性能用“开销（Cost）”来描述，在数据库应用系统生存期中，总的开销包括：规划开销、设计开销、实施和测试开销、操作开销、运行维护开销。

对物理设计者来说主要考虑操作开销，即为用户获得及时、准确的数据所需的开销和计算机资源的开销。开销可分为几类。

1. 查询和响应时间

响应时间定义为从查询开始到查询结果开始显示之间所经历的时间，包括CPU 服务时间、CPU 队列等待时间、I/O 服务时间、I/O 队列等待时间、封锁延迟时间和通信延迟时间。

一个好的应用程序设计可以减少 CPU 服务时间和 I/O 服务时间。例如，有效地使用数据压缩技术、选择好的访问路径和合理安排记录的存储等。

2. 更新事务的开销

应用程序的执行是划分为若干比较小的独立的程序段，这些程序段称为事务。事务的开销是用从事务的开始到完成的时间来度量。更新事务的开销主要指修改索引、重写物理块或文件、写校验等方面的开销。

3. 报告生成的开销

报告生成是一种特殊形式的查询检索，它花费的时间和查询、更新是一样的，都是从数据输入的结束到数据显示的开始这段时间，主要包括检索、重组、排序和结果显示。

4. 主存储空间开销

主存储空间包括程序和数据所占有的空间，一般地，对数据库设计者来说，可以对缓冲区分别做适当的控制，包括缓冲区的个数和大小。

5. 辅助存储空间

辅助存储空间分为数据块和检索块两种，块中的开销包括标志、计数、指针和自由空间等。设计者可以控制的是索引块的大小、装载因子、指针选择项和数据冗余等。

第六节　实现与维护

一、数据库的实现

对数据库的物理设计步骤初步评价完成后，设计人员就可以建立数据库了。在这一阶段，设计人员运用 DBMS 提供的数据定义语言，将逻辑设计和物理设计的结果严格地描述出来，成为 DBMS 可接受的源代码，经过调试产生目标模式，然后组织数据入库。

根据逻辑设计结果和物理设计结果，在计算机上建立实际的数据库结构、装入数据并进行测试和试运行的过程称为数据库的实现。该阶段的主要工作如下。

（1）建立实际的数据库结构

用 DBMS 提供的数据定义语言编写描述逻辑设计和物理设计结果的程序，经计算机编译处理和执行后，即建立了实际的数据库结构。

（2）测试

建立好数据库结构后，应装入试验数据，进入数据库的测试阶段。该阶段的主要工作是实际运行应用程序，执行对数据库的各种操作，测试应用程序的功能；测量系统的各项性能指标，检查对空间的占用情况，分析是否符合设计目标。

（3）装入实际数据并建立实际的数据库

向数据库中装入数据又称为数据库加载。在加载之前要对数据进行严格的检验和整理，并建立严格的数据登录和校验规范，设计出完善的数据检验和校正程序，尽可能在加载之前把不合格的数据排除掉，然后通过系统提供的工具程序或自编的专门装入程序将数据装入数据库。在数据库加载过程中，还必须做好数据库的转储和恢复工作。

二、数据库的其他设计

数据库的其他设计工作包括加强数据库的安全性、完整性控制，保证一致性、可恢复性等，这些设计总是以牺牲效率为代价的。设计人员的任务就是要在提高效率和实现尽可能多的功能之间进行合理平衡。

（1）数据库的再组织设计

在数据库设计中，对数据库的概念、逻辑和物理结构的改变称为再组织

（Reorganization），其中改变概念或逻辑结构称为再构造（Restructuring），改变物理结构称为再格式化（Reformatting）。再组织通常是由环境需求的变化或性能变化等引起的。DBMS 特别是 RDBMS 一般都提供数据库的再组织实用程序。

（2）故障恢复方案设计

在数据库设计中考虑的故障恢复方案，一般基于 DBMS 提供的故障恢复手段，如果 DBMS 已提供了完善的软硬件故障恢复和存储介质的故障恢复手段，那么设计阶段的任务就简化为确定系统登录的物理方案参数，如缓冲区的大小、逻辑块的长度、物理设备等，否则就要制订人工备份方案。

（3）安全性考虑

许多 DBMS 都有描述各种对象（记录、数据项）的存取权限的功能，在设计时根据用户需求分析，规定相应的存取权限。子模式是实现安全性要求的一个重要手段。设计人员也可在应用程序中设置密码，对不同的使用者给予一定的密码，用密码控制使用级别。

（4）事务控制

大多数 DBMS 都支持事务的概念，以保证多用户环境下的数据完整性和一致性。事务控制有人工控制和系统控制两种控制方法，系统控制以数据操作语句为单位，人工控制则通过事务的开始和结束语句来实现。大多数 DBMS 也提供封锁粒度的选择，封锁粒度一般有库级、记录级和数据项级。粒度越大控制越简单，但并发性能差，这些在设计中都要统筹考虑。

三、数据库的运行与维护

数据库正式投入运行标志着数据库运行与维护工作的开始，但并不标志着数据库设计工作的结束。数据库维护工作不仅是维持其正常运行，而且是设计工作的继续和提高。

数据库运行维护阶段的主要工作如下：

①维护数据库的安全性与完整性及系统的转储和恢复：按照系统提供的安全规范和故障恢复规范，经常核查系统安全性是否受到侵犯，及时调整授权和密码，实施系统转储与备份，发生故障后应及时恢复。

②性能的监督、分析与改进：利用系统提供的性能分析工具对数据库的存储空间及响应时间进行分析、评价，并结合用户意见确定改进措施，实施重新构造或重新格式化。

③增加新功能：根据用户的意见，在不损害原系统功能和性能的情况下，

对原有功能进行扩充；

④发现错误，修改错误：及时发现系统运行中出现的错误，并进行修改，保证系统正常运行。

由于数据库应用环境发生变化，需要增加新的应用或新的实体，实体与实体间的关系也会发生相应变化，原设计不能很好地满足新的需求，不得不适当调整数据库的外模式和内模式。当然，数据库重新构造的程序功能是有限的，只能进行部分的修改和调整。若应用变化太大，重新构造也无能为力，则表明原数据库应用系统生存期结束，应该重新设计数据库，开始一个新的数据库应用系统的生存期。

第四章　结构化查询语言

第一节　SQL 基础

一、SQL 语法

SQL 是结构化查询语言（Structured Query Language）的英文缩写，T-SQL（T-SQL）是对国际标准化组织（ISO）和美国国家标准学会（ANSI）发布的 SQL 标准定义的语言的扩展。目前，SQL Server 的版本中，Microsoft SQL Server 2000 遵循的是 ANSI SQL-92 标准，也就是 ANSI 在 1992 年制订的标准，最新的 SQL 标准是 1999 年发行的 ANSI SQL-99，Microsoft SQL Server 2008 就是遵循该标准的。

T-SQL 是结构查询语言的增强版本，与多种 ANSI SQL 标准兼容，而且在标准的基础上还进行了许多扩展。T-SQL 代码已经成为 SQL Server 的核心。

（一）T-SQL 语言的特点

T-SQL 有以下 4 个特点。

（1）一体化

T-SQL 集数据定义语言、数据库操作语言、数据库控制语言元素为一体。

（2）使用方式

T-SQL 有两种使用方式，即交互使用方式和嵌入高级语言的使用方式。

（3）非过程化语言

T-SQL 只需要提出“干什么”，不需要指出“如何干”，语句的操作过程由系统自动完成。

（4）人性化

T-SQL 符合人们的思维方式，容易理解和掌握。

（二）T-SQL 的组成

T-SQL 就是微软结构化查询语言，它由 4 种元素组成：数据定义语言（Data Definition Language，DDL）、数据操作语言（Data Manipulation Language，DML）、数据控制语言（Data Control Language，DCL）和系统存储过程（System Stored Procedure）。

（1）数据定义语言

数据定义语言是最基础的 T-SQL 语言类型，可用来创建数据库和创建、修改、删除数据库中的各种对象，为其他语言的操作提供对象。只有在创建数据库和数据库中的各种对象之后，数据库中的各种其他操作才有意义。例如，数据库、表、触发器、存储过程、视图、索引、函数、类型及用户等都是数据库中的对象，都需要通过定义才能使用。最常用的 DDL 语句是 CREATE、DROP 和 ALTER。

（2）数据操作语言

数据操作语言用于完成数据查询和数据更新操作，其中数据更新是指对数据进行插入、删除和修改操作。最常使用的 DML 语句是 SELECT、INSERT、UPDATE 和 DELETE。

（3）数据控制语言

数据控制语言是用来设置或更改数据库用户或角色权限的语句，在默认状态下，只有 sysadmin、db_owner 或 db_seurityadmin 等人员才有权力执行数据控制语言。最常用 的 DCL 语句是 RANT、REVOKE 和 DENY。GRANT 语句可以将指定的安全对象的权限授予相应的主体；REVOKE 语句则删除授予的权限；DENY 语言拒绝授予主体权限，并且防止主体通过组或角色成员继承权限。

（4）系统存储过程

系统存储过程是 SQL Server 系统创建的存储过程，它的目的在于能够方便地从系统表中查询信息，或者完成与更新数据库表相关的管理任务，或其他的系统管理任务。系统存储过程可以在任意一个数据库中执行。系统存储过程存放在 master 数据库中，并且以“sp_”开头。

（三）T-SQL 附加的语言元素

T-SQL 附加的语言元素主要包括以下几方面。

1. 注释语句

注释是程序代码中不执行的文本字符串（也称为注解）。在 SQL Server 中，可以使用两种类型的注释字符：一种是 ANSI 标准的注释字符“—”，它用于单行注释，一般对变量、条件子句可以采用该类注释；另一种是与 C 语言相同的程序注释符号，即“/**/”，可用于多行注释，对某项完整的操作建议用该类注释。

注意：多行“/**/”注释不能跨越批处理，整个注释必须包含在一个批处理内。

2. 批处理

批处理是从客户机传递到服务器上的一组完整的数据 SQL 指令。批处理的所有语句被称为一个整体，而被成组地分析、编译和执行。

简单来说，两个 GO 之间的 SQL 语句作为一个批处理。在一个批处理中可以包含一条或多条 T-SQL 语句，成为一个语句组。这样的语句组被应用程序一次性地发送到 SQL Server 服务器进行执行。SQL Server 服务器将批处理编译成一个可执行单元，称为执行计划。

3. 变量

变量是一种语言中必不可少的组成部分。T-SQL 语言中有两种形式的变量：一种是用户自己定义的局部变量；另一种是系统提供的全局变量。

（1）局部变量

局部变量是一个能够拥有特定数据类型的对象，一般出现在批处理、存储过程、触发器中，它的作用范围仅限于程序内部。局部变量可以作为计数器来计算循环执行的次数，或者控制循环执行的次数。

（2）全局变量

全局变量是SQL Server系统内部使用的变量，其作用范围并不仅仅局限于某一程序，而是任何程序均可以随时调用。全局变量通常存储一些 SQL Server 的配置设定值和统计数据。使用全局变量时，应该注意以下几点：①全局变量不是在用户的程序中定义的，而是在服务器中定义的。②用户只能使用预先定义的全局变量。③引用全局变量时，必须以标记符“@@”开头。

局部变量的名称不能与全局变量的名称相同，否则会在应用程序中出现不可预测的结果。

引用方式：SELECT@@ 变量名。

（3）运算符

运算符是一些符号，它们能够用来执行算术运算，字符串的连接、赋值，以及在字段、常量和变量之间进行比较。

在 SQL Server 中，运算主要有以下 6 大类：算术运算符、赋值运算符、位运算符、比较运算符、逻辑运算符和字符串串联运算符。

（4）函数

在 T-SQL 语言中，函数被用来执行一些特殊的运算以支持 SQL Server 的标准命令。T-SQL 编程语言提供了 3 种函数：

①行集函数：行集函数可以在 T-SQL 语句中当作表引用；

②聚合函数：聚合函数用于对一组值进行计算并返回一个单一的值；

③标量函数：标量函数用于对传递给它的一个或者多个参数值进行处理和计算，并返回一个单一的值。

（5）流程控制语句

流程控制语句是指那些用来控制程序执行和流程分支的命令。流程控制语句包括条件执行语句 if-else，重复执行语句 while 以及跳转语句 goto 和 return 等。

（四）T-SQL 的语法约定

T-SQL 是微软在标准 SQL 基础上的扩展，在 T-SQL 语句的语法中使用了一些符号，这些符号都有特定的含义。

在 T-SQL 语句中，标识一个对象（如表、列等）的完全限定的对象名称需要 4 个标识符，即服务器名称、数据库名称、架构的名称和对象名称。

引用某个特定对象时，不必总是指定服务器、数据库和架构的名称，若要省略中间节点，必须使用句点来指示这些位置。

二、SQL 标准的发展

（一）SQL 语言的发展

SQL 语言于 1974 年由博伊斯（Boyce）和钱伯林（Chamberlin）首先提出。1975 ~ 1979 年，IBM San Jose Research Lab 的关系数据库管理系统原型 System R，最早使用了 SQL 语言。

为了避免各产品之间的 SQL 语法不兼容，美国国家标准局于 1992 年制定了 SQL-92 标准，简称 SQL2。该标准定义出 SQL 的关键词与语法标准，以提高各家产品在 SQL 语法上的兼容性。

7 年后，也就是 1999 年，SQL 标准的新版本 SQL-99（SQL3）发布，这一版本中又新增了一些特性，标志着 SQL 在满足用户需求方面又前进了一大步。

目前，SQL 标准的最新版为 SQL-2016。大体而言，业界的产品都是在包含 ANSI SQL 的基础上，再扩充自家产品的功能，以求能展现出本身的特色。

ANSI 在每次修订 SQL 标准时，会在语言中添加一些新特性并加入新命令及功能。例如，SQL-99 标准增加了一组处理面向对象（Object-Oriented）数据类型扩展的功能。

（二）SQL-99（SQL3）新增特性

SQL-99 有两个主要部分，Foundation 与 Bindings。SQL3 Foundation 一节包括了来自 SQL-99 的所有 Foundation 及 Bindings 标准，同时又新增了名为 Schemata 的一节。

SQL3 的 Core 需求与 SQL-99 并无差异，因此符合 Core SQL-99 的数据库平台将自动符合 SQL3。尽管 SQL3 的 Core 并未新增太多的功能（除了一些新保留字外），但是更新或修改了某些语句及行为。

Core SQL-99 中的一些元素已经从 SQL3 中删除了，包括：

BIT 及 BIT VARYING 数据类型；

UNION JOIN 子句；

UPDATE…SET ROW 语句。

除此之外，其他特性还包括添加、删除或重命名等一些仍很模糊的功能。由于尚无数据库平台支持 SQL3 标准的这些新特性，因此当前 SQL3 标准许多有趣之新特性仍限于学术讨论。

（三）SQL 方言

SQL 标准不断演进，许多数据库厂商与平台间的 SQL 方言也应运而生。因为某个数据库的用户社群即已要求数据库厂商开发新功能，所以这些方言的演进多半是在美国国家标准局新建应用标准以前。不过，这些 SQL 方言有时候则是学术界或研究圈基于科技间互相竞争的压力而提出来的新功能。例如，许多数据库厂商使用 Java[如 DB2、甲骨文（Oracle）及塞贝斯（Sybase）] 或 VBScript[如微软（Microsoft）] 扩展目前的程序式供应（Programmatic Offering）。未来程序员及开发者将使用这些编程语言并搭配 SQL 标准设计出 SQL 程序。

一些较为常见的 SQL 方言包括以下几种。

（1）PL/SQL

在 Oracle 中，PL/SQL 表示 Procedural Language/SQL，并包括许多与 Ada 语言类似的功能。

（2）T–SQL

Microsoft SQL Server（以下简称“SQL Server”）与 Sybase Adaptive Server 均使用 T-SQL。由于 Microsoft 及 Sybase 已不再共享 20 世纪 90 年代早期的共享平台，它们的 T-SQL 实现亦不相同。

（3）PL/pgSQL

这是 SQL 方言在 PostgreSQL 内的扩展实现。PL/pgSQL 是“Procedural Language/PostgreSQL”的缩写。

对于计划广泛使用单一数据库系统的用户而言，应学习他们所选择的 SQL 方言或平台的错综复杂的细节。

（四）Microsoft SQL Server 2008 的 T–SQL 语言增强

Microsoft SQL Server 2008（以下简称 SQL Server 2008）对 T-SQL 语言进行了进一步增强，主要包括：ALTER DATABASE 兼容级别设置、复合运算符、CONVERT 函数、日期和时间功能、GROUPING SETS、MERGE 语句、SQL 依赖关系报告、表值参数和 T-SQL 行构造函数。

三、SQL Server 标识符

所谓标识符是指由用户定义的、SQL Server 可识别的、有意义的字符序列，通常用它们来表示名称，如数据库、表名、视图名称以及列名等。标识符有两类：规则标识符和界定标识符。

1. 规则标识符

在 SQL Server 中，规则标识符可以直接使用，而不必使用界定符号。标识符的使用规则如下。

①标识符不区分大小写，即大小写是等效的，如 SchoolName 与 SCHOOL NAME 和 schoolname 是等效的。

②标识符的长度通常为 1 ~ 30 个字符，不能是保留字（保留字是一个单词，是 SQL 词汇的一部分，它只能用在 SQL 语句中，而不能用于其他用途）。

③标识符的第一个字符必须是字母、下划线、@ 或 #，从第二个字符开始还可以是数字、$ 符号。其中：以 @、@@ 开头的是局部、全局变量；以 #、## 开头的是局部、全局临时对象；包含空格时，要用“[]”或引号括起。

④标识符不能与 Server 的保留字同名。

⑤标识符中不能出现空格或其他非法字符。

⑥合法标识符如 ABC、lili、@VAR_X、#TBL_Y 等；而非法标识符如 123ABC、4DD 等。

2. **界定标识符**

如果希望使用规则标识符以外的形式定义标识符，必须在这些标识符外加界定符，这类标识符称为界定标识符。界定符有方括号 []、英文双引号等。当标识符与保留字同名或包含空格和特殊字符时，必须使用界定标识符。规则标识符也可采用界定标识符的形式。

四、SQL Server 数据类型

在 T-SQL 语言编程中，常量、变量、表中的列、函数的自变量与函数值、过程参数及返回代码、表达式等都具有数据类型，数据类型可分为精确数字（整数、位型、货币型、十进制）、近似数字、日期时间、字符与二进制（字符、Unicode、二进制）和特殊数据类型。其中，常量也称为字面值或标量值，它是一个表示特定数据值的符号。常量的值在程序运行过程中不会改变。常量包括字符常量、整型常量、实型常量、日期型常量、货币型常量等。常量的格式取决于它所表示的值的数据类型。数据类型是指数据所代表信息的类型，在 SQL Server 2008 中定义了 24 种数据类型，同时允许用户自定义数据类型。下列以 SQL Server 2008 为例，介绍几种常见的数据类型。

（一）字符串类型

字符型数据可以用来存储各种字母、数字字符和特殊符号。在 SQL Server 2008 中，字符数据类型包括字符串数据类型和 Unicode 数据类型。

1. **字符串数据类型**

字符串数据类型包括 char、varchar 和 text，它们都是非 Unicode 数据类型。字符数据是由字母、符号和数字任意组合而成的数据。

关于 char 和 varchar 的使用，要注意以下几点：

①如果未在数据定义或变量声明语句中指定 n，则默认长度为 1；

② DBMS 在进行排序或处理字符时，对固定长度字符变量的处理效率要远高于可变长度的字符变量。

③如果列数据项的大小一致，则使用 char。

④如果列数据项的大小差异相当大，则使用 varchar。

2.Unicode 字符数据

在 SQL Server 中，传统的非 Unicode 数据类型允许使用由特定字符集定义的字符；而使用 Unicode 数据类型，列中可以存储任何由 Unicode 标准定义的字符。在 Unicode 标准中，包括了以各种字符集定义的全部字符。使用 Unicode 字符类型的数量是非 Unicode 字符类型的两倍。

在数据库中，字符类型的数据应用是非常广泛的。如电话号码信息虽然是一些数字，但是用户通常都采用字符型数据来存储。如电话号码“0208111119”，如果采用数字数据存储，则最左边的数据 0 将会被忽略，记录的信息实际为“208111119”，而采用字符型数据存储则不会出现这种问题。

（二）二进制大型对象类型

varbinary、binary、varbinary（max）或 image 等二进制数据类型用于存储二进制数据，如图形文件、Word 文档或 MP3 文件，其值为十六进制的 0x0 ~ 0xf。image 数据类型可在数据页外部存储最多 2GB 的文件。image 数据类型的首选替代数据类型是 varbinary（max），可保存最多 8KB 的二进制数据，其性能通常比 image 数据类型好。SQL Server 2008 的新功能是可以在操作系统文件中通过 FileStream 存储选项存储 varbinary（max）对象。这个选项将数据存储为文件，同时不受 varbinary（max）的 2GB 大小的限制。

注意：在 image 数据类型中，存储的数据是以位字符串存储的，不是 SQL Server 解释的，必须由应用程序来解释。例如，应用程序可以使用 BMP、TIEF、GIF 和 JPEG 格式把数据存储在 image 中。

（三）精确数值类型

数值数据类型包括 bit、tinyint、smallint、int、bigint、numeric、decimal、money、float 以及 real。这些数据类型都用于存储不同类型的数字值。第一种数据类型 bit 只存储 0 或 1，在大多数应用程序中被转换为 true 或 false。bit 数据类型非常适合用于开关标记，且它只占据一个字节空间。

其中，money 和 smallmoney 数据类型代表货币或货币值，精确到它们所代表的货币单位的万分之一。也就是说，如果一个对象被定义为 money，则它最多可以包含 19 位数字，其中小数点后可以有 4 位数字。而之所以把 money 和 smallmoney 划归为整型数据类型，是因为它在 SQL Server 中的存储方式与 bigint 和 int 完全相同。

货币数据不需要用单引号“‘”引起来。但需要记住，虽然可以指定前面带有货币符号的货币值，但 SQL Server 不存储任何与符号关联的货币信息，它只存储数值。

（四）近似数值类型

这个分类中包括数据类型 float 和 real，它们用于表示浮点数据。但是，由于它们是近似的，因此不能精确地表示所有值。

float（*n*）中的 *n* 用于存储该数尾数（mantissa）的位数。SQL Server 对此只使用两个值。如果指定位于 1~24 之间，SQL 就使用 24；如果指定位于 25~53 之间，SQL 就使用 53；如果指定 float（ ）时（括号中为空），默认为 53。

此外，SQL Server 还提供了带有固定精度和小数位数的数值数据类型：decimal 和 nu-meric。

（五）布尔类型

布尔类型用来存储真值，类型名是 boolean，真值是用布尔类型中的 true、false、unknown 表示。在 SQL Server 2008 中，布尔类型为 bit，用 1 表示真，0 表示假。通常情况下，非 0 数，我们就称之为真。

（六）日期和时间类型

在 SQL Server 中使用日期和时间类型表示日期和时间。日期和时间值有以下特点：它们是依赖以前称为格林尼治时间的世界协调时间（Universal Cordinated Time，UCT）来定义的。SQL 标准要求每一个 SQL 会话有一个相对于 UCT 的默认偏差（被用于会话的持续时间）。

日期所表示的均为阳历时间。

连字符（-）分隔日期的各个部分，冒号（：）分隔时间的各个部分。当组合日期和时间时，日期和时间之间要用空格分隔。

1.date 数据类型

在 SQL Server 2005 中，没有专门的日期数据类型来存放日期，只能通过某些数据类型来进行，譬如 datetime 和 smalldatetime。当我们输入日期时，会有提示说有一个时分的组合需要输入，其初显为 12：00AM，所以，我们必须设置日期的输入。当我们要只显示日期的时候，就必须用 GETDATE（ ）函数来设置输出格式。在 SQL Server 2008 中，我们只需要用 DATE 类型来存储，即可得到我们想要的日期。

2.time 数据类型

如果我们只要输出时间数据类型，则只需将数据存储为 TIME 数据类型即可。

3.datetime2 数据类型

新的 datetime2 数据类型也是一种数据时间混合的数据类型，不过其时间部分秒数的小数部分可以保留不同位数的值，比原来的 datetime 数据类型取值范围要广。用户可以根据自己的需要通过设置不同的参数来设定小数位数，最高可以设到小数点后七位（参数为 7），也可以不要小数部分（参数为 0），依此类推。

4.datetimeoffset 数据类型

如果把日期和时间数据保存在一列里，是不会提示该日期和时间属于哪一个时区的。时区的提示非常重要，特别是当我们处理的数据包含了多个不同时区的国家时。新的 datetimeoffset 数据类型可以定义一个日期和时间组合，其中时间以 24 小时制显示，并带有时区提示。

5.DATETIME 函数

目前我们可以在 SQL Server 2005 和 SQL Server 2000 中使用 GETDATE 函数来查询当前的日期和时间。此外，在 SQL Server 2005 中，还有另外几个类似的日期时间函数，分别为：CURRENT_TIMESTAMP、DATEADD、DATEDIFF、DATENAME、DATEPART、GETUTCDATE、DAY、MONTH 和 YEAR。在 SQL Server 2008 中，除了上述这些函数外，又新增了五个函数，分别为 SYSDATETIME、SYSDATETIMEOFFSET、SYSUTCDATETIME、SWTTCHOFFSET 和 TODATETIMEOFFSET。

6.SWITCHOFFSET 函数

SWITCHOFFSET 函数返回 datetimeoffset 数据类型的值，不再根据存储的时区偏移值取值，而是根据设定的新时区偏移值来取值。看看下面这个语句：

SELECT SYSDATETIMEOFFSET( ), SWITCHOFFSET(SYSDATETIMEOFFSET（ ），'-14：00'）

该脚本返回两个列，第一列是根据世界标准时间得到的当前日期和时间值，第二列则是根据给定的时区偏移值返回的日期和时间值。

7.TODATETIMEOFFSET 函数

TODATETIMEOFFSET 函数可以把本地日期或时间值以及特定的时区偏移值转变为一个 datetimeoffset 值。运行以下脚本，我们会看到返回的结果中除了当前日期和时间外，还增加了时区值。

SELECT TODATETIMEOFFSET（GETDATE（ ），'+11：00'）

8. 转换函数

CONVERT函数可以从datetime数据类型的组成中抽取时间值或日期值。运行以下脚本，返回结果的第一列为当前日期，第二列为当前时间。

SELECT CONVERT（date，GETDATE（））, CONVERT（time，GETDATE（））

9. 日期和时间输入格式

（1）日期输入格式

日期的输入格式大致可分为以下三类。

①英文+数字格式。此类格式中，月份可用英文全名或缩写，且不区分大小写；年份和月日之间可不用逗号；年份可为4位或2位，当其为2位时，若值小于50，则视为20×× 年，若大于或等于50，则视为19×× 年。若日部分省略，则视为当月的1号。

②数字+分隔符格式。该类型格式允许把斜杠（/）、连接符（-）和小数点（.）作为用数字表示的年、月、日之间的分隔符。

③纯数字格式。纯数字格式是以连续的4位、6位或者8位数字来表示日期的。如果输入的是6位或8位数字，系统将按年、月、日来识别，即YMD格式，并且月和日都是用两位数字来表示；如果输入的是4位数字，系统认为这4位数代表年份，其月和日默认为该年度的1月1日。

（2）时间输入格式

在输入时间时，必须按照“小时、分钟、秒、毫秒”的顺序来输入。在其间用冒号“：”隔开，毫秒部分可以用小数点分隔，其后第一位数字代表十分之一秒，第二位数字代表百分之一秒，第三位数字代表千分之一秒。

当使用12小时制时，用AM（am）和PM（pm）分别指定时间是午前和午后，若不指定，系统默认为AM。

（3）SET DATEFORMAT 命令

在SQL Server中，可以使用SET DATEFORMAT命令来设置用于输入datetime或smalldatetime数据的日期部分（月/日/年）的顺序。

（七）时间间隔类型

在SQL Server中，我们获取时间间隔用函数DATEDIFF（）。其格式为：

DATEDIFF（datepart，startdate，enddate）。其中：

datepart 指定应在日期的哪一部分计算差额的参数；

startdate 为计算的开始日期，可以是 datetime 或 smalldatetime 值或日期格式字符串的表达式；

enddate 为计算的结束日期，可以是 datetime 或 smalldatetime 值或日期格式字符串的表达式。

DATEDIFF 函数计算的是 enddate 与 startdate 的时间差值。如果 startdate 晚于 enddate，则返回负值。

（八）唯一标识符 uniqueidentifier

uniqueidentifer 用于存储一个 16 字节长的二进制数据类型，它是 SQL Server 根据计算机网络适配器地址和 CPU 时钟产生的唯一号码而生成的全局唯一标识符代码（Globally U-nique Identifier，简称 GUID）。

当表的记录行要求唯一时，GUID 是非常有用的。例如，在客户标识号列使用这种数据类型可以区别不同的客户。

五、其他数据类型

1.timestamp

timestamp 也称为时间戳数据类型，它提供数据库范围内的唯一值，反映数据库中数据修改的相对顺序，相当于一个单调上升的计数器。

2.sql_variant

sql_variant 用于存储除文本、图形数据、用户定义的数据和 timestamp 类型数据外的其他任何合法的 SQL Server 数据。

3.table

table 用于存储视图处理后的结果集。这种新的数据类型使得变量可以存储一个表，从而使函数或存储过程返回查询结果更加方便、快捷。

4.XML

XML 可以使用户在 SQL Server 中存储 XML 格式字段，其存储内容是符合 XML 格式的文件，最大储存量为 2GB。

5.cursor

cursor 包含一个对游标的引用，用在存储过程中。

五、SQL 语言中的空值处理

在创建表的结构时，列的值可以允许为空值。NULL，意味着此值是未知的或不可用的，向表中填充行时不必为该列给出具体值。但是，NULL 不同于零、空白或长度为零的字符串。

当列表定义为 NOT NULL 时，则必须要向该表添加字段，不允许为空。

第二节　SQL 的应用

一、创建、修改和删除表

表是 SQL Server 2005 数据库中最重要的数据对象。表是用来存储数据和操作的逻辑结构，当用户使用 SQL Server 2005 数据库时，绝大多数时间都是在与表打交道，因此掌握表的创建和管理是非常重要的。

（一）创建表

1. 使用对象资源管理器创建表

使用对象资源管理器创建用户表的操作过程如下。

在 SQL Server Management Studio 中，连接到指定的数据库的服务器实例，在 [对象资源管理器] 的目录树下选择 [教学信息管理] 数据库，展开该数据库，选择 [表]，单击鼠标右键，在弹出的快捷菜单中选择 [新建表] 菜单项。

在窗口中输入表中每列的列名，选择列的数据类型，输入列的长度和定义列值是否允许为空（去掉“√”表示不允许为空），还可以进行常规选项的设置。

依次输入每个列的内容，全部输入完成后，单击选择“学号”列，按鼠标右键，在弹出的快捷菜单中选择 [设置主键] 菜单项，将学号列设置成表的主键后，“学号”列前有一个钥匙形状的符号。

上面设置完成后，单击右上角的 [关闭] 按钮，弹出确认保存对话框，在对话框中单击 [是] 按钮，弹出选择名称对话框，在对话框的文本框中输入表的名称，再单击 [确定] 按钮，至此建立完毕。

2. 使用 T–SQL 语句创建表

在 SQL Server 2005 中可以通过查询分析器，使用 T-SQL 的 CREATE TABLE

语句创建表，这是一种非常灵活、实用的方法。当需要成批创建表时，最好使用这种方法。

下面我们使用这种方法来创建课程表和成绩表，创建过程如下：

在 SQL Server Management Studio 中，连接到指定的数据库的服务器实例，首先单击 [标准] 工具栏中的 [新建查询]，打开 SQL 查询分析器，然后打开 [教学信息管理] 数据库，方法是在 SQL 编辑器工具栏中的可用数据库下拉列表框中选择 [教学信息管理] 数据库名，或者通过 USE 语句打开该数据库，输入 CREATE TABLE 创建表语句，并运行它即可完成创建表的操作。

（二）修改表

数据表建立好之后，如果需要修改表的结构，可通过以下两种方法来实现。

使用对象资源管理器修改表结构：选中要修改的表，单击鼠标右键，在弹出的快捷菜单中选择 [设计] 命令，即可打开 [表设计器]，在打开的 [表设计器] 中可以实现表结构的修改，可以修改列属性、添加列和删除列等。

在修改表结构之前要注意以下几点：SQL Server 2005 默认设置是“阻止保存要求重新创建表的更改”，此默认设置阻止表结构的修改，所以在修改表结构之前，应取消此项设置。取消方法如下：选择 [工具] 菜单下的 [选项] 中的 [表选项]，去掉此选项设置即可。此外尽量在表中没有数据的时候修改表，当表中存在数据时，可能无法成功修改数据类型，而此时若要增加一列，一定要保证增加的列允许为 NULL 值，否则无法成功修改。

另外，使用 ALTER TABLE 语句也可以完成对表结构的修改，但在实际操作中，建议使用对象资源管理器来完成对表结构的修改。

（三）删除表

当用户不再需要数据库中某些表的时候，就可以将它们从数据库中删除，包括表的结构定义、表中的所有数据以及与该表相关的其他对象，这种操作称为表的删除。在删除一个表之后，SQL Server 2005 中是没有类似 Word、Excel 中“Undo”（撤销）语句的，因此执行删除操作时务必慎重。找回被删除表的唯一方法就是事先做好数据库的备份工作。

1. 使用对象资源管理器删除表

下面简述在对象资源管理器中删除表的操作过程。假设已经在 [教学信息管理] 数据库中建立了一个 [信息表]，从数据库中删除它，其过程如下。

在 SQL Server Management Studio 中，连接到指定的数据库的服务器实例，在 [对象资源管理器] 的目录树下打开 [教学信息管理] 数据库，选择 [信息表]，单击鼠标右键，在弹出的快捷菜单中选择[删除]菜单项。

打开[删除对象]对话框，如果此表和其他表不存在依赖关系，即可单击其中的[确定]按钮，表删除完毕。

如果此表和其他表存在依赖关系，应先解除该表的依赖关系后再对表进行删除操作，否则将有可能导致其他表出错。在[删除对象]对话框中单击[显示依赖关系]按钮可以查看此表是否和其他表存在依赖关系。

对于已删除的用户表，在数据库中不再存在。不能删除当前正在使用的表，也不要试图删除系统表。

2. 使用 T-SQL 语句删除表

在查询分析器中，使用 T-SQL 的 DROP TABLE 语句也可以完成删除表的操作。

语句功能：从当前或给定的数据库中删除一个表，当然在删除表结构的同时也删除了表中的全部数据。

二、插入、更新和删除行

（一）插入行

SQL Server 2005 中通常使用 INSERT 语句插入数据，可以一次插入一行或多行记录。

语句功能：向一个表中所指定的若干列插入一行或多行数据。

语句说明：<基本表名>后面圆括号为给定的一个或多个用逗号分开的列名，它们都属于前面给出的基本表中已定义的列，VALUES 关键字后面的圆括号内依次给出与前面每个列名相对应的列值。

注意：当列值为字符串或日期时，必须用单引号括起来，以区别于数值数据。

（二）更新行

UPDATE 语句用于更新或者改变匹配指定条件的记录，按条件更新表中某些列的值，其条件由 WHERE 子句指定。

语句功能：按条件修改一个表中一些列的值。

语句说明：<目的表名>给出要修改的表，SET 关键字后面给出目的表中一些要修改的列及相应的表达式，每个表达式的值就是对应列被修改的新值，当然表达式值的类型要与其等号左边的被修改列的类型相同，表达式中不仅可以使用目的表中的列，而且也可以使用由 FROM 选项给出的每个表中的列。WHERE 选项中的逻辑表达式给出修改记录的条件，若省略该选项则将修改目的表中的所有记录。注意：当修改目的表中指定列的当前值时，若源表中多个元组满足 WHERE 所给条件，则最后只保留一次修改结果，其余的修改结果将自动丢失。

（三）删除行

DELETE 语句可以从数据表中删除行。

语句功能：删除一个表中满足条件的所有行。

语句说明：< 目的表名 > 给出要删除记录的当前表，FROM 选项给出在 WHERE 选项中要使用的非当前表，WHERE 选项给出删除记录的条件，若被省略则将删除目的表中的所有记录。

三、从表中查询数据

查询数据是数据库的核心操作。从表中查询数据就是从数据库中获取数据和操作数据的过程。SQL 语言中最重要、最核心的部分就是它的查询功能，SQL 查询只对应一条语句，即 SELECT 语句。下面介绍如何使用 SELECT 语句从表中查询数据。

（一）SELECT 语句

1.SELECT 语句选项的含义

SELECT 语句根据一个或多个表按条件进行查询，产生出一个新表（即查询结果），该新表被显示出来或者被命名保存起来。

SELECT 语句中包含有许多选项，每个选项的含义如下：

SELECT 选项给出在查询结果中每一行（即每一行记录）所包含的列，以及决定是否允许在查询结果中出现重复行（即内容完全相同的记录）；

INTO 选项决定是否把查询结果以基本表的形式保存起来，若需要则应带有该选项；

FROM 选项提供用于查询的基本表和视图，它们均可以带有表别名，称这些表为源表，而把查询结果称为目的表；

WHERE 选项用来指定不同源表之间记录的连接条件和每个源表中记录的筛选（选择）条件，只有满足所给连接条件和筛选条件的记录才能被写入目的表。

GROUP BY 选项用于使查询结果只包含按指定列的值进行分组的统计信息；HAVING 子句通常同 GROUP BY 选项一起使用，筛选出符合条件的分组统计信息。

ORDER BY 选项用于将查询结果按指定列值的升序或降序排序。

查询语句包含了关系运算中介绍的选择、投影、连接、笛卡儿积、并等所有运算。通过 SELECT 选项实现投影运算，通过 FROM 选项和 WHERE 选项实现连接和选择运算。若省略连接条件则实现笛卡儿积运算，若在两个查询语句之间使用 UNION 关键字则实现并运算。

下面详细讨论 SELECT 语句中每个选项的具体使用。

2.SELECT 语句选项的使用

（1）SELECT 选项

在该选项中，ALL/DISTINCT 为任选项，若选择 ALL，则允许查询结果中出现内容重复的行（记录），若选择 DISTINCT，则在查询结果中不允许出现内容重复的行，也就是说，只有内容互不相同的记录才能被写入查询结果中，若省略该选项，则缺省选项为 ALL。

（2）FROM 选项

该选项用于查询基本表和视图，并可以为每个基本表起一个别名，此别名仅限于该 SELECT 语句中使用，作为列名的前缀限定符，以区别于其他源表中的同名列。若没有给一个源表定义别名，则使用表名作为所属列的前缀限定符。当一个源表的表名较长时，可起一个简单的别名，以方便在其他选项中使用。若基本表和视图不在当前数据库中，则必须加上数据库名和所有者名作前缀。当然，其他选项中引用这些表的列名时，也必须加上相应的前缀。

（3）WHERE 选项

该选项的功能是指定源表之间的连接条件（若多于一个源表的话）和对记录的筛选条件。该选项中的 < 逻辑表达式 > 既可以只包含连接条件，也可以只包含筛选条件，还可以同时包含这两种条件，这两种条件之间需用逻辑与（AND）运算符连接成一个逻辑表达式。

当系统执行一个 SELECT 语句时，若 WHERE 选项中的逻辑表达式既包含连接条件，又包含筛选条件，那么是先进行连接运算，然后再进行选择运算，还是先进行选择运算，再进行连接运算，这完全由系统自动进行优化处理，无须用户过问。

连接条件是通过比较运算符等于（=）、大于（>）、小于（<）、小于等于（<=）、大于等于（>=）和不等于（<>），把两个源表中的对应列连接起来的式子，也可以是通过逻辑与（AND）运算符连接两个比较式构成的逻辑表达式，或者通过逻辑非（NOT）运算符对比较式取反而得到的逻辑表达式。

连接条件中最常用的是等值连接，即使两个表中对应列相等所进行的连接，通常一个列是所在表的主码（即关键字），另一个列是所在表的主码或外码（即外关键字）。

若在命令的 WHERE 选项中省略连接条件，则表示将每个源表按笛卡儿积连接。

筛选条件的作用是从源表或连接后生成的中间表中选择出所需要的行。筛选条件可以是由比较运算符连接两个数值、字符或日期表达式的一般比较式，也可以是适用于集合运算的专门比较式，还可以是由这些比较式通过逻辑运算符（AND、OR、NOT）连接的逻辑表达式。

一般比较式是比较两个同类型的表达式的值，属于单值与单值的比较；而适用于集合运算的专门比较式（又称为判断式）是单值与集合（即多值）、单值与一个取值范围的比较，以及对一个集合是否为空的判断。不论是一般比较式还是专门比较式（判断式），其运算结果都是一个逻辑值真（TRUE）或假（FALSE），由它们构成较复杂的逻辑表达式。

一般比较式的格式为：

<表达式 1>< 比较符 >< 表达式 2>

当两边表达式的值符合〈比较符 > 的要求时，则计算结果为真，否则为假。<表达式 1> 和 <表达式 2> 是由列名、常量、变量、函数等通过算术运算符连接而成的式子，最简单的表达式是一个列名或常量。

（4）GROUP BY 选项

该选项中的 <分组列名 1>、<分组列名 2> 等必须是出现在 SELECT 选项中被投影的表达式所指定的列名。语句执行时将按该选项中所给的分组列（通常只有一个）对连接和选择后得到的所有元组进行分组，使得分组列值相同的元组为一组，形成结果表中的一个元组。当该选项中含有多个分组列时，则首先按第一个列值进行分组，若第一个列值相同，再按第二个列值进行分组，以此类推。通常在 SELECT 选项中使用列函数对列值相同的每一组进行有关统计。

（5）HAVING 选项

该选项的 <逻辑表达式 > 是一个筛选条件。该选项通常跟在 GROUP BY 子句后面用来从分组统计中筛选出部分统计结果，因此该选项中的逻辑表达式通常带有字段函数。

（6）ORDER BY 选项

此选项中的 <排序列名 1>、<排序列名 2> 等是需要使查询结果按其进行排序的列。它们可以是源表中的列名，也可以是 SELECT 选项中所给表达式的顺序号（即对应查询结果中的列号）或定义的列名。查询结果将首先按 < 排序列名 1> 的值排序，若该列的值相同，则再按 < 排序列名 2> 的值排序，以此类推。对于每个排序列，还可以指定排序方式，若其后带有 ASC 关键字，则将按值的升序排列查询结果，若其后带有 DESC 关键字，则将按值的降序排列查询结果，若不指定排序方式，则默认按升序排列。

另外，该选项只能用在最外层的查询语句中，不能在子查询中使用。

例如从教学信息管理库中查询出所有学生的信息及所学各门课程的门数，并按课程门数升序排列查询结果。

四、SQL Server 2005 基础知识

（一）SQL Server 2005 简介

"SQL Server 2005 是用于大规模联机事务处理（OLTP）、数据仓库和电子商务应用的数据库和数据分析平台。"以上这句话是微软对 SQL Server 2005 的定义，从这句话可以看出，SQL Server 2005 是一个数据平台，是一个全面的、集成的、端到端的数据解决方案。它能为用户提供一个安全可靠并且高效的平台，用于企业数据管理和人工智能。

1.SQL Server 2005 数据平台

SQL Server 2005 为它的使用者提供了强大的、界面友好的工具，同时降低了在从移动设备到企业数据系统的多平台上创建、部署、管理和使用企业数据和分析应用程序的复杂性。SQL Server 2005 数据平台集成了以下 8 个组成部分。

（1）集成服务

集成服务（Integration Services）的前身是 SQL Server 2000 的导入 / 导出工具（DTS），而 SQL Server 2005 的集成服务是生成高性能数据集成解决方案的平台。用户可以用它执行如 FTP 操作、SQL 语句执行和电子邮件消息传递等工作流功能的任务，也可用它在不同的数据源之间导入 / 导出数据，或者用它来清理、聚合、合并、复制数据。

（2）数据库引擎

SQL Server 2005 数据库引擎是用来完成存储和处理数据任务的服务，也就是平常所说的"数据库"。利用它可以设计并创建数据库、访问和更改数据库中存储的数据、提供日常管理的支持、优化数据库的性能。

（3）报表服务

SQL Server 2005（Reporting Services）的报表服务，提供企业级的报告功能，可以在多种数据源中获取报表的内容，能用不同的格式创建报表，并通过 Web 连接来查看和管理这些报表。

（4）分析服务

SQL Server 2005 的分析服务（Analysis Services）能为商业智能应用程序提供联机分析处理和数据挖掘功能。SQL Server 2005 通过分析服务可以将数据仓库的内容以更有效率的方式提供给决策分析者。

（5）服务代理

服务代理（Service Broker）可以帮助开发人员生成可伸缩的、安全的数据库应用程序。服务代理也是数据库引擎的一个组成部分，是围绕发送和接收消息的基本功能来设计的。

（6）复制

复制可以将数据或数据库对象从一个数据库复制并分发到另一个数据库，然后在数据库之间进行同步，以保持它们的一致性。只要有网络，无论是局域网、广域网，还是拨号连接、无线连接，都可以使用复制把数据分发到不同的位置，甚至是移动用户。

（7）全文搜索

SQL Server 2005 的全文搜索可以将 SQL Server 表中纯字符的数据以词或短语的形式执行全文查询。全文搜索与 SQL 语言中的 LIKE 语句不同，它是先为数据库中的文本数据创建索引，然后根据特定语言的规则对词和短语进行搜索，其速度快，形式灵活，使用方便。

（8）通知服务

通知服务（Notification Services），包含了一整套完整的应用程序开发和部署平台，用来生成并发送通知。它可以生成个性化消息，并将其发送给所有的订阅方，也可以向各种设备传送消息。

2.SQL Server 2005 的特点

（1）增强的数据引擎

安全、可靠、可伸缩、高可用性的关系型数据库引擎，提升了性能且支持结构化和非结构化（XML）数据。在编程环境上，和微软 .NET 集成到一起。SQL Server 2005 中的 T-SQL 增强功能提高了在编写查询时的表达能力，可以改善代码的性能，并且扩充了错误管理能力。

（2）增强的数据复制服务

该服务可用于数据分发、处理移动数据应用、系统高可用、企业报表、数据可伸缩存储、与异构系统的集成等。

（3）增强的通知服务

该服务用于开发、部署可伸缩应用程序的先进的通知服务，能够向不同的连接和移动设备发布个性化、及时的更新信息。

（4）增强的集成服务

该服务可以支持数据仓库和企业范围内数据集成的抽取、转换和装载能力。

（5）增强的分析服务

联机分析处理（OLAP）功能可用于多维存储的大量复杂的数据集的快速高级分析。

（6）增强的报表服务

全面的报表解决方案，可创建、管理和发布传统的、可打印的报表和交互的、基于 Web 的报表。

（7）新增 Service Broker 技术

通过使用 T-SQL DML 语言扩展允许内部或外部应用程序发送和接收可靠、异步的信息流。信息可以被发送到发送者所在数据库的队列中，或发送到同一 SQL Server 实例的另一个数据库，或发送到同一（或不同）服务器的另一个实例。

（8）改进的开发工具

开发人员现在能够用一个开发工具开发 T-SQL、XML、MSX、XML/A 应用。Visual Studio 开放环境的集成也为关键业务应用和商业智能应用提供了更有效的开发和调试环境。

（9）增强的数据访问接口

SQL Server 2005 提供了新的数据访问技术——SQL 本地客户机程序（Native Client）。这种技术将 SQL OLE DB 以及 SQL ODBC 集成到一起，连同网络库形成本地动态链接库（DLL）。SQL 本地客户机程序可使数据库应用的开发更为容易，更易于管理以及更有效率。另外，SQL Server 2005 提供 Microsoft 数据访问（MDAC）和 .NET Frameworks SQL 客户端提供程序方面的改进，这为数据库应用程序的开发人员提供了更好的易用性、更强的控制和更高的工作效率。

（二）安装 SQL Server 2005

1.SQL Server 2005 各版本的比较

SQL Server 2005 共有 5 个版本，它们分别为：企业版（ Enterprise ）、标准版（ Stand-ard ）、开发版（ Development ）、工作组版（ Workgroup ）、简易版（ Express ）。SQL Server2005 的不同版本能够满足企业和个人不同的性能、运行以及价格要求。需要安装哪些 SQLServer 2005 组件，也可以根据企业或个人的需求而定。了解 SQL Server 2005 的不同版本之间的区别，将有助于你的选择。

企业版：支持 32 位和 64 位系统，能支持超大型企业进行联机事务处理，能进行高度复杂的数据分析，具有数据仓库系统和网站所需的性能水平，拥有全面商业智能和分析能力，能够满足超大型企业的大多数关键业务的要求。

标准版：支持 32 位和 64 位系统，适合中小型企业使用，包括电子商务、数据仓库和业务流解决方案所需的基本功能。

工作组版：只支持 32 位系统，适用于数据库在大小和用户数量上没有限制的小型企业。工作组版可以用作前端 Web 服务器，也可以用于部门或分支机构的运营，是入门级的数据库。

简易版：只适用于 32 位系统，是一个免费、使用简单、易于管理的数据库。简易版与 Visual Studio2005 集成在一起，可以轻松开发出功能丰富、存储安全、可快速部署的数据驱动应用程序。

开发版：功能和企业版完全一样，只是许可方不同，只能用于开发和测试，不能用于生产服务器。

2. 安装 SQL Server 2005

在明白了 SQL Server 的版本的区别及系统要求之后，接下来将详细讲述如何安装 SQL Server 2005。此处示例的安装环境是 Windows Server 2003 Enterprise Edition SP2，安装的 SQL Server 2005 为企业版。如果读者的操作系统不是 Windows Server 2003 SP2 的话，则需要单独安装以下 3 个组件：

Microsoft Windows Installer 3.1 或更高版本；

MDAC 2.8 SP1 或更高版本；

Microsoft Windows.Net Framework 2.0。

这些组件在微软的网站上都可以免费下载。下面开始安装 SQL Server 2005 企业版。

①运行第一张光盘的 setup.exe 文件，将出现 [最终用户许可协议] 对话框；选中 [我接受许可条款和条件] 前的复选框，单击 [下一步] 按钮。

②出现 [安装必备组件] 对话框，单击 [安装] 按钮，安装必备组件。

③必备组件安装完毕后，在对话框中，单击 [下一步] 按钮。

④出现 [系统配置检查] 对话框。

⑤系统配置检查完毕之后，出现 [安装向导] 对话框，单击 [下一步] 按钮。

⑥出现 [系统配置检查] 对话框，SQL Server 2005 安装程序将会对系统的软件、硬件和网络环境进行检查，只有满足条件后才可以进一步安装。如果有未能满足的系统配置条件，则会用明显的标志给用户以提示。

⑦如果所有安装条件都满足的话，单击 [下一步] 按钮。

⑧出现 [注册信息] 对话框，输入姓名、公司和注册码后，单击 [下一步] 按钮。

⑨出现 [要安装的组件] 对话框，在这里可以根据需要选择安装的组件，选择完毕后单击 [下一步] 按钮。

⑩出现 [实例名] 对话框，实例就是虚拟的 SQL Server 2005 服务器，SQL Server 2005 允许在同一台计算机上安装多个实例，并可以让这些实例同时执行、独立运行，就好像是有多台 SQL Server 服务器同时在运行，不同的实例是以实例名来区分的，SQL Server 2005 默认的实例名是“MSSQLSERVER”，在同一台计算机上只能有一个默认的实例。

⑪出现“服务账户”对话框，该对话框用来设定登录时使用的账户，如果是域用户的话，则可以选择“使用域用户账户”，如果不是域用户的话，选择“使用内置系统账户”。

域与工作组不同，工作组中一切安全设置都在本机上进行，用户登录也是登录到本机的，用户和密码都是放在本机的数据库里，由本机验证的，而域的各种安全策略是由域控制器统一设定的，用户名和密码也是放在域控制器去验证的。换句话说，一个用户的账号密码可以在同一域的任何一台计算机上登录。所以，如果是域用户的话，就一定要选 [使用域用户账户]，并输入用户名、密码和域的名称。

⑫出现 [身份验证模式] 对话框，用户指定连接 SQL Server 时使用的安全设置，SQL Server 2005 有两个身份验证模式：Windows 身份验证模式和 SQL Server 身份验证模式；

Windows 身份验证模式是在 SQL Server 中建立与 Windows 用户账号对应的登录账号，这样，在登录了 Windows 之后，再登录 SQL Server 就不用再一次输入用户名和密码了（注意：这并不意味着只要能登录 Windows 就能登录 SQL Server。而是需要由管理员事先在 SQL Server 中建立对应的 SQL Server 账号才能登录，默认 Administrators 组的用户可以登录 SQL Server）；SQL Server 身份验证方式就是在 SQL Server 中建立专门用来登录 SQL Server 的账户和密码，这些账户和密码与 Windows 登录无关。

⑬出现 [排序规则设置] 对话框，在 SQL Server 中，字符串的物理存储是由排序规则控制的，排序规则指定了表示每个字符的位模式，它还指定了存储和比较字符时所使用的规则。在这个对话框中，还可以对每个不同的服务指定不同的排序规则。

⑭由于在上面的步骤选择了安装报表服务器，所以会出现 [报表服务器安装选项] 对话框，选择 [安装默认配置]，单击 [下一步] 按钮。

⑮出现“错误和使用情况报告设置”对话框，询问是否发送错误和使用情况报告给微软公司，一般情况下都不需要选择，直接单击 [下一步] 按钮。

⑯系统将出现 [准备安装] 对话框，在这里可以看到选择要安装的所有组件，如果还有要修改的安装计划的话，可以单击 [上一步] 按钮进行修改；如果没有要修改的话，直接单击 [安装] 按钮进行安装。

⑰出现 [安装进度] 对话框，正式开始安装 SQL Server 2005。

⑱在安装过程中，会出现提示换盘对话框，按提示换入第二张安装盘，单击 [确定] 按钮，继续安装。

⑲最后安装完毕，出现 [完成 Microsoft SQL Server 2005] 对话框，单击 [完成] 按钮退出安装程序。

（注意：在安装 SQL Server 2005 服务器组件的同时，默认也安装了 SQL Server 2005 的客户端，客户端与服务器端同时安装在了同一台计算机上。）

（三）配置 SQL Server 2005

SQL Server 2005 是运行于网络环境下的数据库管理系统，它支持网络中不同计算机上的多个用户同时访问和管理数据库资源。服务器是 SQL Server 2005 数据库管理系统的核心，它为客户端提供网络服务，使用户能够远程访问和管理 SQL Server 数据库。配置服务器的过程就是为了充分利用 SQL Server 系统资源而设置 SQL Server 服务器默认行为的过程。合理地配置服务器，可以加快服务器响应请求的速度、充分利用系统资源、提高系统的工作效率。本节将重点介绍如何注册服务器和如何配置服务器选项。

1. 注册服务器

为了管理、配置和使用 SQL Server 2005 系统，必须使用 SQL Server Management Studio 工具注册服务器。注册服务器就是为 SQL Server 客户机 / 服务器系统确定一台数据库所在的计算机，该计算机作为服务器，可以为客户端的各种请求提供服务。

使用 SQL Server Management Studio 工具注册服务器的步骤如下。

①打开 SQL Server Management Studio 工具，选择 [视图] ｜ [已注册的服务器] 命令，将出现 [已注册的服务器窗口。

②在 [已注册的服务器] 窗口中，在 [数据库引擎] 上右击，从弹出的快捷菜单中选择 [新建] ｜ [服务器注册] 命令，即可看到 [新建服务器注册] 对话框。在 [常规] 选项卡中，可以输入将要注册的服务器名称。在 [服务器名称] 下拉列表框中，既可以输入服务器名称，又可以从列表中选择一个服务器名称。

③选择 [连接属性] 选项卡，在该选项卡中可以设置连接到的数据库、网络以及其他连接属性。在 [连接到数据库] 下拉列表框中可以指定用户将要连接到的数据库名称。如果选择 [默认值] 选项，即表示连接到 SQL Server 系统当前默认使用的数据库。

如果选择 [浏览服务器] 选项，则会出现 [查找服务器上的数据库] 对话框，在该对话框中可以指定当前用户连接服务器时默认的数据库。

④单击对话框中的 [测试] 按钮，可以对当前设置的连接属性进行测试。如果出现消息框，则表示连接属性的设置是正确的。

⑤完成连接属性设置后，单击对话框中的 [保存] 按钮，即可完成连接属性的设置。接着单击对话框中的 [保存] 按钮，即可完成新建服务器注册的操作。新注册的服务器名称将出现在列表中。

2. 配置服务器选项

在 SQL Server Management Studio 中，配置服务器选项的操作步骤如下。

①在 SQL Server Management Studio 中的 [对象资源管理器] 窗口中右击需要设置的服务器名称，从弹出的快捷菜单中选择 [属性] 命令，打开的 [服务器属性] 对话框。该对话框包含了 8 个选项页，通过这 8 个选项页可以查看或者设置服务器的常用选项值。

[常规] 选项页列出了当前服务器的产品名称、操作系统名称、平台名称、版本号、使用的语言、当前服务器的最大内存数量、当前服务器的处理器数量、当前 SQL Server 安装的根目录、服务器使用的排序规则以及是否已经集群化等信息。

② [服务器属性] 对话框的 [内存] 选项，在该选项页中可以设置与内存管理有关的选项。

[使用 AWE 分配内存] 选项表示当前服务器上使用 AWE 技术执行超大物理内存，从理论上说，32 位地址最多可以映射 4GB 内存，但是，通过使用

AWE 技术，SQL Server 系统可以使用远远超过 4GB 的内存空间。一般情况下，只有在使用大型的数据库系统时才选中该选项。

如果需要设置服务器可以使用的内存范围，可以通过 [最小服务器内存（MB）] 和 [最大服务器内存（MB）] 两个文本框来完成设置。

如果希望为索引指定占用的内存，可以通过设置 [创建索引占用的内存] 文本框来完成。当 [创建索引占用的内存] 文本框中的值为 0 时，表示系统动态为索引分配内存。查询也需要耗费内存，在 [每次查询占用的最小内存（KB）] 文本框中可以查看查询所占内存的大小，默认值是 1024。

需要说明的是，该选项页上有两个单选按钮，即 [配置值] 单选按钮和 [运行值] 单选按钮。配置值指的是当前设置了但是还没有真正起作用的选项值，运行值指的是当前系统正在使用的选项值。在对某个选项进行设置之后，选中 [运行值] 单选按钮可以查看该设置是否立即生效。如果这些设置不能立即生效，必须停止和重新启动服务器该设置才能生效。

③ [服务器属性] 对话框的 [处理器] 选项页中，可以设置与服务器的处理器相关的选项。只有服务器上安装了多个处理器时，“处理器关联”和“I/O 关联”才有意义。

在 Windows 操作系统中，有时为执行多个任务，需要在不同处理器之间进行移动以便处理多个线程。但是，这种移动会使处理器缓存不断地重新加载数据，从而降低了 SQL Server 系统的性能。如果事先将每个处理器分配给特定的线程，则可以避免处理器缓存重新加载数据，从而提高了 SQL Server 系统的性能。线程与处理器之间的这种关系称为处理器关联。

[最大工作线程数] 选项可以用来设置 SQL Server 进程的工作线程数：如果客户端比较少，可以为每一个客户端设置一个线程；如果客户端很多，可以为这些客户端设置一个工作线程池。当该值为 0 时，表示系统动态分配线程。最大线程数受到服务器硬件的限制，例如，当服务器的 CPU 个数低于 4 时，32 位机器的最大可用线程数是 256，64 位机器的最大可用线程数是 512。

[提升 SQL Server 的优先级] 复选框选项表示设置 SQL Server 进程的优先级高于操作系统上的其他进程。一般情况下，选中 [使用 Windows 纤程（轻型池）] 复选框，通过减少上下文的切换频率来提高系统的吞吐量。

④ [服务器属性] 对话框的 [安全性] 选项页中，可以设置与服务器身份认证模式、登录审核等安全性有关的选项。

在该选项页中可以修改系统的身份验证模式，可以通过设置登录审核功能，将用户的登录结果记录在错误日志中。如果选中 [无] 单选按钮，表示不对登录过程进行审核。如果选中 [仅限失败的登录] 单选按钮，则表示只是记录登录失败的事件。如果选中 [失败和成功的登录] 单选按钮，表示无论是登录失败事件还是登录成功事件都将记录在错误日志中，以便对这些登录事件进行跟踪和审核。这种登录审核仅仅是对登录事件的审核。

如果希望对执行某条语句的事件进行审核、使用某个数据库对象的事件进行审核，可以选中 [启用 C2 审核跟踪] 复选框，该选项可以在日志文件中记录对语句、对象访问的事件。

如果选中 [启用服务器代理账户] 复选框，则需要指定代理账户名称和密码。如果服务器代理账户的权限过大，有可能被恶意用户利用，形成安全漏洞，危及系统安全。因此，服务器代理账户应该只具有执行既定工作所需的最低权限。

所有权链接通过对某个对象的权限进行设置，允许对多个对象的访问进行管理，但是，这种所有权链接是否可以跨数据库，需要通过 [跨数据库所有权链接] 复选框来进行设置。

⑤ [服务器属性] 对话框的 [连接] 选项页中，可以设置与连接服务器有关的选项和参数。

[最大并发连接数（=0 无限制）] 文本框选项用于设置当前服务器允许的最大并发连接数量。并发连接数量是同时访问服务器的客户端数量，这种数量受到技术和商业两方面的限制。其中，技术上的限制可以在这里设置，商业上的限制是通过合同或协议确定的。将该选项设置为 0，表示从技术上来讲，不对并发连接数量进行限制，理论上允许有无数多的客户端同时访问服务器。

在 SQL Server 系统中，查询语句执行时间的长短是通过查询调控器进行限定的。如果在“使用查询调控器防止查询长时间运行”文本框中指定一个正数，那么查询调控器将不允许查询语句的执行时间超过这个设定值。如果指定为 0，则表示不限制查询语句的执行时间。另外，可以通过设置 [默认连接选项] 中的列表清单来控制查询语句的执行行为。

如果希望设置与远程服务器连接有关的操作，可以对 [允许远程连接到此服务器] 复选框、[远程查询超时值（秒，0= 无超时）] 文本框和 [需要将分布式事务用于服务器到服务器的通信] 复选框进行设置。

⑥ [服务器属性] 对话框的 [数据库设置] 选项页中，可以设置与创建索引、执行备份和还原等操作有关的选项。

⑦ [服务器属性] 对话框的 [高级] 选项页中，可以设置有关服务器的并行操作行为、网络行为等。

⑧ [服务器属性] 对话框的 [权限] 选项页中，可以设置和查看当前 SQL Server 实例中登录名或者角色的权限信息。

（四）SQL Server 2005 常用的管理工具

SQL Server 2005 系统提供了大量的管理工具，通过这些管理工具，可以实现对系统的快速、高效的管理。这些管理工具主要包括：SQL Server 管理平台、商业智能开发平台、SQL Server 分析器、SQL Server 配置管理器、数据库引擎优化顾问以及大量的命令行实用工具。本节将介绍这些工具的主要作用和特点。

1.SQL Server 管理平台

SQL Server 管理平台（SQL Server Management Studio）是 SQL Server 2005 提供的一种新的集成环境。SQL Server 2005 将服务器管理和业务对象创建合并到以下两种集成环境中：SQL Server Management Studio 和 Business Intelligence Development Studio。

SQL Server Management Studio 是一个集成的环境，用于访问、配置、控制、管理和开发 SQL Server 的所有工作。实际上，SQL Server Management Studio 组合了大量的图形工具和丰富的脚本编辑器，大大方便了技术人员和数据库管理员对 SQL Server 系统的各种访问，它是 SQL Server 2005 中最重要的管理工具组件。SQL Server Management Studio 将 SQL Server 2000 中的企业管理器、查询分析器和服务管理器的各种功能组合到一个单一环境中。此外，SQL Server Management Studio 还提供了一种环境，用于管理 Analysis Services、Integration Services、Reporting Services 和 XQuery。此环境为开发者提供了一个熟悉的体验环境，为数据库管理人员提供了一个单一的实用工具，使用户能够通过易用的图形工具和丰富的脚本完成任务。

SQL Server 管理平台不仅能够配置系统环境和管理 SQL Server，而且由于它能够以层叠列表的形式来显示所有的 SQL Server 对象，因而所有 SQL Server 对象的建立与管理工作都可以通过它来完成。利用 SQL Server Management Studio 可以完成的操作有：管理 SQL Server 服务器；建立与管理数据库；建立与管理表、视图、存储过程、触发程序、角色、规则、默认值等数据库对象以及用户定义的数据类型；备份数据库和事务日志、恢复数据库；复制数据库；设置任务调度；设置报警；提供跨服务器的拖放控制操作；管理用户账户；建立 T-SQL 命令语句。

要打开 SQL Server 2005 中的 SQL Server Management Studio，可以单击 [开始] 菜单，然后单击 Microsoft SQL Server 2005 程序组中的 [SQL Server Management Studio]。

若要使用 SQL Server Management Studio，首先必须在对话框中注册。在

[服务器类型] | [服务器名称] | [身份验证] 文本框中输入或选择正确的信息（默认情况下不用选择，因为在安装时已经设置完毕），然后单击 [连接] 按钮即可注册登录到 SQL Server Management Studio。

SQL Server Management Studio 的工具组件包括：已注册的服务器、对象资源管理器、解决方案资源管理器、模板资源管理器、摘要页。若要显示某个工具，选择 [视图] 下拉菜单中相应的工具名称即可。

查询编辑器是以前版本中 Query Analyzer 工具的替代物，使用查询编辑器可以编写和执行 T-SQL 语句，并且可以迅速查看这些语句的执行结果，以便分析和处理数据库中的数据。与 Query Analyzer 工具总是工作在连接模式下不同的是，查询编辑器既可以工作在连接模式下，又可以工作在断开模式下。另外，查询编辑器还支持彩色代码关键字、可视化地显示语法错误、允许开发人员运行和诊断代码等功能。这是一个非常实用的工具，在 SQL Server Management Studio 工具栏中，单击工具栏左侧的 [新建查询] 按钮可以打开查询分析器。可以在其中输入要执行的 T-SQL 语句，然后单击 [执行] 按钮，或按 Ctrl+E 组合键执行此 T-SQL 语句，查询结果将显示在结果窗口中。

2. 商业智能开发平台

SQL Server 2005 商业智能开发平台（Business Intelligence Development Studio）是一个集成的环境，用于开发商业智能构造（如多维数据集、数据源、报告和 Integration Services 软件包）。SQL Server 2005 商业智能开发平台包括了一些项目模板，这些模板可以提供开发特定构造的上下文。

在商业智能开发平台中开发项目时，可将其作为某个解决方案的一部分进行开发，而该解决方案独立于具体的服务器。例如，可以在同一个解决方案中包括 Analysis Services 项目、Integration Services 项目和 Reporting Services 项目。在开发过程中，可以将对象部署到测试服务器中进行测试，然后将项目的输出结果部署到一个或多个临时服务器或生产服务器。

SQL Server 2005 商业智能开发平台可用于开发商业智能应用程序。如果要实现使用 SQL Server 数据库服务的解决方案，或者要管理并使用 SQL Server、Analysis Services、Integration Services 或 Reporting Services 的现有解决方案，则应当使用 SQL Server Management Studio；如果要开发并使用 Analysis Services、Integration Services 或 Reporting Services 的方案，则应当使用 SQL Server 2005 商业智能开发平台。

3.SQL Server 分析器

SQL Server 分析器（SQL Server Profiler）是一个图形化的管理工具，用于

监督、记录和检查 SQL Server 2005 数据库的使用情况。对系统管理员来说，它是一个连续实时地捕获用户活动情况的工具。

可以通过多种方法启动 SQL Server Profiler，以支持在各种情况下收集跟踪输出。例如，可以通过[开始] | [所有程序] | [Microsoft SQL Server 2005] | [性能工具] | [SQL Server Profiler] 菜单命令来启动 SQL Server Profile，在其运行界面中选择 [文件] | [新建跟踪] 命令，并选择连接的服务器之后，将打开 [跟踪属性] 对话框。

在 [常规] 选项卡中，可以设置跟踪名称、使用模板，以及启用跟踪停止时间等。

在"事件选择"选项卡中，可以设置需要跟踪的事件和事件列。

SQL Server Profiler 是用于捕获来自服务器的 SQL Server 2005 事件的工具，这些事件保存在一个跟踪文件中，可在以后对该文件进行分析，也可以在试图诊断某个问题时，用它来重播某一系列的步骤。SQL Server Profiler 能够支持以下多种活动：

逐步分析有问题的查询，以便找到问题的原因；

查找并诊断执行速度慢的查询；

捕获导致某个问题的一系列 T-SQL 语句，然后利用所保存的跟踪，在某台测试服务器上复制此问题，接着在该测试服务器上诊断问题；

监视 SQL Server 的性能以便优化工作负荷；

使性能计数器与诊断问题关联。

SQL Server Profiler 还支持对 SQL Server 实例上执行的操作进行审核。审核将记录与安全相关的操作，供安全管理员以后复查。

4.SQL Server 配置管理器

SQL Server 配置管理器（SQL Server Configuration Manager）用于管理与 SQL Server 相关联的服务，配置 SQL Server 使用的网络协议以及从 SQL Server 客户端计算机管理网络连接配置。可以通过 [开始] | [所有程序] | [Microsoft SQL Server 2005] | [配置工具] | [SQL Server Configuration Manager] 菜单命令，打开 SQL Server Configuration Manager 界面。

SQL Server 配置管理器是一个 Microsoft 管理控制台管理单元，它集成了以下工具的功能：服务器网络实用工具、客户端网络实用工具和服务管理器。通过选择 [控制面板] → [管理工具] → [计算机管理] 命令，打开 [计算机管理] 窗口，也可以实现对 SQL Server Configuration Manager 的操作。

5. 数据库引擎优化顾问

数据库引擎优化顾问（Database Engine Tuning Advisor）工具具有帮助用户分析工作负荷、提出创建高效率索引的建议等功能。借助数据库引擎优化顾问，用户不必详细了解数据库的结构就可以选择和创建最佳的索引、索引视图、分区等。

可以通过 [开始] → [所有程序] → [Microsoft SQL Server 2005][性能工具]→[数据库引擎优化顾问]菜单命令来启动Database Engine Tuning Advisor。

在 SQL Server 2005 系统中，使用数据库引擎优化顾问工具可以执行如下的操作：

通过使用查询优化器分析工作负荷中的查询，推荐数据库的最佳索引组合；

为工作负荷中引用的数据库推荐对齐分区和非对齐分区；

推荐工作负荷中引用的数据库的索引视图；

分析所建议的更改将会产生的影响，包括索引的使用、查询在工作负荷中的性能等；

推荐为执行一个小型的问题查询集而对数据库进行优化的方法；

允许通过指定磁盘空间约束等选项对推荐进行自定义；

提供对所给工作负荷的建议执行效果的汇总报告。

6. 命令行实用工具

SQL Server 2005 系统不仅提供了大量的图形化工具，还提供了大量的命令行实用工具。使用这些命令，可以与 SQL Server 2005 进行交互，但不能在图形界面下运行，只能在 Windows 命令提示符下输入命令行及参数来运行。

这些命令行实用工具包括：bcp、dta、dtexec、dtutil、nscontrol、osql、rs、rsconfig、rskeymgmt、sac、sqlcmd、sqlmaint、sqlservr、sqlwb、tablediff 等，这些工具的功能如下。

bcp 实用工具可以在 Microsoft SQL Server 2005 实例和用户指定格式的数据文件之间进行数据复制。

dta 实用工具是数据库引擎优化顾问的命令提示符版本。通过使用 dta 实用工具，用户可以在应用程序和脚本中使用数据库引擎优化顾问功能，从而扩大了数据库引擎优化顾问的作用范围。

dtexec 实用工具用于配置和执行（SQL Server 2005 Integration Services，SSIS）包。用户通过使用 dtexec 实用工具可以访问所有 SSIS 包的配置信息和执行功能，如参数、连接、属性、变量、日志、进度指示器等。

dtutil 实用工具主要用于管理 SSIS 包，这些管理操作包括验证包的存在性以及对包进行复制、移动、删除等操作。

nscontrol 实用工具与 SQL Server 2005 Notification Services 服务有关，用于管理、部署、配置、监视和控制通知服务，并提供了创建、删除、修复和注册等与通知服务有关的命令。

osql 实用工具可以用来输入和执行 T-SQL 语句、系统过程、脚本文件等。该工具通过 ODBC 与服务器进行通信，实际上，在 SQL Server 2005 系统中，sqlcmd 实用工具可以代替 osql 实用工具。

rs 实用工具与 SQL Server 2005 Reporting Services 服务有关，可以用于管理和运行报表服务器的脚本。

rsconfig 实用工具也是与报表服务相关的工具，可以用来对报表服务连接进行管理。

rskeymgmt 实用工具也是与报表服务相关的工具，可以用来提取、还原、创建、删除对称密钥。

sac 实用工具与 SQL Server 2005 外围应用设置相关，可以用来导入、导出这些外围应用设置，方便了多台计算机上的外围应用设置。

sqlcmd 实用工具可以在命令提示符下输入 T-SQL 语句、系统过程和脚本文件。实际上，该工具是作为 osql 实用工具和 isql 实用工具的替代工具而新增的，它通过 OLE DB 与服务器进行通信。

sqlmaint 实用工具可以执行一组指定的数据库维护操作，这些操作包括 DBCC 检查、数据库备份、事务日志备份、更新统计信息、重建索引并且生成报表，以及把这些报表发送到指定的文件和电子邮件账户。

sqlservr 实用工具的作用是在命令提示符下启动、停止、暂停、继续 SQLServer 的实例。

sqlwb 实用工具可以在命令提示符下打开 SQL Server Management Studio，并且可以与服务器建立连接，打开查询、脚本、文件、项目、解决方案等。

tablediff 实用工具用于比较两个表中的数据是否一致，对于排除复制中出现的故障非常有用。

五、SQL Server 2005 的操作符和函数

（一）操作符

操作符是一种操作符号，用来指定要在一个或多个表达式中执行的操作。SQLServer 2005 中的操作符有算术操作符、赋值操作符、位操作符、比较操作符、逻辑操作符、字符串操作符、一元操作符、复合操作符、作用域解析操作符和集运算符。

1. 算术操作符

算术操作符在两个表达式上执行数学运算，这两个表达式可以是数字数据类型分类的任何数据类型。在 SQL Server 2005 中，算术操作符包括 +（加）、-（减）、*（乘）、/（除）和 %（取模）。取模运算返回一个除法的整数余数。例如，16%3=1，这是因为 16 除以 3，余数为 1。

另外，加和减运算符也可以用于对 datetime 及 smalldatetime 值执行算术运算，其使用格式如下：日期 ± 整数。

2. 赋值操作符

T-SQL 有一个赋值操作符，即等号（=）。它将表达式的值赋予另一个变量。

3. 位操作符

位操作符可以对两个表达式进行位操作，这两个表达式可以是整型数据或者二进制数据。位操作符包括 &（按位与）、|（按位或）和 ^（按位异或）。

T-SQL 首先把整数数据转换成为二进制数据，然后再对二进制数据进行按位运算。

4. 比较操作符

比较操作符用来比较两个表达式，表达式可以是字符、数字或日期数据，并可用在查询的 WHERE 或 HAVING 子句中。比较操作符的计算结果为布尔数据类型，它们根据测试条件的输出结果返回 TRUE 或 FALSE。

SQL Server 2005 提供的比较操作符有下面几种：

>（大于）<（小于）=（等于）

<=（小于或等于） >=（大于或等 ！ =（不等于）

<>（不等于）　！ <（不小于）　！ >（不大于）

5. 字符串操作符

字符串操作符“+”，可以将两个或多个字符串合并或连接成一个字符串，还可以连接二进制字符串。

6. 逻辑操作符

逻辑操作符用来判断条件表达式，结果返回 TRUE 或者 FALSE。

7. 一元操作符

一元操作符是指只对一个操作数执行操作。SQL Server 2005 提供的一元

操作符包含 +（正）、-（负）和 ~（位反）。

正和负操作符表示数据的正和负，可以对所有的数据类型进行操作。位反操作符返回一个数的补码，只能对整数数据类型进行操作。

8. 复合操作符

复合操作符可执行相应的操作并将原始值设置为运算的结果。

9. 作用域解析操作符

作用域解析操作符可实现对复合数据类型的静态成员的访问。复合数据类型是指包含多个简单数据类型和方法的数据类型。

10. 集运算符

SQL Server 2005 提供的集运算符分别是 EXCEPT、INTERSECT 和 UNION。集运算符将来自两个或多个查询的结果合并到单个结果集中。

EXCEPT 和 INTERSECT 可以比较两个查询的结果并返回非重复值。EXCEPT 从左查询中返回右查询没有找到的所有非重复值。INTERSECT 返回 INTERSECT 操作数左右两边的两个查询都返回的所有非重复值。

使用 EXCEPT 或 INTERSECT 合并两个查询的结果集的基本规则是：

①所有查询中的列数和列的顺序必须相同；

②数据类型必须兼容。

UNION 将两个或更多查询的结果合并为单个结果集，该结果集包含联合查询中的所有查询的全部行。UNION 运算不同于使用连接合并两个表中的列的运算。

使用 UNION 合并两个查询结果集的基本规则是：

①所有查询中的列数和列的顺序必须相同；

②数据类型必须兼容。

11. 常用操作符的优先级

当一个复杂的表达式有多个操作符时，操作符的优先等级决定执行运算的先后次序。执行的顺序可能会严重地影响所得到的值。

在 SQL Server 2005 中，操作符的优先级（由高到低排列）：

当一个表达式中的两个操作符具有相同的优先级时，基于它们在表达式中的位置，一元操作符按从右到左的顺序求值，二元操作符按从左到右的顺序求值。

（二）SQL Server 2005 函数

SQL Server 2005 的函数主要可以分为以下四种类型：

行集函数：返回可在 SQL 语句中像表引用一样使用的对象；

聚合函数：对一组值进行运算，但返回一个汇总值；

排名函数：对分区中的每一行均返回一个排名值；

标量函数：对单一值进行运算然后返回单一值，只要表达式有效，即可使用标量函数。

为了使用户更方便地查询数据，下面我们主要介绍常用的标量函数，标量函数主要包括数学函数、字符串函数、日期函数、元数据函数、系统函数等。

1. 数学函数

SQL Server 2005 提供的数学函数能够在数字型表达式上进行数学运算，然后将结果返回给用户。能够在 SQL Server 2005 的数学函数中使用的数据类型主要包括：decimal、int、smallint、tinyint、float、real、money、smallmoney 等。

2. 字符串函数

字符串函数可以对二进制数据、字符串和表达式执行不同的运算，可以实现字符之间的转换、查找和截取等操作。

3. 日期函数

在实际应用中，常涉及很多日期的转换问题，为了协助用户解决这类问题，SQL Server 2005 提供了丰富的日期函数。日期函数用于对日期和时间数据进行各种不同的处理和运算，并返回一个字符串、数值或日期时间值。

除了上述这些函数外，SQL Server 2005 又新增加了五个日期函数。

三个用于获得高精度系统时间的函数（因为这三个函数都是取的操作系统时间，所以精度仅能达到 10 毫秒）：

SYSDATETIME（）：返回当前系统的本地时间，数据类型是 datetime2（7），不包含时区信息；

SYSDATETIMEOFFSET（）：返回当前系统的本地时间及时区信息，数据类型是 datetimeoffset（7）；

SYSUTCDATETIME（）：返回当前系统的标准世界时间，数据类型是 datetimd（7）。

两个用于时区转换的函数：

SWITCHOFFSET（datetimeoffset，time_zone）：根据输入的世界时间以

及时区信息返回某个特定时区的数据；

TODATETIMEOFFSET（datetime，offset）：根据输入的日期时间参数值和时区参数值返回一个世界时间值。

在多数日期函数中都涉及 datepart 参数。

4. 元数据函数

一般来说，元数据函数返回的是有关指定数据库和数据对象的信息。

5. 系统函数

SQL Server 2005 所提供的系统函数主要供高级用户使用，通过调用这些系统函数可以获得有关服务器、用户、数据状态等系统信息，大部分系统函数用的是内部数字标识符（ID），系统将标识符赋值给每个数据库对象。使用这类标识符，系统就能独立识别每个数据库对象。这些函数对一般用户的用处不大，有兴趣的读者可通过 SQL Server 联机从书学习这方面的知识。

6. 其他常用的函数

其他常用的 SQL Server 2005 函数包括以下几种，这些函数在 T-SQL 程序设计中非常有用。

ISDATE（表达式）：用来判断指定的表达式是否是一个合法的日期。当判断结果为真时，返回 1，否则返回 0。

ISNULL（表达式 1，表达式 2）：如果表达式 1 的值为 NULL，则返回表达式 2 的值，否则返回表达式 1 的值。使用 ISNULL 函数时，表达式 1 和表达式 2 的类型必须相同。

NULLIF（表达式 1，表达式 2）：当表达式 1 与表达式 2 相同时，返回 NULL 值，否则返回表达式 1 的值。

ISNUMERIC（表达式）：当表达式的值是合法的 int、float、money 等数值数据类型时，返回 1，否则返回 0。

COALESCE（表达式 1，表达式 2，表达式 3…）：判断在给定的一系列表达式中是否有非 NULL 的值，如果有，则返回第一个不是 NULL 的表达式的值；如果所有的表达式的值都是 NULL，则返回 NULL 值。

CAST（表达式 AS 数据类型）：将表达式的值从一种数据类型变为另一种数据类型。

CONVERT（目标数据类型，数据源）：对于简单类型转换，CONVERT（）函数和 CAST（）函数的功能相同，只是语法不同。CAST（）函数一般更容易使用，其功能也更简单。CONVERT（）函数的优点是可以格式化日期和数值，它需要两个参数：第 1 个是目标数据类型，第 2 个是源数据。CONVERT（ ）函数还具有一些改进的功能，它可以返回经过格式化的字符串值，且可以把日期值格式化成很多形式。

在 SQL Server 2005 中除了上述常用的函数类型之外，还有行集函数、游标函数、配置函数和文本图像函数等，这里不再详细讲解，使用时请查看 SQL Server 联机从书学习这方面的知识。

六、汇总和分组数据

（一）使用聚合函数进行数据的汇总

SQL Server 2005 提供了一组聚合函数，它们能够对整个数据集合进行计算，将一组原始数据转换为有用的信息，以方便用户使用。

1.SUM（ ）函数和 AVG（ ）函数

两个函数都是对列式数字型的数据进行计算，只不过 SUM（ ）是对列求和，而 AVG（ ）是对列求平均值。

当与 GROUP BY 子句一起使用时，每个聚合函数都对每一组生成一个值，而不是对整个表生成一个值。

2.MIN（ ）函数和 MAX（ ）函数

MIN（ ）和 MAX（ ）函数分别查询列中的最小值和最大值。但列的数据包含数字、字符或日期 / 时间信息。MIN（ ）和 MAX（ ）函数的结果与列中数据的数据类型完全相同。

（二）数据的分组

用 GROUP BY 可以实现数据分组操作，但有时用户不需要对数据表中所有的数据进行分组，这时需要使用 HAVING 子句来筛选分组。

1.HAVING 子句在分组搜索条件上的限制

HAVING 子句指定的搜索条件必须是作为一个整体应用于组而不是应用于各个记录，所以 HAVING 的搜索条件是有限制的，列举如下：

一个常量；

一个聚合函数，这个聚合函数生成一个值，该值汇总组中的记录；

一个分组列，按照定义，这个分组字段在这个组的每一记录中有同样的值；

一个包含上述各项组合的表达式。

2. 比较 HAVING 子句与 WHERE 子句

两个子句的相似之处：

它们都是从结果表中筛选数据；

它们都设置了某些数据能通过而其他数据不能通过的条件。

两个子句的不同之处：

WHERE 子句可以在进行任何处理之前从源表、原始数据中筛选行；

HAVING 子句可以在进行绝大部分处理之后筛选已分组和已总结的数据；

WHERE 子句不能在它设置的条件之中使用列函数；

HAVING 子句可以在它设置的条件中使用列函数；

WHERE 子句只能接收来自 FROM 子句的输入，而 HAVING 子句则可以接收来自 GROUP BY、WHERE 子句或 FROM 子句的输入，这是一个微妙却重要的差别。

3. 在分组查询中使用 CUBE、ROLLUP 和 GROUPING SETS

在 SQL Server 2005 之前，进行分组统计汇总，可以在 GROUP BY 子句中使用 WITH ROLLUP 和 WITH CUBE 参数。ROLLUP 指定在结果集内不仅包含由 GROUP BY 提供的正常行，还包含汇总行，按层次结构顺序，从组内的最低级别到最高级别汇总组；而 CUBE 参数则在使用 ROLLUP 参数所返回结果集的基础上，将每个可能的组和子组组合在结果集内返回。

使用 WITH CUBE 多出了对子组 ProductlD 的两行汇总。

在 SQL Server 2005 中，GROUPING SETS、ROLLUP 和 CUBE 运算符已添加到 GROUP BY 子句中，不再推荐使用不符合 ISO 的 WITH ROLLUP、WITH CUBE 和 ALL 语法。

如果不需要获得由完备的 ROLLUP 或 CUBE 运算符生成的全部分组，则可以使用 GROUPING SETS 仅指定所需的分组。

七、表连接与多表查询

（一）表连接

数据库中的用户表往往不是孤立的，而是相互关联的。用户表之间的连接关系图称为数据库关系图，通过关系图可以很清楚地分析数据库中表的关系。下面首先介绍如何在表中建立外键约束，其实外键约束就是表之间的列建立的一种联系，以保持数据之间的一致性或者参照性。

下面以对 [成绩表] 中的 [课程号] 建立外键约束为例，说明在对象资源管理器中创建外键约束的过程。

打开成绩表的表设计器，单击 [表设计器] 菜单中的 [关系] 选项，或单击 [表设计器] 工具栏中的 [关系] 工具按钮。

在弹出的 [外键关系] 对话框中单击 [添加] 按钮。

进行 [表和列规范] 属性的设置。单击 [表和列规范] 后面的 [打开对话框] 按钮打开 [表和列] 对话框。在 [主键表] 下拉列表框中选择主键表为 [课程表]，在 [课程表] 中选择列为 [课程号]，在 [外键表] 的 [成绩表] 中选择列也为 [课程号]，单击 [关闭] 按钮，外键约束创建完成。

同理，可以使用同样的方法对 [成绩表] 中的 [学号] 列建立外键约束，操作步骤同上。

另外，也可以在 CREATE TABLE 语句中使用 FOREIGN KEY 关键字定义外键。

（二）多表查询

从两个或多个表中查询数据，是数据库中常见的查询。通过表的连接，可以根据各个表之间的逻辑关系从两个或多个表中查询数据，多表查询操作给用户带来极大的灵活性。用户通过多表查询可以使用一个表中的数据来查询其他表的数据。

多表查询的三种方式分别为内连接查询、外连接查询和交叉连接查询。

1. 内连接查询

内连接又称为普通连接或自然连接。内连接是从结果中删除与其他连接表中任何行不匹配的所有行，所以内连接可能会丢失信息。内连接查询是用比较运算符（=、>、>=、<=、<、！>、！<、<>）比较要连接列的值，返回符合连接条件的数据行，从而将两个表或多个表连接成一个新表。内连接的连接条件可在 FROM 或 WHERE 子句中指定。

两个表或者多个表的内连接查询，一般来说这些表之间存在着主码和外码的联系。所以将这些关键的列列出，就可以得到多表的内连接查询结果。

2. 外连接查询

仅当至少有一个同属于两个表的行符合连接条件时，内连接才返回行。内连接会消除与另一个表中的任何行不匹配的行；而外连接查询会返回 FROM 子句中提到的至少一个表或视图的所有行，只要这些行符合任何 WHERE 或 HAVING 搜索条件。查询将通过左外连接引用左表的所有行，以及通过右外连接引用右表的所有行，而完整外连接中两个表的所有行都将返回。

3. 交叉连接查询

交叉连接（CROSS JOIN）不使用 WHERE 子句。交叉连接就是笛卡尔积。第一个表的行数乘以第二个表的行数等于笛卡尔积结果集的大小。一般说来，交叉连接返回的结果集的行数是相当大的。交叉连接查询产生的结果集一般是毫无意义的，但在数据库的数学模式上却有一定的作用。

八、索引和视图

（一）索引

1. 索引的基础知识

（1）索引的概念

简单地说，索引就是一个指向表中数据的指针，索引具有同书本的目录一样的作用。

索引是在基本表的列上建立的一种数据库对象，它和基本表分开存储，它的建立或撤销对数据的内容毫无影响。当索引建立后，它便记录了被索引列的每一个取值在表中的位置。当表中加入新的数据时，首先在相应的索引中查找，如果找到了则返回该数据在基本表中的确切位置，再从基本表中取出全部记录值。

索引一经创建就完全由系统自动选择和维护，不需要用户指定使用索引，也不需要用户执行打开索引或进行重新索引等操作，所有这些工作都是由 SQL Server 数据库管理系统自动完成的。

（2）索引的分类

索引是创建在基本表列上的一种数据对象，从列的使用角度可将索引分为单列索引、唯一索引、复合索引三类，从是否改变基本表记录的物理位置角度可将索引分为聚焦索引和非聚焦索引两类。实际的索引通常是这两大类五种方式的组合。

①单列索引。单列索引是对基本表的某一单独的列进行索引，是最简单和最常用的索引类型，通常情况下，应对每个基本表的主关键字建立单列索引。

②唯一索引。一旦在一个或多个列上建立了唯一索引，则不允许在表中相应的列上插入任何相同的取值。使用唯一索引不但能提高查询性能，还可以维护数据的完整性。

③复合索引。复合索引是针对基本表中两个或两个以上列建立的索引。

④聚焦索引。采用聚焦索引会改变基本表中记录的物理存储顺序，即表中

记录的物理顺序不再按插入的先后排列，而按索引列重新排序。

⑤非聚焦索引。对于这类索引，表中记录的物理顺序与索引顺序不同，即表中的记录仍按实际插入的先后顺序排列，不按索引列排序。

2. 删除索引

可以通过建立有效的索引来提高查询数据库中数据的效率，但也不是表中每个字段都需要建立索引。因为在表中建立的索引越多，修改或删除记录时服务器用于维护索引的时间也就越长。所以当不再需要某些索引时，就应当及时把它们从表中删除。

3. 修改索引

如果已经建立的索引不符合查询的要求，或者由于其他原因需要修改索引，可以在对象资源管理器中打开 [索引 / 键] 对话框，按要求进行修改，操作步骤与创建索引类似。

也可以使用 ALTER INDEX 语句修改索引。此语句可以实现重新生成索引、重新组织索引和禁用索引等多种功能。

（二）视图

1. 视图的基本概念

视图是一种常用的数据库对象。为了数据的安全、使用方便等，我们通常在数据库中为不同的用户创建不同的视图，允许用户通过各自的视图查看和修改表中相应的数据。

视图是由查询语句构成的、基于选择查询的虚拟表。也就是说，它看起来像是一张表，由行和列组成，还可以像表一样作为查询语句的数据源来使用，但它对应的数据并不实际存储在数据库中。数据库中只存储视图的定义，即视图中的数据是由哪些表中的哪些数据列组成的，视图不生成所选数据库行和列的永久拷贝，其中的数据是在引用视图时由 DBMS 根据定义动态生成的。

在 SQL Server 2005 中，视图是数据库的重要对象之一，可以理解为一组预先编译的查询语句。

2. 创建视图

（1）使用对象资源管理器创建视图

在对象资源管理器中创建视图的基本方法是：首先要确定包含在视图中的表及表中的列，然后要确定筛选条件，最后检查结果，保存设置即可。

（2）使用 T–SQL 语句创建视图

T–SQL 使用 CREATE VIEW 语句创建索引。

语句功能：在当前数据库中根据 SELECT 子句的查询结果建立一个视图，包括视图的结构和内容。

语句说明：< 视图名 > 是用户定义的一个识别符，用来表示一个视图，后面圆括号内容包含着属于该视图的一个或多个由用户定义的列名，每个列名依次与 SELECT 子句中所投影出的每个列相对应，即与对应列的定义和值相同，但列名可以不同。

使用 CREATE VIEW 语句可以创建简单视图，可以创建带 WHERE 子句的视图，还可以创建带 WITH CHECK OPTION 语句的视图。如果要求对视图进行更新操作时保证更新的行必须满足视图定义的谓词条件，就可以使用 WITH CHECK OPTION 语句。

3. 删除视图

当建立的视图不再需要时，就可以把它们从数据库中删除。可以在对象资源管理器或查询分析器中执行 DROP VIEW 语句来删除数据库中的视图。

下面以删除 cjview 视图为例，说明在对象资源管理器中删除视图的基本方法：

打开对象资源管理器，在其中的目录树中展开数据库中的教学信息管理数据库，打开其中的 [视图] 对象；

在弹出的所有视图中，选中 cjview 视图，单击鼠标右键，在打开的快捷菜单中，单击 [删除] 命令；

随后打开 [删除对象] 对话框，单击 [确定] 按钮，删除完成。

另外，还可以使用 T-SQL 语句删除视图。语句功能：删除当前数据库中一个视图。

九、事务和存储过程

（一）事务

1. 事务的概念

事务是一种机制，也是一个操作序列。事务包含了一组数据库操作命令，所有的命令作为一个整体一起向系统提交或撤销，这些命令要么都执行，要么都不执行，因此事务是一个不可分割的逻辑工作单元。事务作为一个逻辑单元，必须具备 4 个 ACID 属性：原子性、一致性、隔离性和持久性。

原子性是指事务必须执行一个完整的工作，要么执行全部数据的修改，要么全部数据的修改都不执行。

一致性是指当事务完成时，必须使所有数据都具有一致的状态。在关系型数据库中，所有的规则必须应用到事务的修改上，以便维护所有数据的完整性。

隔离性是指执行事务的修改必须与其他并行事务的修改相互隔离。当多个事务同时进行时，它们之间应该互不干扰，应该防止一个事务处理其他事务也要修改的数据时，不合理的存取和不完整的读取数据。

持久性是指当一个事务完成之后，它的影响永久性地保存在数据库系统中，也就是这种修改写到了数据库中。

事务是单个的工作单元，如果某一事务成功，则在该事务中进行的所有数据修改均会提交，成为数据库中的修改，如果事务遇到错误且必须取消或回滚，则所有数据修改均被清除。SQL Server 数据库系统使用事务可以保证数据的一致性和确保在系统失败时的可恢复性。

2. 事务的类型

根据事务的启动和执行方式，可以将事务分为三类。

（1）自动提交事务

自动提交事务是 SQL Server 2005 的默认事务管理模式，每条单独的 T-SQL 语句都是一个事务，每条 T-SQL 语句在完成时，都被提交或回滚。只要自动提交模式没有被显式或隐式事务替代，SQL Server 2005 连接就以该默认模式进行操作。

（2）隐式事务

当连接以隐性事务模式进行操作时，SQL Server 2005 将在提交或回滚当前事务后自动启动新事务，无须描述事务的开始，只需提交或回滚每个事务，隐式事务模式生成连续的事务链。切换隐式事务可以用 SET IMPLICIT_TRANSACTIONS{ON | OFF} 语句，当设置为 ON 时，连接设置为隐性事务模式；当设置为 OFF 时，则使连接返回到自动提交事务模式。

（3）显式事务

显式事务也称为“用户定义事务”，就是显式地定义事务的开始和事务的结束，每个事务均以 BEGIN TRANSACTION 语句显式开始，以 COMMIT TRANSACTION 或 ROLLBACK TRANSACTION 语句显式结束。在实际应用中，大多数的事务处理都是使用显式事务来处理的。

3. **事务处理语句**

SQL Server 2005 数据库事务处理语句包括：BEGIN TRANSACTION 为开始一个事务工作单元；COMMIT TRANSACTION 为完成一个事务工作单元；ROLLBACK TRANSACTION 为回滚一个事务工作单元。

（1）启动和结束事务

通常在程序中用 BEGIN TRANSACTION 命令来标识一个事务的开始，如果没有遇到错误，可使用 COMMIT TRANSACTION 命令标识事务成功结束，这两个命令之间的所有语句被视为一个整体。只有执行到 COMMIT TRANSACTION 命令时，事务中对数据库的更新操作才算确认，该事务所有数据修改在数据库中都将永久有效，事务占用的资源将被释放。

（2）事务回滚

事务回滚是指当事务中的某一语句执行失败时，将对数据库的操作恢复到事务执行前或某个指定位置。

ROLLBACK TRANSACTION 可以缩写为 ROLLBACK。savepoint_name 和 @savepoint_variable 参数用于指定回滚到某一指定位置，如果要让事务回滚到指定位置，则需要在事务中设定保存点 Save Point。所谓保存点就是其所在位置之前的事务语句不能回滚的语句，即此语句前面的操作被视为有效。当数据库服务器遇到 ROLLBACK 语句时，就会抛弃在事务处理中的所有变化，把数据恢复到开始工作之前的状态；如果不指定回滚的事务名称或保存点，则 ROLLBACK 命令会将事务回滚到事务执行前；如果事务是嵌套的，则会回滚到最靠近的 BEGIN TRANSACTION 命令前。

从 BEGIN TRAN 到 COMMIT TRAN 之间的 UPDATE 更新操作、DELETE 删除操作，根据事务的定义，这两个操作要么都执行，要么都不执行。

在使用显式事务时，需要注意两点：一是事务必须有明确的结束语句来结束，如果不使用明确的结束语句来结束，那么系统可能把从事务开始到用户关闭连接之间的全部操作都作为一个事务来对待；二是事务的明确结束可以使用 COMMIT 和 ROLLBACK 两个语句中的一个。COMMIT 语句是提交语句，将全部完成的语句明确地提交到数据库中，ROLLBACK 语句是取消语句，该语句将事务的操作全部取消，即表示事务操作失败。

后面的章节还会再详细介绍事务。

（二）存储过程

存储过程（Stored Procedure）是一种独立的数据库对象，是 T-SQL 语句和流程控制语句的预编译集合，它以一个名称存储并作为一个单元处理。SQL Server 提供了许多系统存储过程以管理 SQL Server 2005 数据库和显示有关数据库及用户的信息。

1. 存储过程的概念

存储过程是一组为了完成特定功能的 SQL 语句集，经编译后存储在数据库中，存储过程是在服务器上创建和运行的，用户通过指定存储过程的名字并给出参数来执行它。SQL Server 数据库中存储过程分为两类，系统提供的存储过程和用户自定义的存储过程。

系统存储过程就是系统创建的存储过程，目的在于能够方便地从系统表中查询信息，或完成与更新数据库表相关的管理任务。系统存储过程主要存储在 master 数据库中并以 sp_ 为前缀。系统存储过程主要从系统表中获取信息，用于系统管理、用户登录管理、权限设置、数据库对象管理和数据复制等各种操作，从而为系统管理员管理数据库提供支持。

用户存储过程是由用户自定义创建并能完成某一特定功能（如查询用户所需数据信息）的存储过程，本小节的存储过程主要是指用户自定义存储过程。

与存储在客户计算机的本地 T-SQL 语句相比，存储过程具有以下几个优点。

（1）模块化程序设计

每个存储过程就是一个模块，可以用它来封装各种功能模块，只需创建存储过程一次并将其存储在数据库中，以后可以在程序中多次调用。

（2）提高执行效率，改善系统性能

系统在创建存储过程时会对其进行分析和优化，并在首次执行该存储过程后将其驻留在高速缓冲存储器中，以加速该存储过程的后续执行。

（3）减少网络流量

当要执行一个由多条 T-SQL 语句组成的命令时，每次都要从客户端重复发送这些 SQL 语句，而使用存储过程后只需从客户端发送一条执行存储过程的单独语句即可实现相同的功能，从而减少了语句的网络传输。

（4）提供了一种安全机制

存储过程可被作为一种安全机制来加以充分利用。系统管理员通过对执行某一存储过程的权限进行限制，从而能够实现对相应的数据访问权限的限制，避免非授权用户对数据的访问，保证数据的安全。

2. 创建存储过程

在 SQL Server 2005 中创建存储过程有两种方法，一种是使用 SQL Server 2005 的对象资源管理器，这是一种较为快速方便的方法；另一种是使用 Transact-SQL 命令 CREATE PROCEDURE 创建存储过程。

下面讲述使用对象资源管理器创建存储过程的方法，操作步骤如下：

①在对象资源管理器中，连接到某个数据库引擎实例，再展开该实例；

②展开 [数据库]、存储过程所属的数据库以及 [可编程性]；

③右键单击 [存储过程]，再单击 [新建存储过程]；

④在 [查询] 菜单上，单击 [指定模板参数的值]；

⑤在 [指定模板参数的值] 对话框中，[值] 列包含参数的建议值，接受这些值或将其替换为新值，再单击 [确定]；

⑥在查询编辑器中，使用创建存储过程语句替换 SELECT 语句；

⑦若要测试语法，请在 [查询] 菜单上，单击 [分析]；

⑧若要执行存储过程，请在 [查询] 菜单上，单击 [执行]；

⑨若要保存脚本，请在 [文件] 菜单上，单击 [保存]，接受该文件名或将其替换为新的名称，再单击 [保存]。

3. 修改存储过程

在 SQL Server 2005 中修改存储过程也有两种方法，一种是使用 SQL Server 2008 的对象资源管理器，这是一种较为方便快速的方法；另一种是使用 T-SQL 命令 ALTER PROCEDURE 修改存储过程。

下面讲述使用对象资源管理器修改存储过程的方法，操作步骤如下：

①在对象资源管理器中，连接到某个数据库引擎实例，再展开该实例；

②依次展开 [数据库]、存储过程所属的数据库以及 [可编程性]；

③展开 [存储过程]，右键单击要修改的过程，再单击 [修改]；

④修改存储过程的文本；

⑤若要测试语法，请在 [查询] 菜单上，单击 [分析]；

⑥若要执行修改后的存储过程，请在 [查询] 菜单上，单击 [执行]；

⑦若要保存脚本，请在 [文件] 菜单上单击 [另存为]，接受文件名或使用新名称替换它，再单击 [保存]。

4. 重命名存储过程

下面讲述使用对象资源管理器重命名存储过程的方法，操作步骤如下：

①在对象资源管理器中，连接到某个数据库引擎实例，再展开该实例；

②依次展开 [数据库]、存储过程所属的数据库以及 [可编程性]；

③确定存储过程的依赖关系；

④展开 [存储过程]，右键单击要重命名的过程，再单击 [重命名]；

⑤修改存储过程的名称；

⑥修改在相关对象或脚本中引用的存储过程名称。

5. 查看存储过程的定义

许多系统存储过程、系统函数和目录视图都提供有关存储过程的信息。我们可以使用这些系统存储过程来查看存储过程的定义，即用于创建存储过程的 T-SQL 语句。如果没有用于创建存储过程的 T-SQL 脚本文件，这可能会非常有用。

（1）使用 sys.sql_modules 查看存储过程的定义

①在对象资源管理器中，连接到数据库引擎实例，再展开该实例。

②在工具栏上，单击 [新建查询]。

③在查询窗口中，输入下列语句。更改数据库名称和存储过程名称以引用所需的数据库和存储过程。

（2）使用 OBJECT_DEFINITION 查看存储过程的定义

①在对象资源管理器中，连接到数据库引擎实例，再展开该实例。

②在工具栏上，单击 [新建查询]。

③在查询窗口中，输入下列语句。更改数据库名称和存储过程名称以引用所需的数据库和存储过程。

（3）使用 sp_helptext 查看存储过程的定义

①在对象资源管理器中，连接到数据库引擎实例，再展开该实例。

②在工具栏上，单击 [新建查询]。

③在查询窗口中，输入下列语句。更改数据库名称和存储过程名称以引用所需的数据库和存储过程。

6. 查看存储过程的依赖关系

在修改、重命名或删除存储过程之前，了解哪些对象依赖于此存储过程十分重要。例如，在未将依赖对象更新为反映已对存储过程所做的更改时，更改存储过程的名称或定义会导致依赖对象失败。

下面讲述如何使用对象资源管理器来查看存储过程的依赖关系：

①在对象资源管理器中，连接到数据库引擎实例，再展开该实例；

②依次展开 [数据库]、存储过程所属的数据库以及 [可编程性]；

③展开 [存储过程]，右键单击此过程，再单击 [查看依赖关系]；

④查看依赖于存储过程的对象的列表；

⑤查看存储过程所依赖的对象的列表，单击 [确定]，完成查看。

7. 删除存储过程

下面讲述如何使用对象资源管理器来删除存储过程，操作步骤如下：

①在对象资源管理器中，连接到某个数据库引擎实例，再展开该实例；

②依次展开 [数据库]、存储过程所属的数据库以及 [可编程性]；

③展开 [存储过程]，右键单击要删除的过程，再单击 [删除]；

④若要查看基于存储过程的对象，请单击 [显示依赖关系]；

⑤确认已选择了正确的存储过程，再单击 [确定]。

⑥从依赖对象和脚本中删除存储过程名称。

8. 授予对存储过程的权限

下面讲述如何使用对象资源管理器授予对存储过程的权限，操作步骤如下：

①连接到某个数据库引擎实例，再展开该实例；

②依次展开 [数据库]、存储过程所属的数据库以及 [可编程性]；

③展开 [存储过程]，右键单击要针对其授予权限的过程，再单击 [属性]；

④在 [存储过程属性] 中，选择 [权限] 页；

⑤若要为用户、数据库角色或应用程序角色授予权限，请单击 [添加]；

⑥在 [选择用户或角色] 中，单击 [对象类型] 以添加或清除所需的用户和角色；

⑦在 [显式权限] 网格中，选择为指定的用户或角色授予的权限，有关权限的说明，请参阅权限（数据库引擎）；

⑧选择 [授予] 指示为被授权者授予指定的权限，选择 [具有授予权限] 指示被授权者还可以将指定权限授予其他主体。

第五章　数据库管理

第一节　MS SQL Server 数据库管理

数据库是 SQL Server 存放数据和数据对象的容器，一般可通过两种方法对它进行管理：一是通过企业管理器提供的可视化界面进行管理；二是使用 T-SQL 语句，通过查询分期进行管理。本节将以“教学管理”数据库的创建和管理为例，介绍 SQL Server 数据库的创建、删除、更改以及日志文件的使用等知识。

一、使用 SQL Server 管理平台创建数据库

在对象资源管理器中，连接到 SQL Server 数据库引擎实例，再展开该实例。右键单击 [数据库]，然后单击 [新建数据库]。

在 [新建数据库] 中，输入数据库名称，如 [教学管理]。通过接受所有默认值创建数据库，请单击 [确定]；否则，请继续后面的可选步骤。若要更改所有者名称，请单击（...）选择其他所有者。选择 [选项] 选项卡，还可以修改数据库的所有者、主数据文件和事务日志、数据库排序规则、更改恢复模式、更改数据库选项和添加文件组等设置。

二、使用 T-SQL 命令创建数据库

T-SQL 使用 CREATE DATABASE 语句创建数据库，其语法结构与标准 SQL 基本相同，此处不再赘述。在 SQL Server 中主要通过查询分析器运行 SQL 语句。打开 Server Management Studio，单击 [新建查询] 运行以下代码。

如果所有参数均采用默认值，那么我们还可以采用更简单的方法创建数据库：create database 教学管理。

由于没有指定任何参数，以上命令的结果在 SQL Server 安装路径的 Data

字母中创建了“教学管理 _Data.MDF”和“教学管理 _Log.LDF”两个操作系统文件，它们的初始大小为 1MB，并且按 10% 的幅度自动增长。

三、数据库的其他操作

1. 查看数据库信息

（1）使用 SQL Server Management Studio 的方法

在 SQL Server Management Studio 的属性目录中找到想要查看的数据库 [教学管理] 的所有者、创建时间、大小、可用空间、用户个数、维护计划、排序规则和备份情况等。使用方法很简单，选定一个数据库，单击右键，选择 [属性] 选项。

（2）使用 T–SQL 语句的方法

在查询分析器中利用 sp_helpdb、sp_spaceused、sp_databases、sp_helpfile、sp_helpfilegroup 等存储过程来查看数据库信息。这些存储过程是 SQL Server 用 T-SQL 事先编写好的一组语句，下面说明以上存储过程的功能和语法。

① sp_helpdb：主要用来查看服务器上的数据库信息。

② sp_spaceused：显示行数、保留的磁盘空间以及当前数据库中的表、索引视图或 SQL Server 2005 Service Broker 队列所使用的磁盘空间，或者显示由整个数据库保留和使用的磁盘空间。

③ sp_databases：主要用来查看服务器上所有可以使用的数据库。

④ sp_helpfile：用来查看当前数据库中文件（数据文件和日志文件）的信息，如果不指定文件名，则返回所有文件的信息。

⑤ sp_helpfilegroup：用来查看当前数据库的文件组相关信息，用法与 sp_helpfile 相同。注意：在执行这些存储过程时应使用 USE 语句选择要执行操作的数据库，使之成为当前数据库。

2. 修改数据库

（1）使用 SQL Server Management Studio 的方法

在 SQL Server Management Studio 中主要是通过“数据库属性”对话框完成对数据库的修改工作。一个已存在的数据库的属性对话框包括九个选项卡，通过它们可以方便地完成增减数据文件和日志文件、修改文件属性、修改数据库选项等操作。

用户可以使用“文件”链接增减数据文件和修改数据文件属性，比如增加一个数据文件或日志文件。

使用属性对话框中的“选项”链接可以修改一些其他选项，比较常用的有以下几类。

限制访问：只允许特殊用户访问数据库，有两种限制访问类型：一是只允许 dbowner\dbcreator 和 sysadmin 用户组的成员账号访问；二是设置数据库为单用户模式。

只读：表示数据库中的数据只能读取不能修改、删除，这对保护数据库非常重要。

自动关闭：用来指定数据库在没有用户访问并且所有进程结束时自动关闭，释放所有资源，当又有新用户要求链接时，数据库再自动打开。在多用户的网络环境下，最好不要设置该选项，因为频繁地关闭、打开会严重影响数据库的性能。

（2）使用 T-SQL 语句的方法

T-SQL 使用 ALTER DATABASE 语句修改数据库。若要修改其他数据库属性，也可以使用类似的方法。下面的语句，将数据库的最大容量限定为 50MB，并且每次以 5MB 容量增长。

alter database 教学管理 modify file（name= 教学管理 _Data，maxsize=50，filegrowth=5）

alter database 只能修改数据库的一些属性，如果希望修改数据库的名字，则可以使用 sp_renamedb 系统存储过程，语法如下：sp_rename ‘oldname’，‘newname’。

3. 删除数据库

当数据库及其中的数据失去价值后，可以删除数据库以释放被占用的磁盘空间。删除数据库同样可通过企业管理器和 T-SQL 两种方式完成。

使用 SQL Server Management Studio 删除数据库的步骤非常简单，只需要用鼠标右键单击拟删除的数据库，从弹出的快捷菜单中选择 [删除] 命令并确认即可。

第二节　MS Access 数据库管理

Access 是 Office 办公套件中一个极为重要的组成部分，它是一种关系型数据库管理系统，是中小型信息管理系统的理想开发环境。利用 Access 系统开发数据库管理软件，一般不需要编写程序，只需要根据任务提出的要求，通过键盘和鼠标，作出相应的操作命令，就能够开发出简单、实用、界面友好的应用软件，有效地处理数据。

一、创建数据库及表

1. 数据库的建立

数据库是与特定主题或任务相关的数据的集合。Microsoft Office Access 2007 提供了大量可使创建新数据库的过程更加方便的改进功能。即使用户以前曾经创建过数据库，他也会欣赏这些功能加速创建过程的能力。

（1）使用模板创建数据库

Access 2007 提供了各种各样的模板，使用这些模板可以快速地创建数据库。模板是预设的数据库，其中包含执行特定任务时所需的所有表、查询、窗体和报表，它们都有一定的实用性。

在开始使用 Microsoft Office Access 时单击 [本地模板] 标签来选择本地机器中的模板。

在出现的 [本地模板] 选择区中选择用户需要的数据库类型，在右侧的 [文件名] 文本框中输入要建立的数据库名称并选择合适的文件存放位置，然后单击 [创建] 按钮。

利用本地的 [任务] 模板创建的数据库就初步完成了。有关数据库中数据的一些操作在下面的内容中将逐一进行介绍。

（2）创建空数据库

在 [开始使用 Microsoft Office Access] 页中的 [新建空白数据库] 下，单击 [空白数据库]。

在 [空白数据库] 窗格的 [文件名] 框中，键入文件名。如果没有提供文件扩展名，Access 会自动添加扩展名。若要更改文件的默认位置，请单击 [浏览到某个位置来存放数据库]（[文件名] 框旁边），通过浏览找到新位置，然后单击 [确定]。

单击 [创建]，Access 将创建含有名为 Table1 的空表的数据库，然后在数据表视图中打开 Table1，将游标置于 [添加新字段] 列中的第一个空单元格中，并开始进行数据输入，或者粘贴来自其他源的数据。

（3）创建表

在数据表视图中开始创建表。在数据表视图中，可以直接输入数据并使

Access 在后台生成表结构。字段名以编号形式（Field1、Field2 等）指定，并且，Access 会根据输入的数据自动设置每个字段的数据类型。在 [创建] 选项卡上的 [表] 组中，单击 [表]。Access 将创建表，并选择 [添加新字段] 列中的第一个空单元格。

注意：如果没有看见 [添加新字段] 列，则可能处于设计视图中，而并非处于数据表视图中。若要切换到数据表视图，请在导航窗格中双击该表。Access 将提示保存新表，然后切换到数据表视图。

在 [数据表] 选项卡上的 [字段和列] 组中，单击 [新建字段]。Access 将显示 [字段模板] 窗格，其中包含常用字段类型列表。如果双击其中一个字段或者将其拖入数据表中，Access 就会按其名称添加字段，并将其属性设置为适合该字段类型的相应值。以后如果需要，可以更改这些属性。如果拖动该字段，则必须将其拖入包含数据的数据表区域中。

若要添加数据，在第一个空单元格中开始键入或粘贴来自另一个源的数据。若要重命名列（字段），请双击对应的列标题，然后键入新名称。一种好的做法是为每个字段指定有意义的名称，以便在 [字段列表] 窗格中看见该字段时能够知道它包含的内容。

要移动列，请单击对应的列标题选择该列，然后将该列拖至所需的位置；也可以选择多个相邻的列，然后将这些列一起拖到新位置。为此，请单击第一列的列标题，然后在按住 Shift 的同时单击最后一列的列标题。

2. 查询及其应用

Access 中的查询种类很多，这里只介绍其中常用的五种查询：选择查询、交叉表查询、追加查询、更新查询、SQL 查询。

用户一般可先利用向导建立查询，再利用设计器修改查询。使用向导创建查询比较方便，但不够灵活，它只能对字段进行选择。在设计视图中创建或修改查询，不但可完成复杂的、任意条件的查询，而且还可对查询的结果进行排序。

（1）选择查询

选择查询是一种在数据表视图（数据表视图：以行列格式显示来自表、窗体、查询、视图或存储过程的窗口。在数据表视图中，可以编辑字段、添加和删除数据，以及搜索数据）中显示信息的数据库对象。查询可以从一个或多个表、现有查询或者表和查询的组合中获取数据。这些可为查询提供数据的表或查询称为该查询的记录源。

（2）交叉表查询

使用交叉表查询可以计算并重新组织数据的结构，这样可以更加方便地分析数据。交叉表查询可以计算数据的统计、平均值、计数或其他类型的总和。

（3）追加查询

追加查询可将一组记录（行）从一个或多个源表（或查询）添加到一个或多个目标表。通常，源表和目标表位于同一数据库中，但并非必须如此。例如，假设我们获得了一些新客户以及一个包含这些客户信息表的数据库。为了避免手动输入这些新数据，可以将这些新数据追加到数据库中相应的表中。追加查询还可用于根据条件追加字段和某一表中的某些字段在另一个表中没有匹配的字段时追加记录。

（4）更新查询

使用更新查询的最可靠方法是先创建一个可测试选择条件的选择查询。例如，假设要为某一给定客户将一系列“是 / 否”字段从“否”更新为“是”。为此，可以向选择查询中添加条件，直到它为该客户返回所有在记录中包含“否”的记录。在确定该查询返回正确的记录后，可将其转换为更新查询，输入更新条件，然后运行查询以更改选定值。

（5）SQL 查询

SQL 查询就是用户使用 SQL 语句来创建的一种查询。SQL 查询主要包括联合查询、传递查询、数据定义查询等。

联合查询可合并两个或多个表中的数据，但具体方式与其他查询不同。大多数查询通过连接行来合并数据，而联合查询通过追加行来合并数据。联合查询与追加查询的不同之处在于：联合查询不更改基础表。联合查询在一个记录集中追加行，该记录集在查询关闭后不复存在。

传递查询不是由 Access 附带的数据库引擎处理的，它们被直接传递到远程数据库服务器并由该服务器执行处理，然后将结果传递回 Access。

数据定义查询是一种特殊类型的查询，它不处理数据，而是创建、删除或修改其他数据库对象（Access 数据库包含表、查询、窗体、报表、页、宏和模块等对象；Access 项目包含窗体、报表、页、宏和模块等对象）。

3. 窗体

窗体是一个数据库对象，可用于输入、编辑或者显示表或查询中的数据。可以使用窗体来控制对数据的访问，如显示某些字段或数据行。例如，某些用户可能只需要查看包含许多字段的表中的几个字段，为这些用户提供仅包含那些字段的窗体，可以更便于他们使用数据库。将窗体视作窗口，人们可以通过它查看和访问数据库。有效的窗体更便于人们使用数据库，因为省略了搜索的步骤。外观引人入胜的窗体可以增加使用数据库的乐趣和效率，还有助于避免输入错误的数据。Microsoft Office Access 2007 提供了一些新工具，可帮助用户快速创建窗体，并提供了新的窗体类型和功能，以提高数据库的可用性。

建立窗体的操作步骤如下。

在导航窗格中，单击包含要在窗体上显示的数据的表或查询，然后转换至 [创建] 选项卡上的 [窗体] 功能区，单击 [窗体设计] 按钮。

在窗体中输入和编辑数据，添加选定的字段，并拖动字段。若有需要，可以拖动窗体中的控件对窗体进行美化，更改窗体的布局。最后完成窗体的设置。

4. 报表及其应用

（1）报表简介

报表是专门为打印而设计的特殊窗体，Access 2007 中使用报表对象来实现打印格式数据功能，将数据库中的表、查询的数据进行组合，形成报表，还可以在报表中添加多级汇总、统计比较、图片和图表等。建立报表和建立窗体的过程基本相同，只是窗体最终显示在屏幕上，而报表还可以打印出来；窗体可以与用户进行信息交互，而报表没有交互功能。

（2）报表的建立

首先切换到 [创建] 选项卡，使用 [报表] 工具建立报表。

单击 [报表向导]，利用报表向导制作报表。在 [报表向导] 中，选择需要的字段。单击完成后，报表建立完成。

5. 宏

宏是通过一次单击就可以应用的命令集。它们几乎可以自动完成用户在程序中执行的任何操作，甚至还可以执行用户认为不可能的任务。宏是一种多个操作的集合，其中每个操作实现特定的功能。我们把那些能自动执行某种操作的命令统称为“宏”。在 Access 中，可以将宏看作一种简化的编程语言，这种语言是通过生成一系列要执行的操作（操作：宏的基本组成部分；这是一种自含式指令，可以与其他操作相结合来自动执行任务。在其他宏语言中有时称为命令）来编写的。生成宏时，从下拉列表中选择每一个操作，然后填写每个操作所必需的信息。使用宏以后，无须再编写代码，即可向窗体、报表和控件中添加功能。在这一节中将介绍创建独立的宏的过程，下面是具体的操作介绍。

在宏生成器中，单击 [操作] 列中的第一个空单元格，输入要使用的操作，或者单击下拉按钮显示可用操作的列表，选择要使用的操作。当前选择了 MsgBox，弹出消息框，[参数] 列仅用于显示，不可在该列中输入参数。

在下面的消息栏中输入弹出的消息“HELLO”，并且选择发出声音。这个简单的宏就这样做好了，马上对宏进行保存，命名为“HELLO”。

最后在左侧的所有表中找到这个名为“HELLO”的宏，单击右键选择 [运行]，宏开始运行了，弹出了消息框，单击 [确定]，宏结束运行。通过这个最简单的宏的运行，我们了解到宏的基本作用和宏的简单制作方法。

第三节　MySQL 数据库管理

一、phpMyAdmin 管理器介绍

应用 MySQL 命令行方式需要对 MySQL 知识非常熟悉，对 SQL 语言也是同样的道理。不仅如此，如果数据库的访问量很大，列表中数据的读取就会相当困难。如果使用合适的工具，MySQL 数据库的管理就会变得相当简单。

当前出现很多 GUI MySQL 客户程序，其中最为出色的是基于 Web 的 phpMyAdmin 工具。这是一种 MySQL 数据库前台的基于 PHP 的工具。

从官方网站下载 phpMyAdmin 后，经过解压配置之后就可以马上使用。如果把 phpMyAdmin 这个文件解压在“D：\www\phpMyAdmin”，我们只需要打开浏览器，输入“http：//localhost/phpMyAdmin/index.php”即可运行 phpMyAdmin。

二、修改数据库的密码

在 MySQL 数据库中的管理员账号为 root，现在我们就使用 phpMyAdmin 为这个账号加上密码。

首先，打开浏览器，在地址栏中输入“http：//localhost/phpMyAdmin /index.php”进入 PHP 的管理界面。

然后单击 [权限] 文字连接，来设置管理员权限。用户列表中就有 root，用于管理本机的 MySQL。

设置密码的方法有两种，一种是自定义密码，选择 [密码] 单选框，重复

输入两次密码；另一种是由系统生成一个有一定复杂度的密码。按下执行按钮后得到修改密码已经成功的页面。

三、增删修查用户的权限

如果只用一个 root 用户来操作 MySQL 数据库是相当不便和危险的，因为 root 具有控制 MySQL 的所有权限。实际数据库使用时，并非所有人都能获得全部权限。下面介绍对用户权限的修改。

首先在首页选定 [权限]，再单击 [添加新用户] 的网页超链接。

现在按照要求填写用户名、主机名、密码，勾选相应的权限，最后单击右下角的 [执行]，增加用户操作完成。

四、目录、配置文件和数据文件

（1）目录

首先介绍的是 MySQL 的文件目录，安装好 MySQL 后一般会产生两个目录。其中一个是“C：\ProgramData\MySQL\MySQLServer5.1\data”，主要用于存放数据库、数据库表文件。

但是，把数据库的文件存放在 Windows 的 C 盘下，对数据库的备份和安全性等十分不利，可以考虑把这个目录转到其他的目录下。修改这个目录就要用到 MySQL 的重要配置文件 my.ini。

（2）my.ini

my.ini 是 MySQL 中一个重要的配置文件，它一般就存放在 MySQL 的安装目录下，如“D：\ProgramFiles\MySQL\MySQLServer5.l\my.ini”，这样可以帮助将配置文件与具体服务器实例关联起来。可用文本编辑器打开 my.ini 文件并进行必要的修改。

（3）数据文件

MySQL 的数据文件一般都存放在“C：\ProgramData\MySQL\MySQL Server5.l\data”里面，里面有以数据库名字命名的文件夹，文件夹内部存放的是数据库的表。

五、日志文件

MySQL有几个不同的日志文件，可以帮助用户找出 mysqld 内部发生的事情：

错误日志（-log-err）：记录启动、运行或停止 mysqld 时出现的问题；

查询日志（-log）：记录建立的客户端连接和执行的语句；

更新日志（-log-update）：记录更改数据的语句，不推荐使用该日志；

二进制日志（-log-bin）：记录所有更改数据的语句，还用于复制；

慢日志（-log-slow-queries）：记录所有执行时间超过 long_query_time 秒的查询或不使用索引的查询。

一般情况下，MySQL 的日志功能并没有打开，需要手动打开。我们可以使用 MySQL 的命令行查看一下日志功能是否已经打开。首先打开 MySQL 命令行，输入“mysql>show variables like'log_%'”显示“off”，表示日志功能并未启用。

要启用 MySQL 的日志必须在配置文件中指定 log 的输出位置。Windows 系统下 MySQL 的配置文件为 my.ini，该文件一般在 MySQL 的安装目录下或者 C：\Windows 下。找到 my.ini 文件，用记事本打开，在“mysqld”下添加关于 log 的设置。

第四节　数据操纵管理

数据操纵包括数据查询和更新（插入、删除和修改）数据。

一、数据查询

查询是对存储在 SQL Server 2005 中的数据的一种请求。T-SQL 命令中的 SELECT 命令可以实现从 SQL Server 中检索出数据，检索结果以结果集的形式返回给用户。结果集是检索结果的表格排列。

（一）T-SQL 查询语句

SELECT 语句的语法格式如下，其中的每一行为一个子句。

```
SELECT select_list[INTO new_table_name]
FROM table_list
[WHERE search_conditions]
[GROUP BY group_by_list]
[HAVING search_conditions]
[ORDER BY order_list[ASC | DESC]]
```

各子句含义如下。

SELECT select_list[INTO new_table_name]：描述结果集的列。select_list 是一个用逗号分隔的表达式列表。通常，每个表达式都是对数据所在的源表或视图中的列的引用，但也可能是对任何其他表达式（例如，常量或 Transact-

SQL 函数）的引用。如果列表为“*”，表示返回源表的所有列。INTO new_table_name 表示创建一个新表并将结果集写入新表 new_table_name 中。

FROM table_list：多表查询，指定被检索的数据表可以是以下内容：

运行 SQL Server 2005 的本地服务器中的基表；

本地 SQL Server 实例中的视图；

链接表，它们是 OLE DB 数据源中的表，SQL Server 可以访问它们，称为“分布式查询”。

WHERE search_conditions：定义检索的条件。只有符合条件的行才能作为结果集中的数据。

GROUP BY group_by_list：GROUP BY 子句根据 group_by_list 列中的值将结果集分成组。

HAVING search_conditions：应用于结果集的附加筛选。从逻辑上讲，HAVING 子句是从应用了任何 FROM、WHERE 或 GROUP BY 子句的 SELECT 语句而生成的中间结果集中筛选行。尽管 HAVING 子句前并不是必须要有 GROUP BY 子句，但 HAVING 子句通常与 GROUP BY 子句一起使用。

ORDER BY order_list[ASC ｜ DESC]：ORDER BY 子句用于对结果集中行的排序 order_list 指定组成排序列表的结果集的列。关键字 ASC 和 DESC 用于指定排列顺序是升序还是降序，若缺省，则默认为升序。

在 SELECT 命令中对数据库对象的每个引用都不得引起歧义。下列情况可能导致多义性。

在一个系统中可能有多个对象具有相同的名称。例如，Schemal 和 Schema2 可能都含有一个名为 TableX 的表。若要解决多义性问题并指定 TableX 为 Userl 所有，至少应使用架构名称来限定表名称。

```
SELECT*
FROM Schemal.TableX
```

在执行 SELECT 语句时，对象所驻留的数据库不一定总是当前数据库。若要确保使用的对象始终是正确的，而不考虑当前数据库的设置，则应以数据库和架构来限定对象名称。

```
SELECT*
FROM Adventure Works.Purchasing.ShipMethod
```

在 FROM 子句中所指定的表和视图可能有相同的列名。外键经常与它们的相关主键有相同的列名称。若要解决重复名称之间的多义性问题，必须使用表或视图名称来限定列名。

```
SELECT DISTINCT Sales.Customer.CustomerID，Sales.Store.Name
```

```
FROM Sales.Customer JOIN Sales.Store ON
（Sales.Customer.CustomerID=Sales.Store.CustomerID）
WHERE Sales.Customer.TerritoryID=1
```

当表和视图名称都必须完全限定时，语法将变得复杂。可以在 FROM 子句中使用 AS 关键字为表指定一个相关名称（也称为作用域变量或别名）来解决此问题。

（二）SELECT 子句

下面通过一些例子说明 SELECT 子句的使用。

1. 选择所有列

在 SELECT 子句中，星号“*”用于对 FROM 子句中指定的所有表或视图中的所有列的引用。

检索存储在 s_c 表中的所有选课信息，并按照课程号升序排序结果。

```
USEteaching
GO
SELECT*
FROM s_c
ORDER BY CNO GO
```

当使用星号“*”时，结果集中的列的顺序与 CREATE TABLE、ALTER TABLE 或 CREATE VIEW 语句中所指定的顺序相同。

由于 SELECT* 查找表中当前存在的所有列，因此每次执行 SELECT* 语句时，表结构的更改（通过添加、删除或重命名列）都会自动反映出来。

检索 course 表中的所有列，然后按照创建 course 表时所定义的顺序显示这些列，再按照学分升序排序结果。

```
USE teaching
GO
SELECT*
FROM course
ORDER BY CREDIT ASC
GO
```

在 SELECT 子句后按顺序列出表中的所有列名，可以获得完全相同的结果。

```
USE teaching
GO
SELECT CNO，CNAME，CREDIT
```

```
FROM course
ORDER BY CREDIT ASC
GO
```

2. **选择特定列**

若要选择表中的特定列，应在SELECT子句的选择列表中明确地列出列名。

列出所有课程的课程编号和学分。

```
USE teaching
GO
SELECT CNO，CREDIT
FROM course
ORDER BY CREDIT ASC
GO
```

3. **指定结果集列的名称**

在 SELECT 子句中，对列的指定还可以使用别名或其他表达式。如果结果集列是通过对表或视图中某一列的引用所定义的，则该结果集列的名称与所引用列的名称相同。AS 子句可用来为结果集列分配不同的名称或别名。这样做可以增加可读性。

指定课程名显示时的别名。

```
USE teaching
GO
SELECT CNAME AS"Course name"
FROM course
GO
```

在选择列表中，有些列进行了具体指定，而不是指定为对列的简单引用，这些列便是派生列。除非使用 AS 子句分配了名称，否则派生列没有名称。

指定表达式的显示名称。

```
USE teaching
GO
SELECT CNO，CREDIT*18 AS CREDIT_HOUR
FROM course
GO
```

如果去掉 AS 子句，则 CREDIT*18 表达式指定的派生列将会没有名称。

AS 子句是在 SQL-92 标准中定义的语法，用来为结果集列分配名称。在 Microsoft SQL Server 2005 中使用的首选语法如下。

column_name AS column_alias

或 result_column_expression AS derived_column_name

为了与 SQL Server 的早期版本兼容，在 T-SQL 中可以用 “=” 代替 “AS”。选择列表的形式为：

column_alias_column_name

或

derived_column_name=result_column_expression

可用下列代码替换：

```
USE teaching
GO
SELECT CNO，CREDIT_HOUR=CREDIT*18
FROM course
GO
```

4. 使用 DISTINCT 消除重复项

DISTINCT 关键字可从 SELECT 查询的结果中除去重复的行。如果没有指定 DISTINCT，将返回查询结果的所有行，包括重复的行。

查询选课的学生学号，在表中含有同一名学生选多门课的情况。

```
USE teaching
GO
SELECT DISTINCT SNO
FROM s_c ORDER BY SNO
GO
```

注意：涉及 DISTINCT 的语句的输出取决于应用 DISTINCT 的列或表达式的排序规则。对于 DISTINCT 关键字来说，空值将被认为是相互重复的内容。当 SELECT 子句中包括 DISTINCT 时，不论遇到多少个空值，结果中只返回一个 NULL。

5. 使用 TOP 和 PERCENT 限制结果集

可以使用 TOP 子句限制结果集中返回的行数，语法格式如下。

TOP（expression）[PERCENT][WITH TIES]

expression：指定返回行数的数值表达式，如果指定了 PERCENT，则是指返回的结果集行的百分比（由 expression 指定）。

当 expression 为 n 时，即 TOP n 表示返回结果集的前 n 行。如果指定了 ORDER BY，则将在对结果集排序之后选择行。n 是要返回的行数，除非指定了 PERCENT 关键字。PERCENT 将指定 n 为要返回的结果集中的行所占的百分比。

6. 选择列表中的计算值

在 SELECT 子句的选择列表中可包含使用运算符生成的表达式。这使结果集中得以包含基表中不存在但可以根据基表中存储的值计算得到的值。这些结果集中的列称为派生列。

在 SELECT 子句中可以使用算术运算符或函数进行运算，算术运算符允许对数值数据进行加（+）、减（-）、乘（*）、除（/）以及模（%）运算。进行加、减、乘、除运算的算术运算符可在 int、smallint、tinyint、decimal、numeric、float、real、money 或 smallmoney 数值列或表达式中使用。模运算符只能在 int、smallint 或 tinyint 列或表达式中使用。

也可使用日期函数或常规加或减算术运算符对 datetime 和 smalldatetime 列进行算术运算。

显示学生 S2 的 C1 课程的成绩提高 15 分后的结果。

```
USE teaching
GO
SELECT GRADE FROM s_c
WHERE SNO='S2'AND CNO='Cl'
GO
SELECT GRADE+15 AS GradeUpdate
FROM s_c
WHERE SNO='S2'AND CNO='C1'
GO
```

在 SELECT 子句中还可以使用聚合函数，聚合函数对一组值执行计算并返回单个值。除了 COUNT 以外，聚合函数都会忽略空值。聚合函数只能在以下位置作为表达式使用。

SELECT 子句的选择列表（子查询或外部查询）。

COMPUTE 或 COMPUTE BY 子句。

HAVING 子句。

聚合函数有如下几种。

（1）AVG 函数

语法格式：AVG（[ALL ｜ DISTINCT]expression）

功能：返回组中各值的平均值。空值将被忽略。

各选项含义如下。

ALL：对所有的值进行聚合函数运算。ALL 是默认值。

DISTINCT：指定 AVG 只在每个值的唯一实例上执行，而不管该值出现了多少次。

expression：精确数值或近似数值数据类型（bit 数据类型除外）的表达式。expression 不允许使用聚合函数和子查询。

（2）SUM 函数

语法格式：SUM（[ALL ｜ DISTINCT]expression）

功能：返回表达式中所有值的和或仅非重复值的和。SUM 只能用于数字列。空值将被忽略。

expression：常量、列名、函数与算术运算符、位运算符和字符串运算符的任意组合。expression 是精确数字或近似数字数据类型（bit 数据类型除外）的表达式，不允许使用聚合函数和子查询。

（3）COUNT 函数

语法：COUNT（{[[ALL ｜ DISTINCT]expression] ｜ *}）

功能：返回 expression 的个数，返回值的数据类型是 int。

各选项含义如下。

DISTINCT：指定 COUNT 返回唯一非空值的数量。

expression：除 text、image 或 ntext 以外任何类型的表达式。expression 不允许使用聚合函数和子查询。

：指定应该计算的所有行的总数。COUNT（）不需要任何参数，而且不能与 DISTINCT一起使用。COUNT（*）返回指定表中行数而不删除副本。它对各行分别计数，包括包含空值的行。

（4）MIN 函数

语法格式：MIN（[ALL ｜ DISTINCT]expression）

功能：返回表达式 expression 中的最小值。MIN 忽略任何空值。对于字符数据列，MIN 查找排序序列的最低值。

expression：常量、列名、函数以及算术运算符、位运算符和字符串运算符的任意组合。MIN 可以用于数值列、char 列、varchar 列或 datetime 列，但不能用于 bit 列。这里的 expression 也不允许使用聚合函数和子查询。

（5）MAX 函数

语法格式：MAX（[ALL ｜ DISTINCT]expression）

功能：返回表达式 expression 的最大值。MAX 忽略任何空值。对于字符列，MAX 查找按排序序列排列的最大值。

查询年龄最大的学生的年龄。

```
USE teaching
GO
SELECT MAX（AGE）
FROM student
GO
```

查询选课学生的人数。

```
USE teaching
GO
SELECT COUNT（DISTINCT SNO）
FROM s_c
GO
```

统计男生的人数和平均年龄，此例在 SELECT 子句选择列表中组合使用 COUNT（*）和其他聚合函数。

```
USE teaching
GO
SELECT COUNT（*），AVG（AGE）
FROM student
WHERE SEX='M'
GO
```

（三）FROM 子句

每一个要从表或视图中检索数据的 SELCET 语句都需要使用 FROM 子句。FROM 子句可以指明如下信息。

列出 SELECT 子句中的选择列表和 WHERE 子句中所引用的列所在的一个或多个表和视图，可以使用 AS 子句为表和视图的名称指定别名。

显示所有学生的情况。

```
USE teaching
GO
SELECT*
```

```
FROM student
GO
```

两个或多个表或视图之间的连接类型由ON子句中指定的连接条件限定。FROM 子句中使用逗号分隔表名、视图名和 JOIN 子句的列表。

显示所有学生的学号，姓名，所选课程名称及成绩。

```
USE teaching
GO
SELECT s.SNO，s.SNAME，c.CNAME，sc.GRADE
FROM student AS s JOIN s_c AS sc ON s.SNO=sc.SNO
JOIN course AS c ON sc.CNO=c.CNO
GO
```

当不需要从数据库内的任何表中选择数据时，SELECT 语句可以没有 FROM 子句。这些 SELECT 语句只从局部变量或不对列进行操作的 T-SQL 函数中选择数据。

例如：

```
SELECT@MyIntVariable    /* 显示变量 MyIntVariable 的值 */
SELECT@@VERSION         /* 显示全局变量 VERSION 的值 */
```

SELECT语句的可读性可通过为表指定别名来提高，别名也称为相关名称或范围变量。分配表别名时，可以使用 AS 关键字，也可以不使用。

语法格式：table_name AS table_alias

或 table_name table_alias

例如：将别名 sc 分配给 s_c，而将别名 s 分配给 student。

```
SELECT sc.CNO，s.SNAME
FROM s_c AS sc JOIN student AS s ON sc.SNO=s.SNO
```

如果为表分配了别名，那么 Transact-SQL 语句中对该表的所有显式引用都必须使用别名，而不能使用表名。例如，以下 SELECT 语句将产生语法错误，因为该语句在已分配别名的情况下又使用了表名。

```
SELECT sc.CNO，student.SNAME
FROM s_c AS sc JOIN student AS s ON sc.SNO=s.SNO
```

4.WHERE 子句和 HAVING 子句

用于 SELECT 语句中的 WHERE 和 HAVING 子句指定一系列搜索条件，只有那些满足搜索条件的行才用于生成结果集。

查询选修了 C2 课的学生的学号、姓名和成绩。

```
USE teaching
GO
SELECT s.SNO，s.SNAME，sc.GRADE
FROM s_c AS sc JOIN student AS s ON sc.SNO=s.SNO
WHERE sc.CNO='C2'
GO
```

HAVING 子句通常与 GROUP BY 子句一起使用以筛选聚合值结果。但是 HAVING 也可以在不使用 GROUP BY 的情况下单独指定 ^HAVING 子句指定在应用 WHERE 子句筛选后再进一步的筛选。这些筛选可以应用于 SELECT 列表中所用的聚合函数。

在以下示例中，WHERE 子句仅限定选修 C2 课程的学生，而 HAVING 子句进一步将结果限制为只包括选修两门课程以上的学生。

```
USE teaching
GO
SELECT SNO FROM s_c
WHERE CNO='C2'
GROUP BY SNO
HAVING COUNT（CNO）>=2
GO
```

SELECT 语句执行时先执行 WHERE 子句，这样限定了分组对象中只有选 C2 课程的学生记录，然后按照学号分组，分组后每组只有一人，没有满足 HAVING 条件的组，结果集为 WHERE 和 HAVING 子句中的搜索条件或限定条件可包括如下条件。

（1）范围搜索条件

范围搜索返回介于两个指定值之间的所有值。

BETWEEN 关键字指定要检索的包括范围。

查询 student 表中检索年龄在 20 ~ 22 之间的学生。

```
USE teaching
GO
SELECT SNO，SNAME
FROM student
WHERE AGE BETWEEN 20 AND 22
ORDER BY SNO GO
```

以下查询使用大于和小于运算符的返回结果与上面示例返回的结果不同，因为这些运算符不包括与限定范围的值相匹配的行。

```
USE teaching
GO
SELECT SNO，SNAME
FROM student
WHERE AGE>20 AND AGE<22
ORDER BY SNO
GO
```

NOT BETWEEN 查找指定范围之外的所有行。

查询年龄不在 20~22 岁之间的学生。

```
USE teaching
GO
SELECT SNO，SNAME
FROM student
WHERE AGE NOT BETWEEN 20 AND 22
ORDER BY SNO
GO
```

（2）列表搜索条件

IN 关键字可以选择与列表中的任意值匹配的行。

检索 student 表中姓名为 WANG 或 LIU 的学生。

```
USE teaching GO
SELECT SNO，SNAME
FROM student
WHERE SNAME IN（'WANG' 'LIU'）
ORDER BY SNO
GO
```

IN 关键字之后的各项必须用逗号隔开，并且括在括号中。IN 关键字主要应用在嵌套查询（也称为子查询）中。

以下示例不使用 IN 关键字，也得到同样的结果。

```
USE teaching
GO
SELECT SNO，SNAME
```

```
FROM student
WHERE SNAME='WANG' OR SNAME='LIU'
ORDER BY SNO
GO
```

（3）搜索条件中的模式匹配

LIKE 关键字搜索与指定模式匹配的字符串、日期或时间值。模式中包含要搜索的字符串，字符串中可包含四种通配符的任意组合。

可以将通配符和字符串用单引号引起来，例如：

LIKE'Me%' 将搜索以字母 Me 开头的所有字符串（如 McBadden）。

LIKE'inger' 将搜索以字母 inger 结尾的所有字符串（如 Ringer 和 Stringer）。

LIKE'% en%' 将搜索任意位置包含字母 en 的所有字符串（如 Bennet、Green 和 McBadden）。

LIKE'_heryl' 将搜索以字母 heryl 结尾的所有六个字母的字符串（如 Cheryl 和 Sheryl）。

LIKE'[CK]ars[eo]n' 将搜索 Carsen、Karsen、Carson 和 Karson（如 Carson）。

LIKE'[M-Z]inger' 将搜索以字母 inger 结尾、以 M 到 Z 中的任何单个字母开头的所有字符串（如 Ringer）。

LIKE'M[^c]%' 将搜索以字母 M 开头，并且第二个字母不是 c 的所有字符串（如 MacFeather）。

从 student 表中检索学生姓名以字母 W 开头的学生学号及姓名。

```
USE teaching
GO
SELECT SNO，SNAME
FROM student
WHERE SNAME LIKE'W%'
ORDER BY SNO
GO
```

（4）NULL 比较搜索条件

NULL 值表示列的数据值未知或不可用。NULL 可用于数字列和字符列。

可以通过以下两种方式在允许空值的列中输入 NULL 值（由 CREATE TABLE 语句指定）：

如果无数据输入并且列或数据类型上无 DEFAULT 约束，则 SQL Server 2005 将自动输入 NULL 值。

通过键入不带引号的 NULL 来输入 NULL 值。如果在字符列中键入带引号的 NULL，则它将被视为字母 N、U、L 和 L，而非空值。

当检索到空值时，应用程序通常会在相应的位置显示诸如 NULL、（NULL）或（mill）的字符串。

当搜索的列中包括定义为允许空值的列时，可以通过以下模式查找数据库中的空值或非空值。

WHERE column_name IS[NOT]NULL

从 s_c 表中检索成绩不是 NULL 的行。

```
USE teaching
GO
SELECT*
FROM s_c
WHEREGRADE IS NOT NULL
ORDER BY SNO
GO
```

（5）逻辑运算符

逻辑运算符包括 AND、OR 和 NOT。AND 和 OR 用于连接 WHERE 子句中的搜索条件，NOT 用于反转搜索条件的结果。

AND 连接两个条件，只有当两个条件都符合时才返回 TRUE。

5.ORDER BY 子句

ORDER BY 子句用于指定查询结果的排序顺序。除非同时指定了 TOP，否则 ORDER BY 子句在视图、内联函数、派生表和子查询中无效。

ORDER BY 子句的语法格式如下：

```
[ORDER BY
{order_by_expression
[COLLATE collation_name]
[ASC | DESC]
}[，...，n]
]
```

各选项含义如下。

order_by_expression：指定要排序的列，可以将排序列指定为一个名称或列的别名，也可以指定一个表示该名称或别名在 SELECT 子句的选择列表中所处位置的顺序号。列名和别名可由表名或视图名加以限定。在 Microsoft SQL

Server 2005 中，可将限定的列名和别名解析到 FROM 子句中列出的列。如果 order_by_expression 未限定，则它必须在 SELECT 子句中列出的所有列中是唯一的。ORDER BY 子句中的排序列定义了排序结果集的结构。

注意：ntext、text、image 或 xml 列不能用于 ORDER BY 子句。

COLLATE collation_name：指定根据 collation_name 定义的排序规则，而不是表或视图中所定义的列的排序规则。collation_name 可以是 Windows 排序规则名称或 SQL 排序规则名称。COLLATE 仅适用于 char、varchar、nchar 和 nvarchar 数据类型的列。

ASC：指定按升序从最低值到最高值对指定列中的值进行排序。

DESC：指定按降序从最高值到最低值对指定列中的值进行排序。

如果未指定是升序还是降序，则默认为 ASC。空值被视为最低的值。

ORDER BY 子句中引用的列名必须明确地对应于 SELECT 子句的选择列表中的列或 FROM 子句中的表中的列。如果列名已在 SELECT 子句的选择列表中有了别名，则 ORDERBY 子句中只能使用别名。同样，如果表名已在 FROM 子句中有了别名，则 ORDER BY 子句中只能使用别名来限定它们的列。

下面的查询返回 student 表中按年龄升序排序的结果。

```
USE teaching
GO
SELECT SNO，AGE
FROM student
ORDER BY AGE
GO
```

如果 ORDER BY 子句中指定了多个列，则排序是嵌套的。

ORDER BY 子句的结果取决于被排序的列的排序规则。对于 char、varchar、nchai 和 nvarchar 列，可以指定 ORDER BY 按照表或视图中定义的列的排序规则之外的排序规则执行，可以指定 Windows 排序规则名称或 SQL 排序规则名称。

无法对数据类型为 text、ntext、image 或 xml 的列使用 ORDER BY。此外，在 ORDER BY 列表中也不允许使用子查询、聚合和常量表达式。但是，可以在聚合或表达式的选择列表中使用用户指定的名称。

6. 连接查询

通过连接，可以从两个或多个表中根据各个表之间的逻辑关系来检索数据。连接指明了应如何使用一个表中的数据来选择另一个表中的行。

连接条件可通过以下方式定义两个表在查询中的关联方式：

指定每个表中要用于连接的列；

指定用于比较各列的值的逻辑运算符（例如 = 或 <>）。

连接分为以下几类。

（1）内部连接

内部连接是使用比较运算符比较要连接列中的值的连接。

在 SQL-92 标准中，可以在 FROM 子句或 WHERE 子句中指定内部连接。这是 WHERE 子句中唯一一种 SQL-92 支持的连接类型。WHERE 子句中指定的内部连接称为旧式内部连接。

使用内部连接实现查询学生的基本情况和选课情况。

```
USE teaching
GO
SELECT*
FROM student AS s INNER JOIN s_c AS sc ON s.SNO=sc.SNO
ORDER BY S.SNO
GO
```

此内部连接称为同等连接。它返回两个表中的所有列包括两表中相同的列，但只返回在连接列中具有相等值的行。

（2）外部连接

仅当两个表中都至少有一行符合连接条件时，内部连接才返回行。内部连接消除了与另一个表中不匹配的行；而外部连接会返回 FROM 子句中提到的至少一个表或视图中的所有行。只要这些行符合任何 WHERE 或 HAVING 搜索条件，查询引擎将检索通过左向外部连接引用的左表中的所有行，以及通过右向外部连接引用的右表中的所有行。在完全外部连接中，将返回两个表的所有行。

Microsoft SQL Server 2005 对 FROM 子句中指定的外部连接使用下列关键字：

LEFT OUTER JOIN 或 LEFT JOIN

RIGHT OUTER JOIN 或 RIGHT JOIN

FULL OUTER JOIN 或 FULL JOIN

首先，使用左向外部连接，见下例。

查询所有学生的选课情况，包括没选课的学生。

```
USE teaching
GO
```

```
SELECT*
FROM student AS s LEFT OUTER JOIN s_c AS sc ON s.SNO=sc.SNO
ORDER BY S.SNO
GO
```

不管是否与 s_c 表的 SNO 列相匹配，LEFT OUTER JOIN 都会在结果中包括 student 表的所有行。注意，对于结果中没有匹配学号 SNO 的学生，行的 s_c 表中的列值则包含一个空值。

其次，使用右向外部连接。右外部连接运算符 RIGHT OUTER JOIN 指明：不管第一个表中是否有匹配的数据，结果中都将包括第二个表中的所有行。

例如：上例查询所有学生的选课情况，包括没选课的学生，可以使用右向外部连接来实现。

```
USE teaching GO
SELECT*
FROM s_c AS sc RIGHT OUTER JOIN student AS s ON sc.SNO=s.SNO
ORDER BY S.SNO
GO
```

使用谓词可以进一步限定外部连接。

最后，使用完全外部连接。若要通过在连接的结果中包括不匹配的行来保留不匹配信息，可以使用完全外部连接。SQL Serve 提供了完全外部连接运算符 FULL OUTER JOIN，它将包括两个表中的所有行。

查询所有学生的选课情况，包括没选课的学生，也包括没有学生选的课程，可以使用完全外部连接来实现。

```
USE teaching
GO
SELECT*
FROM student AS s FULL OUTER JOIN s_c AS sc ON sc.SNO=s.SNO
FULL OUTER JOIN course AS c ON sc.CNO=c.CNO
GO
```

（3）交叉连接

没有 WHERE 子句的交叉连接将产生连接所涉及的表的笛卡儿积。第一个表的行数乘以第二个表的行数等于笛卡儿积结果集的大小。

例如：下列是 Transact-SQL 交叉连接示例。

```
USE teaching
GO
```

```
SELECT*
FROM student AS s CROSS JOIN s_c AS sc
ORDER BY S.SNO
GO
```

如果添加一个 WHERE 子句，则交叉连接的作用将同内部连接一样。

例如：下列 Transact-SQL 查询生成相同的结果集。

```
USE teaching
GO
SELECT*
FROM student AS s CROSS JOIN s_c AS sc
WHERE s.SNO=sc.SNO
ORDER BY S.SNO
GO
```

或
```
USE teaching
GO
SELECT*
FROM student AS s INNER JOIN s_c AS sc ON s.SNO=sc.SNO
ORDER BY S.SNO
GO
```

（4）自连接

表可以通过自连接实现与自身进行连接。

例如：查询选修 C2 和 C3 的学生的学号。

```
USE teaching
GO
SELECT x.SNO
FROM s_c AS x INNER JOIN s_c AS y ON x.SNO=y.SNO
WHERE x.CNO='C2'AND y.CNO='C3'
ORDER BY x.SNO
GO
```

7. 子查询

子查询是一个嵌套在 SELECT、INSERT、UPDATE 或 DELETE 语句或其他子查询中的查询。任何允许使用表达式的地方都可以使用子查询。

子查询也称为内部查询或内部选择，而包含子查询的语句也称为外部查询或外部选择。许多包含子查询的 T-SQL 语句都可以改用连接表示。其他问题只能通过子查询提出。在 T-SQL 语句中，包含子查询的语句和语义上与等效的不包含子查询的语句在性能上通常没有差别。但是，在一些必须检查存在性的情况中，使用连接会产生更好的性能。否则，为确保消除重复值，必须为外部查询的每个结果都处理嵌套查询。所以在这些情况下，连接方式会产生更好的效果。

例如：查询选修 C2 课程的学生姓名。以下示例显示了返回相同结果集的 SELECT 子查询和 SELECT 连接查询。

```
/* 使用子查询的 SELECT 语句 */
SELECT SNAME
FROM student
WHERE SNO IN
（SELECT SNO
FROM s_c
WHERE CNO='C2'）
/* 使用连接查询的 SELECT 语句 */
SELECT SNAME
FROM student AS s JOIN s_c AS sc ON（s.SNO=sc.SNO）
WHERE sc.CNO='C2'
```

子查询可以包括以下组件：

包含常规选择列表组件的常规 SELECT 查询；

包含一个或多个表或视图名称的常规 FROM 子句；

可选的 WHERE 子句；

可选的 GROUP BY 子句；

可选的 HAVING 子句。

作为子查询的 SELECT 查询使用圆括号括起来。它不能包含 COMPUTE 或 FOR BROWSE 子句，如果同时指定了 TOP 子句，则只能包含 ORDER BY 子句。

子查询可以嵌套在外部 SELECT、INSERT、UPDATE 或 DELETE 语句的 WHERE 或 HAVING 子句内，也可以嵌套在其他子查询内。任何可以使用表达式的地方都可以使用子查询，只要它返回的是单个值。

如果某个表只出现在子查询中，而没有出现在外部查询中，那么该表中的列就无法包含在输出（外部查询的选择列表）中。

包含子查询的语句通常采用以下语法格式中的一种：

① WHERE expression[NOT]IN（subquery）：通过未修改的比较运算符引入且必须返回单个值；

② WHERE expression comparison_operator[ANY ｜ ALL]（subquery）：由 ANY 或 ALL 修改的比较运算符引入的列表操作；

③ WHERE[NOT]EXISTS（subquery）：通过 EXISTS 引入的存在测试。

（1）子查询规则

子查询受下列限制的制约：

①通过比较运算符引入的子查询的选择列表只能包括一个表达式或列名称（对 SELECT* 执行的 EXISTS 或对列表执行的 IN 子查询除外）；

②如果外部查询的 WHERE 子句包括列名称，它必须与子查询选择列表中的列是连接兼容的；

③ ntext、text 和 image 数据类型不能用在子查询的选择列表中；

④由于必须返回单个值，所以由未修改的比较运算符（即后面未跟关键字 ANY 或 ALL 的运算符）引入的子查询不能包含 GROUP BY 和 HAVING 子句；

⑤包含 GROUP BY 的子查询不能使用 DISTINCT 关键字；

⑥不能指定 COMPUTE 和 INTO 子句；

⑦只有指定了 TOP 时才能指定 ORDER BY；

⑧不能更新使用子查询创建的视图；

⑨由 EXISTS 引入的子查询的选择列表是一个星号“*”，而不是单个列名，因为由 EXISTS 引入的子查询返回的是 TRUE 或 FALSE 而非数据。

（2）在子查询中限定列名

在下列示例中，外部查询的 WHERE 子句中的 SNO 列是由外部查询的 FROM 子句中的表名 student 隐性限定的，即外部查询的 WHERE 子句中的 SNO 列是来源于 student 表的。对子查询的选择列表中 SNO 的引用则是由子查询的 FROM 子句（通过 s_c 表）限定的，即子查询的 SELECT 子句中的 SNO 列来源于 s_c 表。

```
USE teaching
GO
SELECT SNAME
FROM student
WHERE SNO IN
（SELECT SNO
```

```
FROM s_c
WHERE CNO='C2' )
GO
```

一般的规则是，语句中的列名通过同级 FROM 子句中引用的表来隐性限定。如果子查询的 FROM 子句中引用的表中不存在列，则它是由外部查询的 FROM 子句中引用的表隐性限定的。

下例是使用这些隐性假设限定后查询的样式。

```
USE teaching
GO
SELECT student.SNAME
FROM student
WHERE student.SNO IN
( SELECT s_c.SNO
FROM s_c
WHERE s_c.CNO='C2' )
GO
```

注意：如果子查询的 FROM 子句中引用的表中不存在子查询中引用的列，而外部查询的 FROM 子句引用的表中存在该列，则该查询可以正确执行。SQL Server 用外部查询中的表名隐性限定子查询中的列。

（3）子查询类型

1）使用别名的子查询

子查询和外部查询引用同一表的 SELECT 语句可称为自连接（将某个表与自身连接）。

例如：使用子查询查找与 WANG 同年龄的学生的学号和年龄。

```
USE teaching
GO
SELECT SNO，AGE
FROM student WHERE AGE=
( SELECT AGE
FROM student
WHERE SNAME='WANG' )
GO
```

也可以使用自连接，例如：

```
USE teaching
GO
SELECT SNO，AGE
FROM student AS s1 INNER JOIN student s2
ON s1.SNO=s2.SNO AND SNAME='WANG'
GO
```

由于自连接的表会以两种不同的角色出现，因此必须有表别名。别名也可用于在内部查询和外部查询中引用同一表的嵌套查询。例如：

```
USE teaching
GO
SELECT s1.SNO，s1.AGE
FROM student AS s1
WHERE s1.AGE=
（SELECT s2.AGE
FROM student AS s2
WHERE s2.SNAME='WANG'）
GO
```

显式别名清楚地表明，在子查询中对 student 的引用并不等同于在外部查询中的该引用。

2）使用 IN 和 NOT IN 的子查询

通过 IN 或 NOT IN 引入的子查询结果是包含零个值或多个值的列表。子查询返回结果之后，外部查询将利用这些结果。

例如：下面的查询查找学生 S3 所选所有课程的名称。

```
USE teaching
GO
SELECT CNAME FROM course
WHERE CNO IN
（SELECT CNO FROM s_c
WHERE SN0='S3'）
GO
```

该语句分两步执行。首先，内部查询返回与学号 S3 匹配的 CNO，值为 Cl 和 C2。然后，这些值将替换到外部查询中，此外部查询将在 course 中查找与 C 或 C2 匹配的课程名称，等同于以下代码。

```
USE teaching
GO
SELECT CNAME
FROM course
WHERE CNO IN（'Cl'，'C2'）
GO
```

使用连接而不使用子查询处理该问题及类似问题的一个不同之处在于，连接可以在结果中显示多个表中的列。

例如：如果要在结果中包括所选课程的成绩，则必须使用连接查询。

```
USE teaching
GO
SELECT CNAME，GRADE
FROM course AS c INNER JOIN s_c AS sc
ON c.CNO=sc.CNO AND SNO='S3'
GO
```

连接都可以表示为子查询。子查询经常（但不总是）可以表示为连接。这是因为连接是对称的，无论以何种顺序连接表 A 和 B，都将得到相同的结果。而对子查询来说，情况则并非如此。

通过 NOT IN 关键字引入的子查询也返回一列零值或更多值。

例如：以下查询将查找不选 C2 课程的学生姓名。

```
USE teaching
GO
SELECT SNAME
FROM student
WHERE SNO NOT IN
（SELECT SNO FROM s_c
WHERE CNO='C2'）
GO
```

3）使用比较运算符的子查询

子查询可以由一个比较运算符 =、<>、>、>=、<、!>、!< 或 <= 引入。

与使用 IN 引入的子查询一样，由未修改的比较运算符（即后面不接 ANY 或 ALL 的比较运算符）引入的子查询必须返回单个值而不是值列表。如果这样的子查询返回多个值，Microsoft SQL Server 2005 将显示一条错误信息。

例如：查询与 WANG 同学同性别的学生。因为每个学生的性别只有一个值，所以可以使用带上简单的“=”比较运算符引入的子查询。

```
USE teaching
GO
SELECT SNAME，SEX
FROM student
WHERE SEX=
（SELECT SEX
FROM student
WHERE SNAME='WANG'）
GO
```

由未修改的比较运算符引入的子查询经常包括聚合函数，因为这些子查询要返回单个值。

例如：查询年龄高于平均年龄的所有学生的姓名。

```
USE teaching
GO
SELECT SNAME，AGE
FROM student
WHERE AGE>
（SELECT AVG（AGE）FROM student）
GO
```

因为由未修改的比较运算符引入的子查询必须返回单个值，所以除非知道 GROUP BY 或 HAVING 子句本身会返回单个值，否则不能包括 GROUP BY 或 HAVING 子句。

例如：查询成绩高于 C2 课程平均成绩的学生学号、课程号及成绩。

```
USE teaching
GO
SELECT SNO，CNO，GRADE
FROM s_c WHERE GRADE>
（SELECT AVG（GRADE）
FROM s_c
GROUP BY CNO
GO
```

4）用 ANY、SOME 或 ALL 修改的比较运算符

可以用 ALL 或 ANY 关键字修改引入子查询的比较运算符。SOME 是与 ANY 等效的另一个 SQL 标准。

通过修改的比较运算符引入的子查询返回零个值或多个值的列表，并且可以包括 GROUP BY 或 HAVING 子句。这些子查询可以用 EXISTS 重新表述。

以 > 比较运算符为例，>ALL 表示大于每一个值。换句话说，它表示大于最大值。例如，>ALL（1，2，3）表示大于 3。>ANY 表示至少大于一个值，即大于最小值。因此 >ANY（1，2，3）表示大于 1。

若要使带有 >ALL 的子查询中的行满足外部查询中指定的条件，引入子查询的列中的值必须大于子查询返回的值列表中的每个值。

同样，>ANY 表示要使某一行满足外部查询中指定的条件，引入子查询的列中的值必须至少大于子查询返回的值列表中的一个值。

例如：下面的查询提供一个由 ANY 修改的比较运算符引入的子查询的示例。它查找某门课程成绩高于或等于任何一门课程的最高成绩的学生学号。

```
USE teaching
GO
SELECT DISTINCT SNO
FROM s_c
WHERE GRADE>=ANY
（SELECT MAX（GRADE）
FROM s_c
GROUP BY CNO）
GO
```

二、数据更新

对数据进行更新需要对目标表有相应的 INSERT 权限、UPDATE 权限和 DELET 权限。

默认情况下，INSERT 权限被授予 sysadmin 固定服务器角色成员、db_owner 和 db_datawriter 固定数据库角色成员以及表的所有者。sysadmin、db_owner 和 db_securityadmin 角色成员和表的所有者可以将权限传递给其他用户。

如果 UPDATE 语句包含 WHERE 子句，或 SET 子句中的 expression 使用了表中的某个列，则还要求对更新的表具有 SELECT 权限。

UPDATE 权限默认被授予 sysadmin 固定服务器角色的成员、db_owner 和 db_datawriter 固定数据库角色的成员以及表的所有者。sysadmin、db_owner 和 db_securityadmin 角色的成员和表的所有者可以将权限传输给其他用户。

如果 DELETE 语句包含 WHERE 子句，则还必须有 SELECT 权限。

默认情况下，DELETE 权限被授予 sysadmin 固定服务器角色成员、db_owner 和 db_datawriter 固定数据库角色成员以及表的所有者。sysadmin、db_owner 和 db_securityadmin 角色成员和表的所有者可以将权限转让给其他用户。

更改对表的操作权限步骤如下：

①在“对象管理器”中右击要删除数据行的表名，在出现的快捷菜单中选择 [属性]；②在出现的 [表属性] 窗口的左侧窗口中选择 [权限] 选择页，在右侧可以通过 [添加] 按钮增加数据库角色，在下面的权限窗口选择权限，然后单击 [确定] 按钮即可。

1. 插入数据

可以使用图形工具或 Transact-SQL 命令向数据表输入数据。

（1）使用 INSERT 命令插入数据

INSERT 语句可向表中添加一个或多个新行。INSERT 命令的语法格式如下：

INSERT[INTO]table_or_view[（column_list）]VALUES data_values

该语句将 data_values 作为一行或多行插入已命名的表或视图中。column_list 是用逗号分隔的一些列名称，用来指定接收数据的列。如果未指定 column_list，表或视图中的所有列都将接收数据。

如果 column_list 未列出表或视图中所有列的名称，将在未列出的列中插入默认值（如果为列定义了默认值）或 NULL 值。未指定的列必须允许插入空值或指定的默认值。

VALUES 子句用于指定插入的一行数据值，所提供的数据值必须与列表中的列匹配。数据值的数目必须与列数相同，每个数据值的数据类型、精度和小数位数也必须与相应列的这些属性匹配。

例如：向数据表 student 中插入一新学生的信息。

```
USE teaching
GO
INSERT INTO student（SNO，SNAME，SEX，AGE）
VALUES（'S7'，'WU'，'F'，22）
GO
SELECT*FROM student
GO
```

如果没有指定 colummjist，VALUES 指定值的顺序必须与表或视图中的列顺序一致。

上例可使用以下语句。

```
DSE teaching
GO
INSERT INTO student VALUES（'S7'，'WU'，'F'，22）
GO
SELECT*FROM student
GO
```

例如：按与表列不同的顺序插入数据。以下示例使用 column_list 显式指定插入每个列的值。

```
USE teaching
GO
INSERT INTO student（SNO，SNAME，AGE，SEX）
VALUES（'S8'，'JIANG'，21，'M'）
GO
SELECT*FROM student
GO
```

例如：插入值的个数少于列个数的数据。

```
USE teaching
GO
INSERT INTO student（SNO，SNAME）
VALUES（'S9'，'ZHU'）
GO
SELECT*FROM student
GO
```

（2）将查询结果插入数据表

INSERT 语句中的 SELECT 子查询可用于将一个或多个表或视图中的值添加到另一个表中。使用 SELECT 子查询还可以同时插入多行。

用 SELECT 子查询为一行或多行指定数据值。

例如：将所有女学生的学号、姓名放入新表中。

```
USE teaching
GO
CREATE TABLE F_student（SNO char（4）PRIMARY KEY，SNAME char
（10）not
```

```
NULL）
GO
INSERT INTO F_student（SNO，SNAME）
SELECT SNO，SNAME
FROM student
WHERE SEX='F'
GO
SELECT*FROM F_student
GO
```

子查询的 SELECT 子句的选择列表必须与 INSERT 语句的列的列表匹配。如果没有指定列的列表，选择列表必须与正在其中执行插入操作的表或视图的列匹配。

（3）使用图形工具插入数据

使用图形工具插入数据的步骤如下：

①在 [对象管理器] 中右击要插入数据的表名，出现快捷菜单；

②在出现的快捷菜单中选择 [打开表]，出现输入数据窗口，在每一行中输入数据，每当输入完一个字段数据后会在其后出现红色叹号，提示用户该数据已经修改，还未写入数据库中；

③输入数据后，单击工具栏上的 [执行 SQL] 按钮，将数据写入数据库中。

注意：输入数据时先输入主表数据，再输入子表数据。

2. 修改数据

创建表并添加数据之后，更改或更新表中的数据就成为维护数据库的日常操作之一。可以使用图形工具或 Transact-SQL 命令修改数据。

（1）使用 UPDATE 命令更新数据

使用 UPDATE 命令更新数据 UPDATE 命令的语法格式如下。

```
UPDATE
[TOP（expression）[PERCENT]]
{<object>}
SET
{column_name={expression | DEFAULT | NULL}
}[，…，n]
[FROM）<table_source>}[，...，n]]
```

[WHERE{<search_condition>}]

[;]

<object>: : =

{

[server_name.database_name.schema_name

| database_name.[schema_name]

| schema_name

]table_or_view_name

}

各选项含义如下。

TOP（expression）[PERCENT]：指定将要更新的行数或行百分比。expression 可以为行数或行百分比。与 INSERT、UPDATE 或 DELETE一起使用的 TOP 表达式中的被引用行将不按任何顺序排列。在 INSERT、UPDATE 和 DELETE 语句中，需要使用括号分隔 TOP 中的 expression。

serve_name：表或视图所在服务器的名称（使用链接服务器名称）。如果指定了 server_name，则需要 database_name 和 schema_name。

database_name：数据库的名称。

schema_name：表或视图所属架构的名称。

table_or_view_name：要接收数据的表或视图的名称。table 变量在其作用域内可以用作 UPDATE 语句中的表源。table_or_view_name 引用的视图必须可更新，并且只在该视图的 FROM 子句中引用一个基表。

SET{column_name={expression | DEFAULT | NULL}}：指定要更新的列或变量名称的列表。column_name 包含要更改的数据的列。column_name 必须已存在于 table_or_view_name 中，标识列的值不能被更新。expression 指返回单个值的变量、文字值、表达式或嵌套 select 语句（加括号）。expression 返回的值替换 column_name 或 @variable 中的现有值。DEFAULT 指定为列定义的默认值替换列中的现有值。如果该列没有默认值并且定义为允许空值，则该参数也可用于将列更改为 NULL。

FROM<table_source>：指定用于更新的表、视图或派生表。如果所更新对象与 FROM 子句中的对象相同，并且在 FROM 子句中对该对象只有一个引用，则指定或不指定对象别名均可。如果更新的对象在 FROM 子句中出现了不止一次，则对该对象的一个（且仅仅一个）引用不能指定表别名。FROM 子句中对该对象的所有其他引用都必须包含对象别名。带 INSTEAD OF UPDATE 触发器的视图不能是含有 FROM 子句的 UPDATE 的目标。

WHERE<search_condition>：指定条件来限定所更新的行。search_condition 为要更新的行指定需满足的条件。

例如：使用简单 UPDATE 语句对 student 表中的所有行更新 AGE 列中的值。

```
USE teaching
GO
SELECT*FROM student
GO
UPDATE student
SET AGE=AGE+1
GO
SELECT*FROM student
GO
```

例如：使用 WHERE 子句指定要更新的行。以下示例将选 C2 课程的学生的成绩提高 5%。

```
USE teaching
GO
SELECT*FROM s_c
GO
UPDATE s_c
SET GRADE=GRADE*1.05
WHERE CNO='C2'
GO
SELECT*FROM s_c
GO
```

例如：带子查询的 UPDATE 语句。下面的示例将选修 OS 课程的学生的成绩增加 10 分。

```
USE teaching
GO
SELECT*FROM s_c
GO
UPDATE s_c
SET GRADE=GRADE+10
WHERE CNO IN
```

```
（SELECT CNO FROM course WHERE CNAME='OS'）
GO
SELECT*FROM s_c
GO
```

（2）使用图形工具更新数据

使用图形工具进行数据更新的步骤如下：

在 [对象管理器] 中右击要更新数据的表名，出现快捷菜单；

在出现的快捷菜单中选择 [打开表]，在打开的窗口中更新需要修改的数据，修改后，单击工具栏上的 [执行 SQL] 按钮，将数据写入数据库引擎中。

注意：修改主表主键时会影响子表外键数据。

3. 删除数据

可以使用图形工具或 Transact-SQL 命令删除数据表中的数据。

任何已删除所有行的表仍会保留在数据库中。DELETE 语句只从表中删除行，要从数据库中删除表，可以使用 DROP TABLE 语句。

例如：从 s_c 表中删除所有行，该例未使用 WHERE 子句限制删除的行数。

```
USE teaching
GO
SELECT*FROM s_c
GO
DELETE FROM s_c
GO
SELECT*FROM s_c
GO
```

例如：从 s_c 表中删除选修 C2 课程的选课信息。

```
USE teaching
GO
SELECT*FROM s_c
GO
DELETE FROM s_c WHERE CNO='C2'
GO
SELECT*FROM s_c
GO
```

使用 TRUNCATE TABLE 命令删除所有行。TRUNCATE TABLE 命令的语

法格式如下：

```
TRUNCATE TABLE
[{database_name.[schema_name]. | schema_name.}]
table_name
[; ]
```

该命令删除表中的所有行。TRUNCATE TABLE 在功能上与没有 WHERE 子句的 DELETE 语句相同，但是 TRUNCATE TABLE 速度更快，使用的系统资源和事务日志资源更少。

TRUNCATE TABLE 删除表中的所有行，但表结构及其列、约束、索引等保持不变。若要删除表定义及其数据，可以使用 DROP TABLE 语句。

不能对以下表使用 TRUNCATE TABLE 命令：

由 FOREIGN KEY 约束引用的表；

参与索引视图的表；

通过使用事务复制或合并复制发布的表。

对于具有以上一个或多个特征的表，可以使用 DELETE 语句。

例如：删除 s_c 表中的所有选课信息。

```
USE teaching
GO
SELECT*FROM s_c
GO
TRUNCATE TABLE s_c
GO
SELECT*FROM s_c
GO
```

使用图形工具删除数据行的步骤如下：

在 [对象管理器] 中右击要删除数据行的表名，在出现的快捷菜单中选择 [打开表]，出现数据窗口；

在数据窗口中单击要删除的行左侧按钮，选中该行，然后选择 [编辑] 菜单中的 [删除] 命令，会出现删除确认对话框；

选择 [是] 按钮将彻底删除该数据行，删除后无法恢复。

第五节　数据库安全管理

一、安全管理概述

数据库的应用越来越广泛，存储的信息越来越有价值，一旦这些信息暴露，其后果不堪设想。因此，数据库中的数据必须得到有力的保护。数据库的特点之一是 DBMS 提供统一的数据保护功能来保证数据的安全可靠和正确有效。数据库的数据保护包括数据的安全性和数据的完整性。

数据库最大的特点是数据共享，但是数据共享必然带来数据库的安全性问题。例如，军事情报秘密、银行储蓄账户信息、科研实验数据、市场营销策略、客户档案资料等。作为数据库管理员，如何管理数据库系统，保证数据库中数据的安全可靠和正确有效，是一项非常重要的工作。

数据访问安全性主要是指允许那些具有相应的数据访问权限的用户能够登录到 SQL Server 2008 中，并访问数据以及对数据库对象实施各种权限范围内的操作，同时要拒绝所有的非授权用户的非法操作。因此，安全性管理与用户管理是密不可分的。SQLServer 2008 除了继承 SQL Server 2005 的可靠性、可编程性、易用性等方面的特点外，还在维护数据库系统的安全性方面提供了完善的管理机制和简单而丰富的操作方法。

其中，用户身份鉴别用来识别计算机或数据库用户是否为合法用户。访问控制的任务是在数据库系统为合法用户提供最大限度的资源共享基础上，对用户的访问权限进行管理，防止数据遭到非法的泄露、更改和破坏。

二、SQL Server 2008 的安全机制

SQL Server 2008 安全性主要是指允许那些具有相应的数据访问权限的用户能够登录到 SQL Server 并访问数据以及对数据库对象实施各种权限范围内的操作，同时要拒绝所有的非授权用户的非法操作。Microsoft SQL Server 2008 的安全体系模型功能强大、设计灵活，但难免显得复杂。

SQL Server 2008 的安全机制可分为 3 个等级：操作系统级；SQL Server 级、数据库级、数据库对象级。

（一）操作系统级的安全机制

在用户使用客户计算机通过网络实现 SQL Server 2008 服务器的访问时，用户首先要获得计算机操作系统的使用权。

一般说来，在能够实现网络互联的前提下，用户没有必要在运行 SQL

Server 2008 服务器的主机上登录，除非 SQL Server 2008 服务器就运行在本地计算机上。SQL Server 2008 可以直接访问网络端口，所以可以实现对 Windows NT 安全体系以外的服务器及其数据库的访问。

下面介绍 SQL Server 2008 的两种身份验证模式。

1.Windows 身份验证模式

在 Windows 身份验证模式中，SQL Server 2008 完全依赖 Windows 操作系统提供登录安全性。SQL Server 2008 检测当前使用 Windows 的用户账户，并在系统的注册表中查找该用户，以确定该用户账户是否拥有登录权限，并根据这一验证来确定其访问权限。在这种方式下，用户不必提交登录名和密码让 SQL Server 2008 验证。SQL Server 2008 将自己的登录安全过程同 Windows 登录安全过程结合起来提供安全登录服务。网络安全性通过 Windows 提供复杂加密过程进行验证。用户登录一旦通过操作系统的验证，访问 SQL Server 2008 就不再需要其他的身份验证。

2. 混合身份验证模式

混合身份验证模式是允许用户使用 Windows 身份验证和 SQL Server 身份验证进行连接。当使用 SQL Server 身份验证时，在 SQL Server 2008 中创建的登录名并不基于 Windows 用户账户。用户名和密码均通过 SQL Server 2008 创建并存储在 SQL Server 2008 中。当使用 SQL Server 身份验证时，用户每次连接时必须提供用户登录名和密码，SQL Server 2008 通过检查是否已设置 SQL Server 登录账户，以及指定的密码是否与以前记录的密码匹配，自己进行身份验证。如果用户登录账户有权限，则 SQL Server 2008 连接成功；否则，拒绝连接。

提示：使用 SQL Server 身份验证不会限制安装 SQL Server 2008 的计算机上的本地管理员权限；当选择混合模式身份验证时，输入并确认系统管理员（sa）密码，设置强密码对于确保系统的安全性至关重要，切勿设置空密码或弱密码。

注意：SQL Server 密码可包含 1~128 个字符，其中包括任何字母、符号和数字的组合。如果选择混合模式身份验证，则必须输入强密码，强密码不容易被猜到，也不容易被计算机程序破解。

（二）SQL Server 服务器级的安全机制

SQL Server 服务器级的安全机制建立在控制服务器登录账号和密码的基础上。SQL Server 采用了标准 SQL Server 登录和集成 Windows NT 登录两种方式。无论是使用哪种登录方式，用户在登录时提供的登录账号和口令密码，决定了用户能否获得 SQL Server 2008 的访问权，以及在获得访问权以后，用户在访问 SQL Server 2008 时可以拥有的权利。

1. 登录名管理

登录名是登录服务器的用户名称，要连接到数据库，首先要存在一个合法的登录名。用户是配置 SQL Server 服务器安全中的最小单位，使用不同用户的登录名可以配置不同的访问级别。

（1）创建登录名

在 Microsoft SQL Server 2008 系统中，许多操作都既可以通过 Microsoft SQL Server Management Studio 工具来完成，也可以通过 T-SQL 语句来完成。下面主要介绍如何使用 Microsoft SQL Server Management Studio 创建登录名：

①打开 SQL Server Management Studio 并连接到目标服务器，在 [服务器] 窗口中，单击 [安全性] 节点；

②右击 [登录名] 节点，弹出快捷菜单，从中选择 [新建登录（N）] 命令，弹出 [登录名 - 新建] 对话框；

③在 [登录名 - 新建][常规] 选择页上输入用户需要设置的登录名，单击需要创建的登录模式前的单选按钮，选定验证方式，并完成“登录名”“密码”“确认密码”和其他参数的设置；

④在 [登录名 - 新建] 对话框中，打开 [服务器角色] 选择页，出现服务器角色设定页面；

⑤在 [登录名 - 新建] 对话框中，打开 [用户映射] 选择页，进入映射设置页面，可以为这个新建的登录添加映射到此登录名的用户，并添加数据库角色，从而使该用户获得数据库的相应角色对应的数据库权限；

⑥设置完成后，单击 [登录名] 对话框底部的 [确定] 按钮，完成登录名的创建。

为测试创建的登录名是否正确，下面利用新建的 Jack 登录名进行测试：

①在 SQL Server Management Studio 窗口中，单击 [新建查询] 按钮，打开 [连接到服务器] 窗口；

②单击 [连接] 按钮，将打开针对数据库 [Teach_info_DB] 的查询窗口。

（2）维护登录名

登录名创建之后，可以根据需要修改登录名的名称、密码、密码策略、默认的数据库等信息，SQL Server 2008 登录名维护的 T-SQL 命令有：CREATE

①使用 CREATE LOGIN 语句创建登录名；

②使用 ALTER LOGIN 语句修改登录名；

③使用 DROP LOGIN 语句删除登录名；

④使用 SP_ADDLOGIN 创建登录名，基于 SQL Server 系统存储过程，可以由 sp_addlogin 和 sp_droplogin 分别创建和 删除 SQL Server 的登录账户；

⑤使用 sp_droplogin 删除登录名。

2. 服务器角色管理

SQL Server 服务器角色是指根据 SQL Server 2008 的管理任务，以及这些任务相对的重要性等级来把具有 SQL Server 管理职能的用户划分为不同的用户组。每一组所具有的管理 SQL Server 2008 的权限都是系统内置的，即不能对其进行添加、修改和删除，只能向其中加入用户或者其他角色。SQL Server 2008 服务器角色存在于各个数据库之中，要想加入用户，该用户必须有登录账号。

（1）固定服务器角色

固定服务器角色也是服务器级别的主体，其作用范围是整个服务器。固定服务器角色已经具备了执行指定操作的权限，可以把其他登录名作为成员添加到固定服务器角色中，这样该登录名可以继承固定服务器角色的权限。

因此，服务器角色是权限和登录名的集合。

（2）固定服务器角色成员的添加与删除

在 Microsoft SQL Server 2008 系统中，可以把登录名添加到固定服务器角色中，使得登录名作为固定服务器角色的成员继承固定服务器角色的权限。系统可以通过登录来判断用户是否是某个固定服务器角色的成员。固定服务器角色成员的添加与删除可以通过 SQL Server Management Studio 或存储过程语句两种方法来完成。

1）使用 SQL Server Management Studio 添加与删除固定服务器角色成员

下面通过使用 SQL Server Management Studio 工具为固定服务器角色 sysadmin 添加角色成员。具体步骤如下：

①打开 SQL Server Management Studio 窗口并连接到目标服务器，在 [对象资源管理器] 中展开服务器，然后依次展开 [安全性] | [服务器角色]，找到 sysadmin 固定服务器角色；

②右键单击 sysadmin 固定服务器角色，选择 [属性]，打开 [服务器角色属性 -sysadmin] 窗口；

③在 [服务器角色属性 -sysadmin] | [常规] 页面中，单击 [添加] 按钮为 sysadmin 固定服务器角色添加角色成员 Jack；

④最后单击 [确定] 按钮，完成固定服务器角色的添加；

⑤如果用户需要删除固定服务器中的角色成员，则在第②步骤中选中具体角色成员，然后单击 [删除] 按钮完成固定服务器中角色成员的删除。

上面是利用固定服务器角色添加与删除角色成员，同样可以为登录名添加与删除固定服务器角色，其具体步骤如下：

①打开 SQL Server Management Studio 窗口并连接到目标服务器，在 [对象资源管理器] 中展开服务器，然后依次展开 [安全性] | [登录名]，找到登录名 Jack；

②右键单击 Jack 登录名，选择 [属性]，打开 [登录属性 -Jack] 窗口，在 [登录属性 -Jack] | [服务器角色] 页面中，单击固定服务器角色前的单选按钮即可以完成服务器角色成员的添加与删除。

③最后单击 [确定] 按钮，完成固定服务器角色的添加。

2）使用存储过程语句添加与删除固定服务器角色成员

固定服务器角色成员的添加与删除，可以通过系统存储过程语句 sp_addsrvrolemember、sp_dropsrvrolemember、sp_helpsrvrole、sp_helpsrvrolemember 等来实现：

①使用 sp_addsrvrolemember 为固定服务器角色添加登录成员；

②使用 sp_dropsrvrolemember 为固定服务器角色删除登录成员；

③使用 sp_helpsrvrole 查看固定服务器角色列表；

④使用 sp_helpsrvrolemember 查看固定服务器角色成员的信息。

（三）数据库级的安全机制

数据库的安全性检查是用户接受的第三次安全性检查。在计算机上输入口令后，登录 SQL Server 服务器，在用户通过 SQL Server 2008 服务器的安全性检查以后，将直接面对不同的数据库人口。

1. 用户名和登录名

用户名是数据库级的安全策略，是登录名在数据库中的映射。用户是在数据库中执行操作和活动的行动者。在为数据库创建新的用户名前，必须存在创建用户名的一个登录名或者使用已经存在的登录名创建用户名。

登录名：服务器方的一个实体，使用一个登录名只能进入服务器，但是不能让用户访问服务器中的数据库资源。每个登录名的定义信息存放在 master

数据库的 syslogins 表中。

用户名：一个或多个登录对象在数据库中的映射，可以对用户对象进行授权，以便为登录对象提供对数据库的访问权限。用户名的定义信息存放在每个数据库的 sysusers 表中。

SQL Server 把登录名与用户名的关系称为映射。用登录名登录 SQL Server 后，在访问各个数据库时，SQL Server 会自动查询此数据库中是否存在与此登录名关联的用户名，若存在就使用此用户名的权限访问此数据库，若不存在就用 guest 用户名访问此数据库（guest 是一个特殊的用户名，后面会讲到）。

一个登录名可以被授权访问多个数据库，但一个登录名在每个数据库中只能映射一次。即一个登录名可对应多个用户名，一个用户名也可以被多个登录名使用。好比 SQL Server 就像一栋大楼，里面的每个房间都是一个数据库。登录名只是进人大楼的钥匙，而用户名则是进入房间的钥匙。一个登录名可以有多个房间的钥匙，但一个登录名在一个房间只能拥有此房间的一把钥匙。

链接或登录 SQL Server 服务器时是用登录名而非用户名登录的，程序里面的链接字符串中的用户名也是指登录名。

2. **系统数据库用户**

数据库管理系统通常根据不同类型的数据库用户名来限制访问数据库的范围，SQL Server 2008 的数据库级别上也存在着两个特殊的数据库用户：dbo 用户和 guest 用户。

dbo 用户：数据库所有者（database owner，简称 dbo）是具有在数据库中执行所有活动的暗示性权限的用户。固定服务器角色 sysadmin 的成员会自动映射到 dbo 用户。另外，由固定服务器角色 sysadmin 的任何成员创建的任何对象都自动属于 dbo 用户。

例如，如果用户 Andrew 是固定服务器角色 sysadmin 的成员，并创建表 T1，则表 T1 属于 dbo 用户，并以 dbo.T1 而不是 Andrew.T1 进行限定。相反，如果用户 Andrew 不是固定服务器角色 sysadmin 的成员，而只是固定数据库角色 db_owner 的成员，并创建表 T1，则 T1 属于用户 Andrew，并限定为 Andrew.T1。该表属于用户 Andrew，因为该成员没有将表限定为 dbo.Tl。

无法删除 dbo 用户，且此用户始终出现在每个数据库中。只有由 sysadmin 固定服务器角色成员（或 dbo 用户）创建的对象才属于 dbo 用户。由任何其他不是 syadmin 固定服务器角色成员的用户（包括 db_owner 固定数据库角色成员）创建的对象：属于创建该对象的用户，而不是 dbo 用户。

guest 用户：guest 是 SQLServer 数据库中的一个特殊用户，它使任何已经登录到 SQL Server 服务器的用户都可以访问数据库。

在系统数据库中除 model 以外都有 guest 用户。而且 master 和 tempdb 系统数据库中的 guest 用户不能被删除，其他数据库中的 guest 用户都可以被创建或删除，但创建时必须使用 sp_grantdbaccess 命令。

3. 数据库用户管理

创建数据库用户可以分为两个过程：首先创建数据库用户使用的 SQL Server 2008 登录名，如果使用内置的登录名则可省略这一步；然后，再为数据库创建用户，指定到创建的登录名。创建数据库用户一般有两种方法：一种是在创建登录名的同时指定该登录名允许访问的数据库，同时生成该登录名在数据库中的用户；另一种方法是先创建登录名，再将登录名映射到某数据库，在其中创建同名用户。

（1）使用 SQL Server Management Studio 创建用户

下面通过使用 SQL Server Management Studio 工具来创建数据库用户，然后给用户授予访问“Teach_info_DB”的权限。具体操作步骤如下：

打开 SQL Server Management Studio 窗口并连接到目标服务器，在 [对象资源管理器] 中展开 [服务器] | [数据库] | [Teach_info-DB] | [安全性] | [用户]；

在 [用户] 上单击鼠标右键，弹出快捷菜单，从中选择 [新建用户] 命令，弹出 [数据库用户 - 新建] 窗口，在 [数据库用户 - 新建] | [常规] 页面中，在 [用户名] 文本框中输入 dur_Jack 来指定要创建的数据库用户名称；

单击 [登录名] 文本框旁边的按钮，打开 [选择登录名] 对话框，然后单击 [浏览] 按钮，弹出 [查找对象] 对话框，在 [查找对象] 对话框中启用 Jack 旁边的复选框，单击 [确定] 按钮，返回 [选择登录名] 窗口，然后单击 [确定] 按钮，返回 [数据库用户 - 新建] 窗口中；

用类似方式选择 [默认架构] 为 dbo，添加此用户拥有的架构，添加此用户的数据库角色；

在 [数据库用户 - 新建] 窗口中，打开 [安全对象] 选择页，进入权限设置页面（即 [安全对象] 页面），[安全对象] 页面主要用于设置数据库用户拥有的能够访问的数据库对象以及相应的访问权限，单击 [添加] 按钮为该用户添加数据库对象，在 [添加对象] 对话框中选择 [属于该架构的所有对象] 按钮，为添加的对象添加显示权限；

单击 [确定] 按钮，完成创建 Jack 登录名，指定数据库中用户 dur_Jack 的创建；

为了验证是否创建成功，可以展开 [用户] 节点，此时在 [用户] 节点列表中就可以看到刚刚创建的 dur_Jack 用户。

（2）使用 T–SQL 语句创建数据库用户

利用 T-SQL 语句命令对数据库用户同样能完成创建、查看、修改、删除等操作。主要使用到的 T-SQL 语句有 CREATE USER、ALTER USER、DROP USER 等。

①利用 CREATE USER 语句创建数据库用户：使用 CREATE USER 语句能向当前数据库添加数据库用户。

②利用 ALTER USER 语句修改数据库用户：使用 ALTER USER 语句能重命名数据库用户或是更改它的默认架构。

③利用 DROP USER 语句删除数据库用户：使用 DROP USER 语句能删除数据库用户。

④利用系统存储过程 sp_grantdbaccess 创建数据库用户。

⑤利用系统存储过程 sp_revokedbaccess 删除所创建的数据库用户。

4. 数据库角色

角色是 SQL Server 2008 用来集中管理数据库或服务器的权限。它们类似于 Windows 操作系统中的组。数据库角色的作用是为数据库用户设置对某个数据库的权限，SQLServer 2008 中提供三种类型的数据库级角色：固定数据库角色、应用程序角色和用户定义数据库角色。

（1）固定数据库角色

固定数据库角色是从数据库级别意义上来定义的，并且存在于每个数据库中，具有数据库级别的管理权力，用来完成常规的数据库任务。

（2）应用程序角色

应用程序角色是一个数据库主体，它使应用程序能够用其自身的、类似用户的权限来运行。使用应用程序角色，可以只允许通过特定应用程序连接的用户访问特定数据。与数据库角色不同的是，应用程序角色默认情况下不包含任何成员，而且是非活动的。应用程序角色使用两种身份验证模式，可以使用 sp_setapprole 来激活，该过程需要密码。因为应用程序角色是数据库级主体，所以它们只能通过其他数据库中为 guest 授予的权限来访问这些数据库。因此，其他数据库中的应用程序角色将无法访问任何已禁用 guest 的数据库。

应用程序角色是单向的，也就是说对于一个指定的连接，且确定已经激活应用程序角色，则这个连接就无法再回到用户自己的安全实体。为了回到用户自己的实体，用户必须终止这个连接，并再次登录。

应用程序角色的作用过程如下：

①用户登录（很可能使用应用程序提供的登录窗口）；验证登录，用户获得了他（或她）的访问权限；②应用程序执行名为 sp_setapprole 的系统存储过程，并提供角色名和密码；③验证应用程序角色，然后连接被切换到应用程序角色的安全实体（用户失去了拥有的所有权限——现在，用户拥有的是应用程序角色的权限）；④在整个连接期间，用户将继续保持基于应用程序角色的访问权限，而非基于他（或她）个人登录名的访问权限——用户不能回到他（或她）自己的访问信息。

应用程序角色的创建与删除操作可以通过 SQL Server Management Studio 或是 T-SQL 语句两种方法来完成。

1）使用 SQL Server Management Studio 创建与删除应用程序角色

①打开 SQL Server Management Studio 窗口，在 [对象资源管理器] | [数据库] 下，打开 [Teach_info_DB] | [安全性] | [角色] | [应用程序角色] 节点，然后单击右键，从弹出的快捷菜单中选择 [新建应用程序角色]，打开 [应用程序角色 - 新建] 窗口；

②在 [应用程序角色 - 新建] 窗口中 [常规] 页面中，新建一个应用程序角色名称为 Jack_role，默认架构为 dbo，密码和确认密码为 123；

③根据应用程序角色的需要，用户可以为 Jack_role 在 [安全对象] 页面设置相关权限；

④最后单击 [确认] 按钮完成应用程序角色的创建。⑤如果用户需要删除应用程序角色，则在第①步中 [应用程序角色] 节点处右键单击需要删除的角色即可。

2）使用 T-SQL 语句创建与删除应用程序角色

用户创建、修改和删除应用程序角色，主要使用的 T-SQL 语句有 CREATE APPLICATION ROLE、ALTER APPLIACATION ROLE 和 DROP APPLIACATION ROLE 等；

①使用 CREATE APPLICATION ROLE 向当前数据库中添加应用程序角色；

②使用 ALTER APPLIACATION ROLE 修改当前数据库中应用程序角色的名称、密码或默认架构；

③使用 DROP APPLIACATION ROLE 从当前数据库中删除应用程序角色。

（3）用户定义数据库角色

当固定服务器角色不能满足要求时，用户就可以自己创建数据库角色。

用户可以使用 SQL Server Management Studio 的对象资源管理器创建数据库角色，其创建新的数据库角色的具体步骤如下：

①打开 SQL Server Management Studio 窗口，在 [对象资源管理器] | [数据库] 下，打开 [Teach_info_DB] | [安全性] | [角色] 节点，在 [角色] 节点单击右键，从弹出的快捷菜单中选择 [新建数据库角色] 按钮；

②在 [新建数据库角色] | [常规] 页面中，添加一个角色名称为 Jack_role 和所有者为 dbo，选择此角色所拥有的架构为 db_owner，并为新创建的角色添加用户 Jack；

③最后单击 [确定] 按钮，完成数据库角色 Jack_role 的创建。

（4）使用 T–SQL 语句管理数据库用户

除了使用 SQL Server Management Studio 的对象资源管理器创建用户定义数据库角色，还可以用 T-SQL 语句创建数据库角色。数据库角色的创建、修改或删除，主要使用的 T-SQL 命令有 CREATE ROLE、ALTER ROLE、DROP ROLE 等。

①使用 CREATE ROLE 在数据库中创建数据库角色。

②使用 ALTER ROLE 在数据库中修改数据库角色。

③使用 DROP ROLE 从数据库中删除数据库角色。

（5）使用存储过程语句管理数据库用户

T-SQL 语句可以创建数据库角色，同样可以利用存储过程完成数据库角色的管理，主要是使用 sp_addrole、sp_droprole、sp_helprole 对数据库角色进行创建、删除与查看。

①利用 sp_addrole 在数据库中创建数据库角色。

②利用 sp_droprole 在数据库中删除数据库角色。

③利用 sp_helprole 查看当前数据库中有关角色的信息。

（6）数据库角色的添加与删除

角色是指一组具有固定权限的描述。数据库角色成员的添加与删除操作可以通过 SQL Server Management Studio 或 T-SQL 语句两种方法实现。

1）使用 SQL Server Management Studio 添加与删除数据库角色成员

在 SQL Server Management Studio 中，通过相应角色的属性对话框可以方便地添加用户，使用户成为角色成员，其添加与删除数据库角色成员的具体步骤如下：

①打开 SQL Server Management Studio 窗口，在 [对象资源管理器] | [数据库] 下，打开 [Teach_info_DB] | [安全性] | [角色] | [数据库角色] 节点；

②在 [数据库角色] 节点下找到 Jack1_role 数据库角色，单击右键，在快捷菜单中选择 [属性] 按钮，打开 [数据库角色属性] 窗口；

③在 [常规] 页面上单击 [添加] 按钮为数据库角色 Jack1_role 添加相关角色成员；

④选择相关数据库角色成员后，单击 [确定] 按钮完成角色成员的添加；

⑤如果用户需要删除数据库角色 Jack1_role 所添加的成员，则只需要在上面的步骤②中选择需要删除的角色成员，然后单击 [删除] 按钮完成角色成员的删除。

用户可以为数据库角色添加与删除角色成员，同样数据库用户也可以选择相关的数据库角色，添加与删除数据库角色的具体步骤如下：

①打开 SQL Server Management Studio 窗口，在 [对象资源管理器] | [数据库] 下，打开 [Teach_info_DB] | [安全性] | [用户] 节点；

②在 [用户] 节点下找到 Jack 数据库用户，单击右键，在快捷菜单中选择 [属性] 按钮，打开 [数据库用户] 窗口；

③在 [数据库用户] 窗口中 [常规] 页面上，单击 [数据库角色成员身份] 中相关数据库角色前面的单选按钮，用户可以添加与删除数据库角色；

④最后单击 [确定] 按钮完成角色成员的添加与删除。

2）使用存储过程语句添加与删除数据库角色成员

数据库角色成员的添加与删除，主要使用的存储过程语句命令有 sp_addrolemember、sp_droprolemember、sp_helprolemember 等。

①使用存储过程 sp_addrolemember 为数据库角色添加成员。

②使用存储过程 sp_droprolemember 为数据库角色删除成员。

③使用存储过程 sp_helprolemember 查看数据库角色成员。

（四）数据库对象级的安全机制

数据库对象级是核查用户权限的最后一个安全等级。在创建数据库对象的时候，SQL Server 自动将该数据库对象的拥有权赋予该对象的创建者。数据库对象的拥有者可以实现对该对象的完全控制。数据库对象访问的权限定义了用户对数据库中数据对象的引用、数据操作语句的许可权限。默认情况下，只有数据库的拥有者才可以对该数据库进行操作。当一个非数据库拥有者的用户想访问数据库里的对象时，必须事先由数据库的拥有者授予该用户某指定对象的指定操作权限。例如，一个用户想访问数据库中的信息，则他必须在成为数据库的合法用户的前提下，获得由数据库拥有者分配的针对表的访问权限。

1. 架构管理

架构是形成单个命名空间的数据库实体的集合。命名空间是一个集合，其中每个元素的名称都是唯一的。架构是数据库级的安全对象，是数据库对象的容器，可以包含如表、视图、存储过程等数据库对象。架构独立于创建它们的数据库用户而存在。

用户使用架构分离的好处：①多个用户可以通过角色成员身份或 Windows 组成员身份拥有一个架构。这扩展了允许角色和组拥有对象的用户熟悉的功能；

②极大地简化了删除数据库用户的操作；

③删除数据库用户不需要重命名该用户架构所包含的对象；

④多个用户可以共享一个默认架构以进行统一名称解析。

管理架构包括创建架构、修改架构及删除架构等。

（1）创建架构

在创建架构前，首先应该考虑为架构定义一个有意义的名称。架构名称可以长达 128 个字符，而且必须以英文字母开头，其中可以包括 _、@、# 以及数字。架构名存储于数据库中，因此创建的架构名称在数据库中必须是唯一的，但在不同的数据库中可以是相同名称的架构。创建架构可以通过 SQL Server Management Studio 或 T-SQL 语句两种方法实现。

1）使用 SQL Server Management Studio 创建架构

在 SQL Server Management Studio 中，通过数据库创建架构的具体步骤如下：

①打开 SQL Server Management Studio 窗口，在 [对象资源管理器] | [数据库] 下，打开 [Teach_info_DB] | [安全性] | [架构] 节点；

②在 [架构] 节点单击右键，在快捷菜单中选择 [新建架构] 按钮，打开 [架构 - 新建] 窗口；

③在 [架构 - 新建] 窗口中 [常规] 页面上，创建架构名称为 Name-Schema，架构所有者为 dbo。根据用户需求对 [架构 - 新建] | [权限] 进行设置；

④最后单击 [确定] 按钮完成架构的创建。

2）使用 T–SQL 语句创建架构

创建架构还可以通过 T-SQL 语句的 CREATE SCHEMA 来完成。

（2）修改架构

创建架构之后，有时候需要对架构名的所有者或权限进行修改。在架构创建之后，就 不能修改架构名，如需要修改架构名，则需要删除架构之后重新创建新的架构。修改架构可以通过 SQL Server Management Studio 或 T-SQL 语句两种方法实现。

1）使用 SQL Server Management Studio 修改架构

在 SQL Server Management Studio 中，通过数据库修改架构名 Name_Schema 的所有者或权限的具体步骤如下：

①打开 SQL Server Management Studio 窗口，在 [对象资源管理器] | [数据库] 下，打开 [Teach_info_DB] | [安全性] | [架构] 节点；

②单击 [架构] 节点，在展开的架构列表中右键单击 Name_Schema，选择 [属性] 按钮，打开 [架构属性 -dbo]；

③在 [架构属性 -dbo] | [常规] 页面中，可以通过 [搜索] 按钮对 [架构所有者] 进行修改；

④在 [架构属性 -dbo] | [权限] 页面中，可以设置架构的相关权限；

⑤最后单击 [确定] 按钮完成对架构的修改。

2）使用 T–SQL 语句修改架构

创建架构还可以通过 T-SQL 语句的 ALTER SCHEMA 来完成。

（3）删除架构

如果架构已经没有存在的必要了，则可以删除架构，以此来从数据库中移除它。删除架构时需要注意，如果架构中包含有任何对象，那么删除操作会失败。只有当架构中不再包含对象时，架构才可以被删除。

1）使用 SQL Server Management Studio 删除架构

在 SQL Server Management Studio 中，通过数据库删除架构名 Name_Schema 的所有者或权限的具体步骤如下：

①打开 SQL Server Management Studio 窗口，在 [对象资源管理器] | [数据库] 下，打开 [Teach_info_DB] | [安全性] | [架构] 节点；

②单击 [架构] 节点，在展开的架构列表中右键单击 Name_Schema，选择 [删除] 按钮完成架构的删除。

2）使用 T–SQL 语句删除架构

删除架构还可以通过 T-SQL 语句的 DROP SCHEMA 来完成。

2. 权限管理

权限是执行操作、访问数据的通行证，用于控制对数据库对象的访问，以及指定用户对数据库可以执行的操作。用户可以设置服务器和数据库的权限。

只有拥有了针对某种安全对象的指定权限，才能对该对象执行相应的操作。在 SQL Server 2008 中，用户在登录到 SQL Server 服务器之后，其安全账号（用户名）所归属的 NT 组或角色所被授予的权限决定了该用户能够对哪些数据库对象执行哪种操作以及能够访问、修改哪些数据。不同的对象有不同的权限。

（1）权限类型

在 SQL Server 2008 中可以使用的权限分为 3 种类型：对象权限、语句权限和隐式权限。

（2）权限管理

权限管理在 SQL Server 2008 中非常重要，它决定着整个数据库的安全与有效使用。权限管理主要负责指定用户的权限，例如可以使用哪些对象以及对这些对象可以进行哪些操作、有没有执行如创建数据库对象语句的权限等。权限通常被分为 3 种状态：授予、拒绝与撤销。

1）利用 SQL Server Management Studio 工具管理权限

权限管理可以通过在 SQL Server Management 中对用户的权限进行交互式设置，从权限相关的主体与安全对象这两者的任何一方考虑实现。例如，对某个数据库中的数据库用户添加对象权限，其具体操作步骤如下：

①打开 SQL Server Management Studio 窗口，在 [对象资源管理器] | [数据库] 下，打开 [Teach—info_DB] | [安全性] | [用户] 节点；

②单击 [用户] 节点，在展开的用户列表中右键单击 Jack，选择 [属性] 按钮，打开 [数据库用户 -Jack] 窗口；

③在 [数据库用户 -Jack] | [安全对象] 页面中，单击 [添加] 按钮出现 [添加对象] 对话框，选择 dbo 架构，然后单击 [确定] 按钮返回；

④在 [数据库用户 -Jack] | [安全对象] 页面中对 “Teach_info_DB” 数据库中的表进行显式权限的设置；

⑤最后单击 [确定] 完成权限的设置。

对象权限使用户能够访问存在于数据库中的对象，除了数据库对象权限外，还可以给用户分配数据库权限。SQL Server 2008 对数据库权限进行了扩充，增加了许多新的权限，这些数据库权限除了授权用户可以创建数据库对象和进行数据库备份外，还增加了一些更改数据库对象的权限。例如，对 “Teach_info_DB” 数据库进行相关权限设置，其具体步骤如下：

①打开 SQL Server Management Studio 窗口，在 [对象资源管理器] | [数据库] 下，右键单击 [Teach_info_DB] 节点，选择 [属性] 按钮，打开 [数据库属性 -Teach_info_DB] 窗口；

②在 [数据库属性 -Teach_info_DB] ︱ [权限] 页面中，单击 [添加] 按钮出现 [选择用户或角色] 对话框，单击 [浏览] 按钮选择 Jack 用户，然后单击 [确定] 按钮返回 [数据库属性 -Teach_info_DB] ︱ [权限] 页面；

③在 [数据库属性 -Teach_info_DB]I[权限] 页面中通过显示权限设置 "Teach_info_DB" 数据库的相关权限；

④最后单击 [确定] 完成权限的设置。

2）利用 T–SQL 语句管理权限

管理权限同样可以通过 T-SQL 语句来完成，主要命令有 GRANT、REVOKE、DENY 等。

①利用 GRANT 授予权限。

②利用 REVOKE 撤销权限。

③利用 DENY 拒绝授予权限。

三、SQL Server Profiler 对数据库的跟踪

微软的 SQL Server Profiler 是图形化实时监视工具，用于监视 SQL Server Database Engine 或 SQL Server Analysis Services 的实例，能帮助系统管理员监视数据库和服务器的行为，比如死锁的数量、致命的错误、跟踪 T-SQL 语句和存储过程。它可以把这些监视数据存入表或文件中，并在以后某一时间重新显示这些事件来一步一步地进行分析。

通常我们使用 SQL Server Profiler 仅监视某些插入事件，这些事件主要有：①登录连接的失败、成功或断开连接；② DELETE、INSERT、UPDATE 命令；③远程存储过程调用（RPC）的状态；④存储过程的开始或结束，以及存储过程中的每一条语句；⑤写入 SQL Server 错误日志的错误；⑥打开的游标；⑦向数据库对象添加锁或释放锁。

SQL Server Profiler 可以帮助数据库管理员跟踪 SQL Server 数据库所执行的特定事件，监视数据库的行为；并将这些有价值的信息保存到文件或表中，以便以后用来分析解决数据库出现的问题，对数据库引擎性能进行优化。

（一）预定义模板

SQL Server Profiler 提供了预定义的跟踪模板，使用户可以轻松配置特定跟踪可能最需要的事件类。例如，Standard 模板可帮助用户创建通用跟踪，用于记录登录、注销、已完成的批处理和连接信息。用户可以使用此模板来运行跟踪而无须修改，也可以基于该模板创建具有不同事件配置的其他模板。

除了通过预定义模板进行跟踪以外，SQL Server Profiler 还允许用户从空

模板（默认情况下不包含任何事件类）创建跟踪。当计划的跟踪与任何预定义模板的配置都不相符时，使用空跟踪模板会十分有用。

（二）创建跟踪

在 SQL Server 中可以使用 SQL Server Profiler 创建跟踪，也可以使用跟踪创建向导或扩展存储过程。在这里我们将介绍如何使用 SQL Server Profiler 来创建跟踪：

①单击 [开始] | [程序] | [Microsoft SQL Server 2008] | [性能工具] | [SQL Server Profiler]，打开 SQL Server Profiler 窗口；

②在 SQL Server Profiler 窗口中单击 [文件] 菜单，从快捷菜单中单击 [新建跟踪] 按钮，在 [连接到数据库] 窗口中，单击 [连接] 按钮，弹出 [跟踪属性] 窗口；

③在 [跟踪属性] | [常规] 选项卡中，新建一个名称为 Profiler_1 的跟踪，跟踪模板使用 Standard，并设置保存跟踪文件的路径；

④在 [跟踪属性] | [常规] 选项卡中，单击 [保存到表] 选项前的单选按钮后，弹出 [连接到服务器] 窗口，再单击 [连接]，弹出 [目标表] 窗口；

⑤在 [目标表] 窗口中选择数据库“Teach_info_DB”，所有者为 dbo，并且选择“Teach_info_DB”中的“学生”表，然后单击 [确定]，返回 [跟踪属性] 窗口中；

⑥在 [跟踪属性] | [事件选择] 选项卡中，用户根据需要设置跟踪的事件或事件列；

⑦最后单击 [运行] 按钮完成 SQL Server Profiler 的跟踪创建。

（三）查看与分析跟踪

使用 SQL Server Profiler 可以查看跟踪中的事件数据，跟踪中的每一行代表一个事件，这些事件数据是由跟踪的属性决定的。可以把 SQL Server 数据拷贝到其他应用程序，如 SQL Server Query Analyzer 或 Index Tuning Wizard，然后利用它们进行数据分析，但通常我们使用 SQL Server Profiler 来进行跟踪分析。

利用 SQL Server Profiler 既可以打开扩展名为 .trc 的跟踪文件，也可以打开扩展名为 .log 的日志文件，以及一般的 SQL 脚本文件。因为跟踪信息通常保存在文件或表中，所以通过打开表或文件就可以查看、分析跟踪。

（四）数据库引擎优化顾问

数据库引擎优化顾问是一种工具，用于分析在一个或多个数据库中运行的工作负荷的性能效果。工作负荷是对要优化的数据库执行的一组 T-SQL 语句。分析数据库的工作负荷效果后，数据库引擎优化顾问会提供在 SQL Server 2008 数据库中添加、删除或修改物理设计结构的建议。这些物理设计结构包括聚集索引、非聚集索引、索引视图和分区。实现这些结构之后，数据库引擎优化顾问使查询处理器能够用最短的时间执行工作负荷任务。

第六节　数据库完整性管理

一、数据完整性

数据完整性是指数据库中存储数据的一致性和正确性，确保各个文件或表中的数据值的关系一致，确保数据库中的数据可以正确地更新。数据库设计的一项重要内容是确定如何加强数据的完整性。

1. 关系数据完整性

数据完整性包括实体完整性、域完整性、参照完整性和用户定义完整性 4 项内容。在关系数据库中，实体完整性和参照完整性由关系数据库管理系统自动维护，而实现用户定义完整性可以用两种方法，即声明数据完整性和过程数据完整性。声明数据完整性是通过在对象定义中定义的标准来实现数据完整性的，它包括使用各种约束、缺省的规则。过程数据完整性是通过在脚本语言中定义的完整性标准来实现的，当执行这些脚本时，就可以强制完整性的实现。过程数据完整性的方式包括使用触发器和存储过程等。

2.SQL Server 2005 中的数据完整性

（1）空值

数据表中的列可以接受空值，也可以拒绝空值。在数据库中，NULL 是一个特殊值，不同于空字符或 0。空字符是一个有效的字符，0 是一个有效的数字。NULL 只是表示此值未知这一概念。NULL 也不同于零长度字符串（空串）。如果列定义中包含 NOT NULL 子句，则不能为该列输入 NULL 值。如果列定义中仅包含 NULL 关键字，则接受 NULL 值。

（2）约束

通过约束可以定义 SQL Server 2005 Database Engine 自动强制实施数据完整性的方式。约束用于定义关于列中允许值的规则，是强制实施完整性的标准机制。使用约束优先于使用 DML 触发器、规则和默认值。

1）约束类型

SQL Server 2005 有下列约束类型。

NOT NULL 约束：非空约束，指定列不接受 NULL 值。

CHECK 约束：检查约束，通过限制输入列中的值来强制实施域完整性。CHECK 约束指定应用于列中输入的所有值的布尔（计算结果为 TRUE、FALSE 或未知）搜索条件。所有计算结果为 FALSE 的值均被拒绝。可以为每列指定多个 CHECK 约束。

UNIQUE 约束：唯一约束，强制实施列取值集合中值的唯一性。根据 UNIQUE 约束，表中的任何两行都不能有相同的列值。另外，主键也强制实施唯一性，但主键不允许 NULL 作为一个唯一值。

PRIMARY KEY 约束：主键约束，标识具有唯一标识表中行的值的列或列集。在一个表中，不能有两行具有相同的主键值。不能为主键中的任何列输入 NULL 值。每个表都应有一个主键。限定为主键值的列或列组合称为候选键。

FOREIGN KEY 约束：外键约束，标识并强制实施表之间的关系。如果一个外键值在其对应的参照表中没有一致的主键值，则不能向行中插入该值（NULL 除外）。

2）列约束和表约束

约束可以是列约束，也可以是表约束。列约束被指定为列定义的一部分，并且只适用于该列。表约束的声明与列定义无关，可以应用于表中多个列。当一个约束中必须包含多个列时，应使用表约束。

（3）规则

规则用于执行一些与 CHECK 约束相同的功能。使用 CHECK 约束是限制列值的首选标准方法，比规则更简明。一个列只能应用一个规则，但可以应用多个 CHECK 约束。CHECK 约束被指定为 CREATE TABLE 语句的一部分，而规则是作为单独的对象被创建，然后被绑定到列上的。

（4）默认值

如果插入行时没有为列指定值，默认值则指定列中默认取值。默认值可以是计算结果为常量的任何值，如常量、内置函数或数学表达式。

若要使用默认值，可以通过在 CREATE TABLE 中使用 DEFAULT 关键字来创建默认值定义。这将为每一列分配一个常量表达式作为默认值。默认值也可以作为单独的对象被创建，然后被绑定到列上。

二、约束

约束是通过限制字段中数据、记录中数据和表之间的数据来保证数据的完整性。约束独立于表结构。创建约束有两种方法：一是创建表时在 CREATE TABLE 命令中声明；二是在不改变表结构的基础上，通过修改表结构命令 ALTER TABLE 添加或删除。当表被删除时，表所带的所有约束定义也随之被删除。

1. 主键约束

在数据表中经常有一列或多列的组合，其值能唯一地标识表中的每一行。这样的一列或多列称为表的主键。通过它可强制表的实体完整性，以确保数据表中数据的唯一性。当创建或更改表时，可通过定义 PRIMARY KEY 约束来创建主键。

对于主键约束，需满足以下规则；

①一个表只能包含一个 PRIMARY KEY 约束；

②由 PRIMARY KEY 约束生成的索引不会使表中的非聚集索引超过 249 个，聚集索引超过 1 个；

③如果没有为 PRIMARY KEY 约束指定 CLUSTERED 或 NONCLUSTERED，并且没有为 UNIQUE 约束指定聚集索引，则将对该 PRIMARY KEY 约束使用 CLUSTERED；

④在 PRIMARY KEY 约束中定义的所有列都必须定义为 NULL。如果没有指定为空性，则加入 PRIMARY KEY 约束的所有列都将被设置为 NOT NULL。

（1）创建表时声明主键约束

如果表的主键由单列组成，则该主键约束可以定义为该列的列约束；如果主键由两个以上的列组成，则该主键约束必须定义为表约束。

定义列级主键约束其语法格式如下：

```
[CONSTRAINT constraint_name]
PRIMARY KEY[CLUSTERED | NONCLUSTERED]
```

各选项含义如下。

CONSTRAINT：可选关键字，表示 PRIMARY KEY、NOT NULL、UNIQUE、FOREIGN KEY 或 CHECK 约束定义的开始。

constraint_name：约束的名称。约束名称必须在表所属的架构中唯一。

PRIMARY KEY：通过唯一索引对给定的一列或多列强制实体完整性的约束。每个表只能创建一个 PRIMARY KEY 约束。

CLUSTERED I NONCLUSTERED：指示为 PRIMARY KEY 约束创建聚集索引还是非聚集索引。PRIMARY KEY 约束默认为 CLUSTERED。

在 CREATE TABLE 语句中，可只为一个约束指定 CLUSTERED。

定义表级主键约束语法格式如下：

```
[CONSTRAINT constraint_name]
PRIMARY KEY[CLUSTERED | NONCLUSTERED]
（column_name[，...，n]）
```

其中，column_name[，...，n] 指定组成主键的列名，n 最大值为 16。

（2）修改表时创建主键约束

修改表时创建主键约束语法格式如下：

```
ALTER TABLE table_name
ADD CONSTRAINT constraint_name
PRIMARY KEY[CLUSTERED | NONCLUSTERED]（column_name[，…，n]）
```

例如：假设在 teaching 数据库中的 s_c 表中没有设置主键约束，以下示例通过 ALTER TABLE 命令添加主键约束。

```
USE teaching GO
ALTER TABLE s_c
ADD CONSTRAINT PK_sc PRIMARY KEY（SNO，CNO）
GO
```

通过 ALTER TABLE 命令也可以删除不使用的主键约束，命令格式如下：

```
ALTER TABLE table_name DROP CONSTRAINT constraint_name
```

2. 外键约束

外键用于建立和加强两个表数据之间的链接的一列或多列。通过将用于保存表中主键值的一列或多列添加到另一个表中，可创建两个表之间的链接。这个列就成为第二个表的外键。

当创建或更改表时，可以通过定义 FOREIGN KEY 约束来创建外键。

对于外键约束，需要满足以下规则。

①如果在 FOREIGN KEY 约束的列中输入非 NULL 值，则此值必须在被引用列中存在；否则，将返回违反外键约束的错误信息。

②FOREIGN KEY 约束仅能引用位于同一服务器上的同一数据库中的表。跨数据库的参照完整性必须通过触发器实现。

③ FOREIGN KEY 约束可引用同一表中的其他列，此行为称为自引用。

④列级 FOREIGN KEY 约束的 REFERENCES 子句只能列出一个引用列。

此列的数据类型必须与定义约束的列的数据类型相同。

⑤表级FOREIGN KEY约束的REFERENCES子句中引用列的数目必须与约束列列表中的列数相同。每个引用列的数据类型也必须与列表中相应列的数据类型相同。

⑥ FOREIGN KEY 约束只能引用所参照的表的 PRIMARY KEY 或 UNIQUE 约束中的列或所引用的表上 UNIQUE INDEX 中的列。

（1）创建表时声明外键约束

创建表时声明外键约束语法格式如下：

[CONSTRAINT constraint_name]

FOREIGN KEY

REFERENCES[schema_name.]referenced_table_name[(ref_column)[, ..., n]]

[ON DELETE { NO ACTION | CASCADE | SET NULL | SET DEFAULT}]

[ON UPDATE{NO ACTION | CASCADE | SET NULL | SET DEFAULT}]

各选项含义如下。

FOREIGN KEY REFERENCES：为列中的数据提供参照完整性的约束。FOREIGN KEY 约束要求列中的每个值在所引参照的表中对应的被引用列中都存在。

[schema_name.]referenced_table_name: TOREIGN KEY 约束参照的表的名称，以及该表所属架构的名称。

（ref_column[，...，n]）：FOREIGN KEY 约束所引用的表中的一列或多列。

ON DELETE{NO ACTION | CASCADE | SET NULL | SET DEFAULT}：指定如果已创建表中的行具有引用关系，并且被引用行已从父表中删除，则对这些行采取的操作。默认值为 NO ACTION。

NO ACTION：数据库引擎将引发错误，并回滚对父表中相应行的删除操作。

CASCADE：如果从父表中删除一行，则将从引用表中删除相应行。

SET NULL：如果父表中对应的行被删除，则组成外键的所有值都将设置为 NULL。若要执行此约束，外键列必须可为空值。

SET DEFAULT：如果父表中对应的行被删除，则组成外键的所有值都将设置为默认值。若要执行此约束，所有外键列都必须有默认定义。如果某列为空值，并且未设置显式的默认值，则将使用 NULL 作为该列的隐式默认值。

ON UPDATE{NO ACTION | CASCADE | SET NULL | SET DEFAULT}：指定在发生更改的表中，如果行有引用关系且引用的行在父表中被更新，则对这些行采取什么操作。默认值为 NO ACTION。

外键约束不仅可以与一张表上的主键约束建立联系，也可以与另一张表上的 UNIQUE 约束建立联系。当一行新的数据被加入表格中或表格中已经存在的外键上的数据被修改时，新的数据必须存在于另一张表的主键上，或者为 NULL。

外键约束允许存在为 NULL 的值。如果在受外键约束的列上存在为 NULL 的数据，则针对该列的外键约束检查（检查另一张表的主键中是否存在对应的数据）被忽略。

外键约束不只对输入自身表格的数据进行限制，同时也限制对主键所在表的数据进行修改。当主键所在表的数据被另一张表的外键所引用时，用户将无法对主键里的数据进行修改或删除，除非事先删除或修改引用的数据。

当将外键约束添加到一个已经存在数据的列上时，在默认情况下，SQL Server 会自动检查表中已经存在的数据，以确保所有的数据都与主键保持一致，或者为 NULL。但是，用户也可以根据实际情况设置 SQL Server 不对现存数据进行外键约束的检查。

（2）修改表时创建外键约束

修改表时创建外键约束语法格式如下：

```
ALTER TABLE table_name
ADD
CONSTRAINT constraint_name
FOREIGN KEY（column[，…，n]）
REFERENCES ref_table（ref_column[，…，n]）
```

假设在 teaching 数据库中的 s_c 表中没有设置外键约束，以下示例通过 ALTER TABLE 命令添加外键约束。

```
USE teaching
GO
ALTER TABLE s_c
ADD CONSTRAINT FK_sc_sno
FOREIGN KEY（SNO）REFERENCES student（SNO）
GO
```

```
ALTER TABLE s_c
ADD CONSTRAINT FK_sc_cno
FOREIGN KEY（CNO）REFERENCES course（CNO）
GO
```

通过 ALTER TABLE 命令也可以删除不使用的外键约束，命令格式如下：

ALTER TABLE table_name DROP CONSTRAINT constraint_name[，…，n]

3.UNIQUE（唯一）约束

对于数据表中非主键列的指定列，唯一约束确保不会输入重复的值。每个 UNIQUE 约束建立一个唯一索引。每个表中只能有一个主键，但是可以有多个 UNIQUE 列。唯一约束指定的列可以有 NULL 值。表中的主键也强制执行唯一性，但主键不允许为 NULL，主键约束强度大于唯一约束。

唯一约束需满足以下规则：

如果没有为 UNIQUE 约束指定 CLUSTERED 或 NONCLUSTERED，则默认使用 NONCLUSTERED；

每个 UNIQUE 约束都生成一个索引，UNIQUE 约束的数目不会使表中的非聚集索引超过 249 个，聚集索引超过 1 个。

（1）创建表时声明唯一约束

如果表的唯一约束由单列组成，则该唯一约束可以定义为该列的列约束。如果唯一约束由两个以上的列组成，则该唯一约束必须定义为表约束。

1）定义列级主键约束

定义列级主键约束的语法格式如下：

[CONSTRAINT constraint_name]

UNIQUE[CLUSTERED | NONCLUSTERED]

各选项含义如下。

UNIQUE：唯一约束，该约束通过唯一索引为一个或多个指定列提供实体完整性。一个表可以有多个 UNIQUE 约束。

CLUSTERED | NONCLUSTERED：指示为 UNIQUE 约束创建聚集索引还是非聚集索引。UNIQUE 约束默认为 NONCLUSTERED。在 CREATE TABLE 语句中，可只为一个约束指定 CLUSTERED。如果在为 UNIQUE 约束指定 CLUSTERED 的同时又指定了 PRIMARY KEY 约束，则 PRIMARY KEY 将默认为 NONCLUSTERED。

2）定义表级唯一约束

定义表级唯一约束的语法格式如下：

```
[CONSTRAINT constraint_name]
UNIQUE[CLUSTERED | NONCLUSTERED]
（column_name[，...，n]）
```

（2）修改表时创建唯一约束

修改表时创建唯一约束语法格式如下：

```
ALTER TABLE table_name
ADD
CONSTRAINT constraint_name
UNIQUE（column[，…，n]）
```

将 teaching 数据库中的 student 表中的姓名列设置为唯一约束。

```
USE teaching
GO
ALTER TABLE student
ADD
CONSTRAINT UQ_student
UNIQUE（SNAME）
```

通过 ALTER TABLE 命令也可以删除不使用的唯一约束，命令格式如下。

```
ALTER TABLE table_name DROP CONSTRAINT constraint_name[，…，n]
```

4. 检查约束

检查（CHECK）约束通过检查输入表列的数据的值来维护值域的完整性，它可用来指定某列可取值的清单或可取值的集合，也可指定某列可取值的范围。检查约束通过对一个逻辑表达式的结果进行判断来对数据进行检查。

可以在一列上设置多个检查约束，也可以将一个检查约束应用于多列。当一列受多个检查约束控制时，所有的约束按照创建的顺序，依次进行数据有效性的检查。检查约束可分为列级检查约束和表级检查约束。

对于检查约束，需满足以下规则：

①列可以有任意多个 CHECK 约束，并且约束条件中可以包含用 AND 和 OR 组合起来的多个逻辑表达式，列上的多个 CHECK 约束按创建顺序进行验证；

②搜索条件必须取值为布尔表达式，并且不能引用其他表；

③列级 CHECK 约束只能引用被约束的列，表级 CHECK 约束只能引用同一表中的列；

④当执行 INSERT 和 DELETE 语句时，CHECK 约束和规则具有相同的数据验证功能；

⑤当列上存在规则和一个或多个 CHECK 约束时，将验证所有限制；

⑥不能在 text、ntext 或 image 列上定义 CHECK 约束。

（1）创建表时声明检查约束

创建表时声明检查约束语法格式如下：

```
[CONSTRAINT constraint_name]
CHECK（logical_expression）
```

各选项含义如下。

CHECK：检查约束。该约束通过限制可输入一列或多列中的可能值来强制实现域完整性。

logical_expression：返回 TRUE 或 FALSE 的逻辑表达式。别名数据类型不能作为表达式的一部分。

（2）修改表时创建检查约束

修改表时创建检查约束语法格式如下：

```
ALTER TABLE table_name
ADD
CONSTRAINT constraint_name
CHECK（logical_expression）
```

假设在 teaching 数据库中的 s_c 表中没有设置对成绩列的检查约束，以下示例通过 ALTER TABLE 命令添加检查约束。

```
USE teaching
GO
ALTER TABLE s_c
ADD
CONSTRAINT CK_sc CHECK（GRADE>=0 AND GRADE<=100）
GO
```

通过 ALTER TABLE 命令也可以删除不使用的检查约束，命令格式如下：

```
ALTER TABLE table_name DROP CONSTRAINT constraint_name[，…，n]
```

5. 默认约束

DEFAULT（默认）约束能够定义一个值，每当用户没有在某一列中输入值时，则将所定义的值提供给这一列。

默认约束需满足以下规则：

一个表中只能有一列定义有默认约束；

不能在数据类型为timestamp的列或具有IDENTITY属性的列中定义默认约束。

（1）创建表时声明默认约束

创建表时创建声明默认约束的语法格式如下：

```
[CONSTRAINT constraint_name]
DEFAULT constant_expression
```

各选项含义如下。

DEFAULT：如果在插入过程中未显式提供值，则指定为列提供的值。如果为用户定义类型列指定了默认值，则该类型应当支持从constant_expression到用户定义类型的隐式转换。删除表时，将删除DEFAULT定义。只有常量值（例如字符串）、标量函数（系统函数、用户定义函数或CLR函数）或NULL可用作默认值。

constant_expression：用作列的默认值的常量、NULL或系统函数。

假设为teaching数据库中的student表中的年龄列设置默认约束。

```
USE teaching
GO
CREATE TABLE student
（ SNO CHAR（4）PRIMARY KEY，
SNAME NCHAR（IO）NOT NULL，
SEX CHAR (1),
AGE SMALLINT CONSTRAINT DF_age DEFAULT 18，
CHECK（SEX='F' OR SEX='M'），
CHECK（AGE BETWEEN 18 AND 25））
GO
```

（2）修改表时创建默认约束

修改表时创建默认约束语法格式如下：

```
ALTER TABLE table_name ADD
CONSTRAINT constraint_name
DEFAULT constant_expression FOR column_name
```

假设为teaching数据库中的s_c表中的成绩列设置默认约束。

```
USE teaching
GO
```

```
ALTER TABLE s_c
ADD
CONSTRAINT DF_grade DEFAULT 0 FOR GRADE
GO
```

通过 ALTER TABLE 命令也可以删除不使用的默认约束，命令格式如下：

ALTER TABLE table_name DROP CONSTRAINT constraint_name[，…，n]

三、规则

规则是一个数据库对象，当把它绑定到列或用户定义的数据类型时，它才能起作用。规则可以提供与 CHECK 约束相同的功能。

规则具有向后兼容的功能，它的执行与 CHECK 约束基本相同。CHECK 约束是用来限制列值的首选标准方法。规则与 CHECK 约束相比较，CHECK 约束比规则更简明。因为 CHECK 约束被创建之后可以直接使用，而规则在创建之后必须被绑定到指定的列上才能够使用。规则可以作为单独的数据库对象来使用。

1. 创建规则

可以使用 Transact-SQL 命令中的 CREATE RULE 语句在当前数据库中创建一个规则，语法格式如下：

CREATE RULE rule_name AS condition_expression

各选项含义如下。

rule_name：新规则的名称。规则名称必须符合标识符规则。根据需要，指定规则所有者名称。

condition_expression：定义规则的条件。规则可以是 WHERE 子句中任何有效的表达式，并且可以包含诸如算术运算符、关系运算符和谓词（如 IN、LIKE、BETWEEN）之类的元素。规则不能引用列或其他数据对象，可以包含不引用数据库对象的内置函数。

condition_expression 包含一个变量。每个局部变量的前面都有一个 @ 符号。该表达式引用通过 UPDATE 或 INSERT 语句输入的值。在创建规则时，可以使用任何名称或符号表示值，但第一个字符必须是 @ 符号。

假设在 teaching 数据库中创建一个规则 grade_rule，规则的条件是只能输入一个 0 ~ 100 之间的数字。

```
USE teaching
GO
```

```
CREATE RULE grade.rule
AS@Grade>=0 and@Grade<=100
GO
```

假设在 teaching 数据库中创建一个规则 sex_rule，规则的条件是只能输入 'M' 或 'F'。

```
USE teaching
GO
CREATE RULE sex_rule
AS@sex in（'M'，'F'）
GO
```

2. 查看规则

可以使用系统存储过程 sp_helptext 查看已经创建的规则，语法格式如下：

sp_helptext[@objname=]'object_name'

[@objname=]'object_name'：指定对象的名称。

查看已经创建的规则 grade_rule。

```
USE teaching
GO
EXEC sp_helptext grade_rule
GO
```

3. 绑定与解除规则

（1）绑定规则

创建好一个规则后，必须通过绑定才能使用规则，一般情况下，规则可以绑定在用户自定义数据类型或数据列中。绑定规则可以使用存储过程 sp_bindrule，语法格式如下：

Sp_bindrule[@rulename=]'rule'，[@objname=]'object_name'

各选项含义如下。

[@rulename=]'rule'：指定规则名称。

[@objname=]'object_name'：指定规则绑定的对象，可以是表的列或用户定义数据类型。如果对象是表的列，则 object_name 的格式是 table.column，否则认为是用户定义数据类型。

创建的规则 grade_rule 绑定到 teaching 数据库中的 s_c 表中的 GRADE 列上。

```
USE teaching
```

```
GO
EXEC sp_bindrule'grade_rule'，'s_c.GRADE'
GO
```

创建的规则 sex_rule 绑定到 teaching 数据库中的 student 表中的 SEX 列上。

```
USE teaching
GO
EXEC sp_bindrule'sex_rule'，'student.SEX'
GO
```

注意：规则对已经输入表中的数据不起作用。

（2）解除规则

系统存储过程 sp_unbindrule 用于当前数据库中为列或用户定义数据类型解除规则绑定，语法格式如下：

```
sp_unbindrule[@objname=]'object_name'
```

解除绑定在 teaching 数据库中的 s_c 表中 GRADE 列上的规则。

```
USE teaching
GO
EXEC sp_unbindrule's_c.GRADE'
GO
```

4. 删除规则

从数据库中删除一个规则值时，可以分为以下两种情况来处理。

如果这个规则尚未绑定到表或用户定义数据类型上，可以使用 DROP RULE 语句来删除。

如果已经将这个规则绑定到表或用户定义数据类型上，必须首先使用系统存储过程 sp_unbindrule 来解除该规则在表列或用户定义数据类型上的绑定，然后使用 DROP RULE 语句删除该规则。

可以使用 T-SQL 命令的 DROP RULE 语句从数据库删除一个或多个规则，其语法格式如下：

```
DROP RULE rule_name[，…，n]
```

删除 teaching 数据库中的规则 grade_rule。

```
USE teaching
GO
DROP RULE grade_rule
GO
```

四、默认值

默认值就是当用户未指定时由 SQL Server 自动指派的数据值，它可以是常量、内置函数或表达式。使用默认值有两种方式：一种方式是在 CREATE TABLE 语句中对列定义一个 DEFAULT 约束；另一种方式是使用 CREATE DEFAULT 语句在数据库中创建一个默认值对象，然后使用 sp_binddefault 系统存储过程将该对象绑定到表列上。

1. 创建默认值

默认值是一种数据库对象。在数据库中创建一个默认值，并把该默认值绑定到表列或用户定义的数据类型时，如果用户在插入行时没有明确地提供数据值，便自动使用默认值，并将其插入所绑定的列中，在用户定义数据类型的情况下，则是插入使用这个自定义数据的所有列中。

创建默认值对象可以使用 T-SQL 命令的 CREATE DEFAULT 语句来完成，语法格式如下：

```
CREATE DEFAULT default_name AS constant_expression
```

constant_expression 可以是常量表达式、任何常量、内置函数或数学表达式，但不能包含任何列或其他数据库对象的名称。

在 teaching 数据库中创建一个名为 grade_default 的默认值，并以 0 作为其值。

```
USE teaching
GO
CREATE DEFAULT grade_default AS 0
GO
```

可以使用系统存储过程 sp_helptext 查看默认值定义，语法格式如下：

```
sp_helptext[@objname=]'name'
```

name 为用户定义的对象名称。仅当指定限定对象时，才需要引号。对象必须在当前数据库中。

查看已经创建的默认值 grade_default。

```
USE teaching
GO
EXEC sp_helptext grade_default
GO
```

2. 绑定与解除默认值

（1）绑定默认值

在数据库中创建一个默认值后，还必须把该默认值绑定到列或用户定义的数据类型上才能让它发挥作用。可以用系统存储过程 sp_binddefault 来完成。

sp_binddefault 将默认值绑定到列或用户定义的数据类型时，其语法格式如下：

sp_bindefault[@defname=]'default'，[@objname=]'object_name'

创建的默认值 grade_default 绑定到 teaching 数据库中的 s_c 表中的 GRADE 列上。

```
USE teaching
GO
EXEC sp_bindefault'grade_default'，'s_c.GRADE'
GO
```

（2）解除默认值

系统存储过程 sp_unbindefault 用于当前数据库中为列或用户定义的数据类型解除默认值绑定，语法格式如下：

sp_unbindefault[@objname=]'object_name'

解除绑定在 teaching 数据库中的 s_c 表中 GRADE 列上的默认值。

```
USE teaching
GO
EXEC sp_unbindefault's_c.GRADE'
GO
```

3. 删除默认值

从数据库中删除一个默认值时，可以分为以下两种情况来处理。

如果这个默认值尚未绑定到表或用户定义的数据类型上，可以使用 DROP DEFAULT 语句来删除。

如果已经将这个默认值绑定到表或用户定义的数据类型上，必须首先使用系统存储过程 sp_unbindefault 来解除该默认值在表列或用户定义的数据类型上的绑定，然后使用 DROP DEFAULT 语句删除该默认值。

DROP DEFAULT 语句用于从数据库删除一个或多个默认值，其语法格式如下：

DROP DEFAULT default_name[，…，n]

删除 teaching 数据库中的默认值 grade_default。

```
USE teaching
GO
DROP DEFAULT grade_default
GO
```

第七节　数据库管理应用实例

一般完成了数据库的逻辑设计之后，就要进行数据库的物理设计。在 SQL Server 2005 中，数据库的物理设计就是指为每一个数据库创建并实现其所包含的数据库对象的过程，通常这些数据库对象包括表、视图、存储过程、用户、角色、规则、缺省、用户自定义数据类型、用户自定义函数和全文目录等。SQL Server 2008 将利用和组织这些数据库对象，来发挥数据库存储及处理数据的能力。

一、校园信息管理系统

校园信息管理系统根据实现功能的不同，采用模块化的方式来建设该系统，每个模块具有一个相对独立的功能。这样，既减少了各模块间的相互依赖性，增强了各模块的独立性，又降低了编码的复杂性，并考虑到系统升级与维护的特点，因此把该系统分为七个模块进行详细设计。

（一）校园新闻管理模块

校园新闻管理模块负责校内、校外重大新闻的发布和管理。用户可以通过该模块浏览系统提供的各种新闻，而新闻系统管理员则可以通过该模块把校内、校外最新、最快的新闻及时发布到系统中，供用户阅览。结合系统要实现的功能对该模块做如下详细设计。

1. 模块结构

根据系统功能要求将新闻管理模块设计为新闻浏览和新闻信息管理两部分。普通用户浏览新闻，新闻管理员发布新闻和对新闻信息进行管理。

2. 模块功能

（1）新闻列表

按新闻类别和新闻发布时间显示新闻标题，最新发布的则显示在最前列。

（2）新闻浏览

通过新闻标题，浏览感兴趣的新闻。

（3）新闻信息管理

新闻管理员登录新闻管理界面添加、修改、删除新闻。

（4）新闻详细显示

选中新闻标题，则显示该标题的详细新闻内容。

（二）学生管理模块

学生管理模块负责对在校学生进行管理。学生可以登录系统浏览自己的公开信息，该模块提供按学号、姓名、班级进行查询的功能。管理员则对学生信息进行维护和对班级信息进行管理操作。

1. 模块结构

根据系统功能要求将学生管理模块设计为查询和管理两个部分。学生可以查询学生信息，管理员管理学生信息和班级信息。

2. 模块功能

（1）查询学生信息

可通过学号、姓名、班级等关键字查询并浏览学生的详细信息。

（2）学生信息管理

对学校的学生信息进行维护，包括添加、删除、修改等。

（3）班级信息管理

对学校的班级信息进行维护，包括添加、删除、修改等。

（三）成绩在线查询模块

成绩在线查询模块提供考生在线查询成绩的功能。考生只需输入准考证号和姓名，若正确则查询出当前考生的各科成绩和总成绩。

1. 模块结构

按照在线查询流程先输入查询条件，再进行查询，最后显示结果。

2. 模块功能

成绩查询页面显示查询的条件：准考证号、姓名。单击查询按钮，系统进行查询，若有符合条件的记录，则显示该考生的准考证号、姓名、各科成绩。

（四）学生日常考勤及在校表现情况管理模块

学生日常考勤及在校表现情况管理模块主要为家长和学生提供一周内的考勤及一周内的在校表现，便于家长掌握学生在校情况，实现了班主任和家长及时有效的信息交流。班主任将一周内班级内每位同学的表现情况及每周班级日志发布到网上，实现了师生之间的良好互动。为实现该功能，对该模块做如下详细设计。

1. 模块结构

根据系统功能要求将学生日常考勤及在校表现情况管理模块设计为学生、家长用户查询和班主任管理学生日常考评情况两个部分。学生、家长用户查询该班每周的详细日志，班主任将每周的日志上传到网上。

2. 模块功能

（1）登录功能

根据登录用户类型不同，学生用户进入查询界面，教师用户进入管理界面。

（2）查询功能

选择“班级”“学期”“周次”等查询关键字信息，返回查询结果。

（3）学生考评管理

班主任对学生考评表进行维护、更新。

（五）讨论园地模块

讨论园地模块是为学校和家长之间交流提供的一个公共平台，家长和学生注册为该系统用户后，就可在此模块中留言。班主任登录后可对留言进行回复和管理。

1. 模块结构

根据系统功能要求将家长、学校联络模块的结构设计为家长留言和学校回复两个部分。

2. 模块功能

（1）注册功能

用户填写相应资料，进行注册。

（2）留言、回复功能

实现留言、回复留言、查看留言、查看留言者信息等功能。

（六）网上评优投票模块

网上评优投票模块实现的功能比较简单，包括投票项目的管理、对项目进行投票、查看项目的投票情况。而数据库只需要存储投票的信息即可。

1. 模块结构

根据系统的功能要求将该模块设计为在线投票、显示投票结果、候选项管理三部分。用户类型为一般用户和管理用户。

2. 模块功能

（1）投票功能

显示候选人供用户选择，用户将票投给认可的候选人。

（2）显示投票结果功能

显示目前候选人的得票情况。

（3）候选项管理功能

管理候选项，提供不同的投票项目列表。

（七）专业技能展示模块

专业技能展示模块将学生的文字、图画、音频、视频等作品上传到网络，为学生提供一个技能展示的平台，促进学生之间的交流，提升学生的技能水平，同时也能让家长通过学生上传的作品，了解学生在校的学习情况。

1. 模块结构

该模块要求上传作品，然后才可点播相关作品，但因为视频、图像作品文件比较大，为保证系统性能稳定和保证网速，在上传、下载和点播中均需是注册用户才拥有权限。

2. 模块功能

用户使用专业技能展示模块，需先登录，若是合法用户，进入视频点播页面，选择视频点播。若要上传或下载文件，则点击上传下载按钮，则进入上传或下载页面，从而选择上传或下载文件作品。

二、智能小区物业管理数据库设计

（一）智能小区物业管理系统的需求分析

随着房地产业的发展、人们生活水平的提高，现代智能化小区不断出现，物业管理所要处理的业务量、数据量也越来越大，一个物业管理公司常常要同时对几个小区进行物业管理，广阔的市场需求对物业管理公司管理水平的要求越来越高，先进的、现代化的管理是物业管理公司在未来市场竞争中制胜的关键。智能小区物业管理系统由计算机或计算机局域网组成，其核心是管理信息软件系统。通过软件的设计，广义的物业管理可以覆盖物业管理公司的整个办公自动化系统，它除了包括传统的资料维护、财产管理、入住装修和维修管理、人事管理、财务管理等功能外，还包括智能化系统管理和社区 Web 平台的管理。

（二）智能小区物业管理系统的功能分析

智能小区物业管理的总体需求包括：对小区的设备运行状态进行实时监控，获得小区监控系统的数据，以保证各种设备正常运转；对各个小区住户自动进行抄表并定期根据抄表系统获得的数据进行费用结算；对各个小区进行综合业务管理，包括对小区住户的物业财产、房产等进行管理。根据目前智能小区的物业管理业务的发展状况以及今后智能小区的发展趋势，物业管理系统应包括以下具体功能。

1. 设备管理

设备管理包括对各类设备和设施的基本信息，各类设备和设施的日常运营、保养、维修与更新的管理。将建筑及楼宇内的电梯设备运行监控、给排水设备运行监控、空调设备运行监控，以及建筑及社区内集中的冷热源设备运行监控集成在统一的网络化集成设施管理平台上，通过智能小区内物业管理系统实施对机电设备的运行状态与故障报警进行监视、确认，以及对设备运行状态和故障报警信息的记录与查询。该模块主要功能如下。

对设备的运行、报警信息的登记、确认；

设备信息查询、报警信息查询、设备运行信息统计等。

2. 文档管理

文档管理主要对物业管理公司的文档进行分类管理，如上传、下载、查看等。

3. 保安消防管理

保安巡查管理包括记录保安巡查排班，在巡查过程中所发生的事件及处理结果。保安巡查管理应登记重大违章事件，并记录违章的处理情况。保安消防器材的管理包括：

对保安配备的器械进行登记，以便于查询；

对管理区内消防器材配备、消防事故情况等进行登记管理。

4. 房产管理

房产管理主要从楼宇管理与房屋管理两方面对小区中的所有房产进行管理。楼宇管理模块包括楼宇信息的录入、楼宇信息的查询、楼宇信息的修改和楼宇信息的删除。房屋管理模块包括房屋基本信息的录入、房屋信息的查询、房屋信息的修改、房屋信息的删除等。

5. 物业收费管理

物业收费管理主要是对物业公司向住户收取各种费用的活动进行管理的功能模块。该功能模块可对到期未交的客户打印通知单、手机短信群发通知其交费，并可对费用进行调整、查询、统计等，满足物业公司对客户的多样费用征收的管理。

三、配置自动化管理任务

（一）自动化管理任务概述

所谓自动化管理任务是指系统可以根据预先的设置自动地完成某些任务和操作。为了帮助数据库管理员更好地管理数据库，节省管理时间，SQL Server 2008 提供了 SQL Server 代理服务。利用这个服务工具，SQL Server 2008 可以自动完成某些管理任务。在使用 SQL Server 代理服务之前，先要配置 SQL Server 代理服务。SQL Server 代理服务是一个任务规划器和警报管理器，在实际应用的环境下用户可以将那些周期性的活动，定义成一个任务，而让其在 SQL Server 代理服务的帮助下自动运行。假如用户是一名系统管理员，则可以利用 SQL Server 代理服务向其他用户发出一些警告信息来定位出现的问题，从而提高管理效率。SQL Server 代理服务主要包括以下三个基本元素：操作员、作业和警报。

1. 操作员

操作员的职责是维护 SQL Server 2008 服务器的正常运行。当 SQL Server 2008 的运行出现异常时，应该及时通知操作员采取相应的维护措施。在拥有多个服务器的企业中，操作员职责可以由多人分担。操作员既不包含安全信息，也不会定义安全主体。

SQL Server 2008 可以通过下列一种或多种方式通知操作员有警报出现：

①电子邮件；

②寻呼程序（通过电子邮件）；

③ net send。

2. 作业

作业就是在 SQL Server 2008 中定义要被执行的管理任务，通过作业可以监督管理任务的执行情况。使用作业可以定义一个能执行一次或多次的管理任务，并能监视执行结果是成功还是失败。作业可以在一个本地服务器上运行，也可以在多个远程服务器上运行。可以通过以下几种方式来运行作业：

①根据一个或多个计划；

②响应一个或多个警报；

③通过执行 sp_start_Job 存储过程。

3. 警报

当某些 SQL Server 事件发生时可以通过警报使数据库服务器作出响应。“警报”是对特定事件的自动响应，可以定义警报产生的条件。

警报可以响应以下条件：

① SQL Server 事件；

② SQL Server 性能条件；

③ WMI 事件。

警报可以执行以下操作：

①通知一个或多个操作员；

②运行作业。

4. 启动 SQL Server 代理服务

依次单击 [程序] | [Microsoft SQL Server 2008] | [配置管理工具] | [SQL Server 配置管理器], 在 [SQL Server 服务] 的右侧窗口中选择 [SQL Server 代理]，右击弹出快捷菜单，选择 [启动]，即可启动 SQL Server 代理服务。

（二）作业管理

如果数据库管理员要让 SQL Server 代理服务自动处理某一个任务，需要首先创建对应的作业。一个作业是由一个或多个作业步骤组成的。作业步骤可以是执行程序、操作系统命令、SQL 语句及 ActiveX 脚本等。作业既可以在本地服务器上执行，也可以在行程服务器上执行，还可以根据需要设置作业执行的时间。

1. 创建作业

在 SQL Server Management Studio 的 [对象资源管理器] 中，选择 [SQL Server 代理]。

单击鼠标右键，在弹出的快捷菜单中选择 [新建] | [作业]。打开 [新建作业] 对话框，单击 [常规] 选项卡，在 [名称] 的文本框中指定作业名称，这里输入“作业一备份 test 数据库”，在 [说明] 的文本框中输入“此作业完成的任务是每隔一定的时间自动备份 test 数据库中的数据”。

单击 [步骤] 选项卡，单击 [新建] 按键，打开 [新建作业步骤] 对话框。在 [步骤名称] 的文本框中输入“打开数据库”，[数据库] 选择“test”，在 [命令] 文本框中输入“USE test”和“Go”两条语句，点击 [确定] 按钮，返回 [新建作业] 对话框。

参考上个步骤再建一个步骤，步骤名为“备份 test 数据库”，[数据库] 选择“test”，在 [命令] 的文本框中输入“BACKUP DATABASE test TO 备份设备—test”命令。单击 [确定] 按钮，返回 [新建作业] 对话框，在这里可以看到新建的两个步骤，通过 [移动步骤] 按钮可以调整步骤的顺序，在 [新建作业] 对话框中可以对作业步骤执行 [新建]、[插入]、[编辑] 和 [删除] 操作。

2. 作业计划

为了使作业能够自动执行，应该安排好作业自动执行的时间表，即作业计划。打开 [SQL Server 代理] 中的 [作业]，其中列出已创建的所有作业。双击某个作业计划打开 [作业属性] 对话框，单击 [计划] 选项卡中的 [新建] 按钮，打开 [新建作业计划] 对话框。将作业计划命名为“每天备份数据库”，在 [频率] 选项中设置执行为“每天”；时间间隔为“1 天”，在 [每天频率] 中设置执行的时间为“23：00：00”。

单击 [确定] 按钮，返回 [作业属性—作业—备份 test 数据库] 对话框，单击 [确定] 按钮，设置完毕。

3. 警报管理

SQL Server 2008 允许创建警报以显示系统可能遇到的各种错误，包括 SQL Server 错误、用户定义错误或对系统的性能条件等作出必要的响应。警报是联系写入 Windows 事件日志中的 Microsoft SQL Server 错误消息和执行作业或发送通知的桥梁。

在 Microsoft SQL Server 系统中可能出现的错误都有编号，简称错误代号。错误代号小于或等于 50000 的错误或消息是系统提供的错误使用的代号，用户定义的错误代号必须大于 50000。错误等级也是错误是否触发警报的一种条件。Microsoft SQL Server 系统提供了 25 个等级的错误。在这些错误等级中，19 ~ 25 等级的错误自动写入 Windows 的应用程序日志中，这些错误是致命错误。以上的各种错误警报的具体含义，读者可以通过执行查询语句“select*from sysmessages”进行查看。

警报与作业的不同之处在于，作业是由 SQL Server 代理服务来掌控的，在什么时间做什么事情都是我们预订好的，我们能意识到将要处理的事情是什么样的结果。但是警报不同，警报是在出现意外的情况下才考虑应该怎么去做的。

SQL Server 2008 定义警报的方式主要有三种。

（1）根据 SQL Server 错误定义警报

若要创建 SQL Server 错误时候发出的警报，可以通过指定一个错误编号（如 9002：数据库的事务日志已满）或特定的严重程度来定义警报。

（2）根据 SQL Server 性能条件定义警报

除了使用警报响应 SQL Server 错误以外，还可以使用警报响应 SQL Server 的性能条件（如“Windows 系统监视器”上查看到的性能条件）。当超过某个触发条件时候，警报将被触发。

（3）根据 WMI 事件定义警报

WMI 是一项核心的 Windows 管理技术，WMI 作为一种规范和基础结构，通过它可以访问、配置、管理和监视几乎所有的 Windows 资源。

在作业执行时，如果出现错误，SQL Server 2008 会将错误消息存放在事务日志中。SQL Server 代理在读取日志时，会与在系统中定义的警报进行匹配，如果满足条件则会触发该警报。当警报被触发时，可以通过电子邮件或者寻呼通知操作员，以便及时解决出现的问题。

新建警报操作步骤如下：打开 [SQL Server 代理]，选择 [警报]，右击选择 [新建警报]，打开 [新建警报] 对话框，输入警报的 [名称] 为“警报 _ 没有此对象”，[类型] 为“SQL Server 事件警报”，[事件警报定义] 选项中的 [数据库名称] 选择“test”，[严重性] 选择“001- 杂项系统信息”，[消息正文] 中输入“错误：test 数据库中不存在此对象”，单击 [确定] 按钮，新建警报设置完毕。

4. 操作员管理

SQL Server 代理完成一个作业后，可以通知操作员作业的完成情况。当系统触发一个警报时，也可以通知操作员进行处理。通知操作员的方法有多种，系统可以通过命令把相应的消息写入事件日志中，还可以通过电子邮件、传呼机或网络发送命令把相应的消息传递给操作员。

（1）新建操作员

打开 [SQL Server 代理]，选择 [操作员]，右击选择 [新建操作员]，打开 [新建操作员] 对话框，在 [姓名] 栏中输入操作员的姓名“操作员 _ 警报接收人”，在 [电子邮件名称] 中输入操作员的电子邮件地址“teacher@21cn.com”，设置完成后单击 [确定] 按钮完成操作。

（2）使用操作员

在 [SQL Server 代理] 窗口中双击某个作业，打开 [作业属性] 对话框，单击 [通知] 选项卡，设置“只要作业完成”就发送一封电子邮件给“操作员 _ 警报接收人”，单击 [确定] 按钮完成操作。

四、数据库与程序开发工具

Web 技术和数据库技术相结合成为当前研究的热点，其关键就是 Web 数据库的访问技术。目前，基于 Web 的数据库访问技术主要有 ODBC、基于 ODBC 的 DAO 和 RDO、JDBC、OLE DB/ADO，它们都是在不同时期出现并被广泛使用的技术，很多技术现在仍很流行。随着微软 .NET 的推出，ASP.NET 为编写大量的 Web 应用程序带来了巨大的变革，NET Framework 的最新数据库访问技术——ADO.NET 随之产生，并成为目前最优秀的数据库访问技术。这些技术各有自己的优缺点和适用的场合，都被广泛采用来编写 Web 应用程序。

（一）基于 Web 的数据库访问技术 ODBC 和 JDBC

1.ODBC 技术

（1）ODBC 的简介

开放数据库结构（Open Data Base Connectivity）是由微软（Microsoft）公司于 1991 年提出的一个用于访问数据库的统一界面标准，是应用程序和数据库系统之间的中间件。它为异构数据库的访问提供了一个统一接口，它允许应用程序以 SQL 程序访问不同的 DBMS，从而使得应用程序能以透明的方式访问异构数据库系统。ODBC 技术通过使用相应应用平台上和所需数据库对应的驱动程序与应用程序的交互实现对数据库的操作，避免了在应用程序中直接调用与数据库相关的操作，从而提供了数据库的独立性。

（2）ODBC 的体系结构

ODBC 技术为应用程序提供了一套 CLI（Call-Level Interface，调用层接口）函数库和基于 DLL（Dynamic Link Library，动态链接库）的运行支持环境。使用ODBC开发数据库应用程序时，在应用程序中调用标准的ODBC函数和SQL语句，通过可加载的驱动程序将逻辑结构映射到具体的DBMS或者应用系统所使用的系统。换言之，连接其他数据库和存取这些数据库的低层操作由驱动程序驱动各个数据库完成。

ODBC按照其功能层次可划分为4个组件，其主要功能如下。

1）ODBC应用程序接口

ODBC应用程序接口（ODBC API）是ODBC运用数据通信、数据传输协议、DBMS等多种技术协同完成的标准接口。应用程序通过ODBC API与数据源进行数据交换。它包括请求与数据源建立联系，建立会话关系；向数据源发出SQL申请，定义数据缓冲区、数据格式；向用户报告结果，处理各种错误。其主要任务是管理安装的ODBC驱动程序和管理数据源。

2）驱动程序管理器

驱动程序管理器（Driver Manager）包含在DBC32.DLL中，对用户是透明的。其任务是管理多个驱动程序和多个应用程序，它具有一个带入口的函数库的DLL（动态链接库），可以链接到所有的ODBC应用程序中。驱动程序管理器为应用程序加载、调用和卸载ODBC驱动程序，是ODBC中最重要的部件。

3）ODBC驱动程序

ODBC驱动程序（DBMS Driver）它是一些DLL，提供了ODBC和数据库之间的接口。DB驱动程序负责处理ODBC函数，向数据源提交用户请求执行的SQL语句，并将SQL语句译成相应的DBMS规定的形式，并与任何访问数据源的软件交互。

4）数据源

数据源（Data Source）它是指用户所需要的数据库，包括与数据源相关的DBMS、系统平台和网络等。每个数据源都需要驱动程序提供的信息，包含了数据库的位置和数据库类型等信息。

（3）ODBC数据源管理

1）ODBC数据源管理简介

ODBC数据源管理器可以显示系统当前安装的SQL Server ODBC驱动程序的版本信息，添加、更改和删除SQL Server ODBC驱动程序的数据源。ODBC数据源管理器还可以为用户数据源、系统数据源和文件数据源创建选项卡。

用户数据源专门用于Microsoft Windows登录账户。用户数据源对任何其他的登录账户是不可见的。它们对计算机上作为服务运行的应用程序也不是始终可见的。系统数据源对客户端上的所有登录账户都是可见的。它们对计算机上作为服务运行的应用程序也是始终可见的。

选择了数据源类型后，ODBC 数据源管理器便会启动 SQL Server DSN 配置向导，指导操作者逐步添加 ODBC 数据源，选择所需的数据源选项，如包含相关表的数据库。

2）使用 ODBC 数据源管理器创建数据源

若要配置 Microsoft SQL Server ODBC 数据源，请使用 ODBC 数据源管理器，可以通过在 [控制面板] 中单击 [数据源（ODBC）] 来启动 [ODBC 数据源管理器]。

下面以在中文 Windows XP 中建立一个名为“student”的系统 DSN 为例，说明创建 ODBC 数据源的方法及步骤。

单击 [开始] | [设置] 菜单项，在弹出的菜单项中单击 [控制面板] 菜单项，在随后打开的 [控制面板] 窗口中，选择 [性能和维护] 类别，继续选择 [管理工具] 选项，打开 [管理工具] 窗口。

双击 [管理工具] 窗口中的 [数据源（ODBC）] 图标，打开 [ODBC 数据源管理器] 对话框。此对话框中有 7 个选项卡，前三个为要建立的 DSN 类别，后面的是一些设置和信息资源选项，默认打开的选项卡为 [系统 DSN]，如果要建立其他类别的 DSN 可单击其对应的选项卡，在 [系统 DSN] 中，左边列表中显示已定义的用户数据源名及其驱动程序。

单击 [ODBC 数据源管理器] 对话框右边的 [添加] 按钮，弹出 [创建新数据源] 对话框。

从 [创建新数据源] 对话框的列表中选择要安装的数据源驱动程序，选择 [SQLServer]，再单击 [完成] 按钮，出现 [创建到 SQL Server 的新数据源] 对话框。

在 [创建到 SQL Server 的新数据源] 对话框的 [名称] 文本框中输入数据源的名称“student”，这个名称是由建立者自己确定的，可以与其对应的数据库名字相同，也可以不同，但一般应有意义且好记；在 [描述] 文本框中输入对数据源的描述，也可以省略此项；在 [服务器] 栏中选择或输入数据库服务器的名字。完成后，单击 [完成] 按钮，出现 [SQLServer 应该如何验证登录 ID 的真伪？] 对话框。

在 [SQLServer 应该如何验证登录 ID 的真伪？] 对话框中选择验证登录 ID 的方式。一般有两种方式：一种方式为“使用网络登录 ID 的 Windows NT 验证（W）”，这种情况下，只要用户成功登录 Windows 操作系统，就可以使用此数据源，一般单机系统使用这种方式比较方便；另一种方式是通过输入用户 ID 和密码的方式，选择此种方式要求建立者输入用户登录 ID 和密码，一般建立网络系统使用此种方式验证登录。单击 [下一步] 按钮，打开 [选择数据库] 对话框。

在 [选择数据库] 话框中选择 [更改默认的数据库为] 复选框，从对应的下拉列表框中选择数据库的名字，选择“student”数据库，其余选择均取默认值，单击 [下一步] 按钮，弹出 [配置] 对话框。

在 [配置] 对话框中，选择系统的默认配置，单击 [完成] 按钮，弹出 [数据源配置信息] 对话框。

单击 [测试数据源] 按钮，如果测试成功，将弹出 [SQLServer ODBC 数据源测试] 对话框，单击 [确定] 按钮返回。

在 [ODBC 数据源管理器] 对话框中，单击 [确定] 按钮，完成创建数据源工作。

用户数据源和文件数据源的建立方法与系统数据源的建立方法基本相同，请参照上面介绍的方法建立。

2.JDBC 技术

（1）JDBC 的简介

由于采用 Java 访问数据库技术日益受到人们的重视，SUN 公司开发了 Java 数据库应用程序接口——JDBC。它是将 Java 与 SQL 结合且独立于特定的数据库系统的应用程序编程接口，是数据库前台开发工具的数据库接口。

（2）JDBC 的语言优势和设计目的

1）ODBC

微软的 ODBC 是用 C 语言编写的，而且只适用于 Windows 平台，无法实现跨平台操作数据库。

2）SQL 语言

SQL 尽管包含有数据定义、数据操作、数据管理等功能，但它并不是一个完整的编程语言，而且不支持流控制，需要与其他编程语言配合使用。

3）JDBC 的语言优势

Java 语言具有健壮性、安全、易使用并可自动下载到网络等方面的优点，因此如果采用 Java 语言来连接数据库，将能克服 ODBC 局限于某一系统平台的缺陷；将 SQL 语言与 Java 语言结合起来，可以实现连接不同数据库系统的目的，即使用 JDBC 可以很容易地把 SQL 语句传送到任何关系型数据库中。

4）JDBC 的设计目的

JDBC 它是一种规范，设计出它的最主要目的是让各个数据库开发商为 Java 程序员提供标准的数据库访问类和接口，使得独立于 DBMS 的 Java 应用程序的开发成为可能（数据库改变，驱动程序跟着改变，但应用程序不变）。

（3）JDBC 的体系结构

JDBC 的体系由 4 个组件构成：

①应用程序：用于发送或者接收数据；

②驱动程序管理器：处理数据源相应的驱动程序；

③数据库驱动程序：提供数据库和应用程序之间的接口；

④数据库：SQL 兼容数据库。

（4）JDBC 的主要功能

①创建与数据库的连接。

②发送 SQL。

③处理数据库的返回结果。

（5）JDBC 驱动程序的类型

目前比较常见的 JDBC 驱动程序可分为以下四种类型。

1）JDBC-ODBC 桥

JDBC-ODBC 桥是利用 ODBC 驱动程序提供 JDBC 访问的。这是最开始 JDBC 连接数据库的方式，它实际是把所有 JDBC 的调用传递给 ODBC，再由 ODBC 调用本地数据库驱动代码的。只要本机装有相关的 ODBC 驱动，那么采用 JDBC-ODBC 桥就可以访问所有的数据库。

JDBC-ODBC 方法对于客户端已经具备 ODBC Driver 的应用是可行的，但由于需要多层调用，这种方法的执行效率比较低，这对于大数据量存取的应用是不适合的。

注意：必须将 ODBC 二进制代码（许多情况下还包括数据库客户机代码）加载到使用该驱动程序的每个客户机上。因此，这种类型的驱动程序最适合于企业网（这种网络上客户机的安装不是主要问题），或者用 Java 编写的三层结构的应用程序服务器代码。

JDBC-ODBC 桥利用微软的开放数据库互连接口（ODBC API）同数据库服务器通信，客户端计算机首先应该安装并配置 ODBC Driver 和 JDBC-ODBC Bridge 两种驱动程序。

2）本地 API 驱动程序

本地 API 驱动程序把客户机 API 上的 JDBC 调用转换为 Oracle、Sybase、Informix、DB2 或其他 DBMS 的调用。

注意：同 JDBC-ODBC 桥驱动程序一样，这种类型的驱动程序要求将某些二进制代码加载到每台客户机上。

3）网络协议驱动程序

网络协议驱动程序将 JDBC 转换为与 DBMS 无关的网络协议，之后这种协议又被某个服务器转换为一种 DBMS 协议。这种网络中间件服务器能够将它的纯 Java 客户机连接到多种不同的数据库上；所用的具体协议取决于提供者。通常，这是最为灵活的 JDBC 驱动程序。

4）本地协议驱动程序

本地协议驱动程序是一种纯 Java 语言实现的本地协议，它允许从 Java 客户端调用数据库管理系统的服务器，也就是允许从客户机机器上直接调用 DBMS 服务器，这是内部网（Intranet）访问的一个很实用的解决方法。本地协议驱动程序完全由 Java 实现，因此实现了平台独立性。

（二）基于 ADO.NET 的数据库访问技术

1.ADO.NET 简介

ADO.NET 由 ActiveX Data Objects（ADO）改进而来，是一种先进的数据库访问技术，提供平台互用和可收缩的数据访问功能。ADO.NET 是英文 ActiveX Data Objects for the.NET Framework 的缩写，它是为 .NET 框架而创建的，它提供对 Microsoft SQL Server、Oracle 等数据源以及通过 OLEDB 和 MAX 公开的数据源的一致访问。应用程序可以使用 ADO.NET 来连接到这些数据源，并检索、操作和更新数据。

ADO.NET 使用可扩展标记语言（Extensible Markup Language，XML）作为数据传送的格式，任何可以读取 XML 格式的应用程序都可以对数据进行处理。

ADO.NET 有效地从数据库操作中将数据访问分解为多个可以单独使用或一前一后使用的不连续的组件。ADO.NET 包含用于连接到数据库、执行命令和检索结果的 .NET Framework 数据提供程序。ADO.NET 可以直接处理检索到的结果，或将其放入 ADO.NET 的 DataSet 对象，以便与来自多个数据源的数据或在层之间进行远程处理的数据组合在一起，以特殊方式向用户公开。ADO.NET 的 DataSet 对象可以独立于 .NET Framework 数据提供程序使用，以管理应用程序本地的数据或源自 XML 的数据。

2.ADO.NET 的主要对象

ADO.NET 是在 ADO 技术的基础上发展起来的，但又和 ADO 有很大区别。与 ADO 相比，ADO.NET 中对象的功能更为强大。这些对象可以分为两组：一组对象用来存放和管理数据（如 DataSet、DataTable、DataColumn、DataRow 和 DataRelation）；另外一组对象用来连接到某个特定数据源（如 Connections、Commands 和 DataReader）。

（1）DataSet 对象

DataSet 对象是 ADO.NET 的核心，是 ADO.NET 非连接模式下的主要对象。

DataSet 对象通常包含数据表（DataTable）对象、数据列（DataColumn）对象、数据行（DataRow）对象以及各种表之间的关系（DataRelation）对象等。所有这些信息都以 XML 的形式存在，可以处理、遍历、搜索任意或者全部的资源。

DataRow 对象包含了结果集里不同行的数据。DataColumn 对象则包含了结果集里不同列的数据字段。DataRelation 对象的集合，其中每一项都对应一个不同的 DataTable 对象之间的关系，这些关系实现了同一 DataSet 中表与表之间的导航。

DataSet 对象使用相同的方式来操作从不同数据来源取得的数据，不管底层的数据库是 SQL Server 还是 MySQL 或是其他数据库，DataSet 的行为都是一致的。存储在 DataSet 对象中的数据未与数据库连接。对数据库所做的任何更改都将只是缓存在每个 DataRow 之中。DataSet 中的信息改动后，必须求助于 DataDapter 把 DataSet“插入”数据库中，并把更新传递到数据源上。

DataSet 对象功能强大，主要可以执行以下操作：

对数据执行大量的处理，而不需要与数据源保持打开的连接，从而可以将该连接释放给其他客户端使用；

将应用程序的数据缓存到本地计算机上；

与数据进行动态交互，例如，绑定到 Windows 窗体控件或组合并关联来自多个数据源的数据；

提供关系数据的分层 XML 视图，并使用 XSL 转换或 XML 路径语言（XPath）查询等工具来处理数据；

在层间或从 XML Web Services 对数据进行远程处理。

（2）DataView 对象

DataView 对象的主要功能是返回数据表的默认视图表，此默认视图就是一个 DataView 对象，可用来设置 DataTable 对象中的数据显示方式，可以将数据作排序与筛选。所以 DataView 对象与 DataTable 对象是相关联的。可以使用多个 DataView 对象同时查看同一个 DataTable 对象，优点就是不必以不同结构方式保留数据的两份副本。

（3）DataReader 对象

DataReader 用于以最快的速度检索并检查查询所放回的行，主要提供从数据库服务器向应用程序的快速只向前的数据流。DataReader 返回的数据是只读的。DataReader 对象支持最小特性集，所以它的速度非常快，而且是轻量级的。正是由于这些特性，它也被认为是流水游标（fire hose cursor）。DataReader 并不在内存中缓存数据，也不提供更改数据库中记录的方法。DataReader 是一个依赖于连接的对象。

尽管 DataReader 功能有限，只能以只进只读方式返回数据，但是这种方式节省了 DataSet 所使用的内存，并将省去创建 DataSet 及填充其内容所需的必要处理，因此提高了应用程序的性能。

DataReader 对象是 Command 对象的 ExecuteReader 方法返回的对象，它代表只向前的、只读的结果集。每次调用 DataReader 的 Read 方法时都会产生一行新的可用结果，然后就可以用 GetValue 方法或者强制类型的 Get 方法查询每个单独字段。

（4）DataAdapter 对象

DataAdapter 用于从数据源检索数据并填充到 DataSet 中的表，它还将对 DataSet 的更改解析回数据源。两种情况下使用的数据源可能相同，也可能不相同。这两种操作分别称为填充（Fill）和更新（Update）。DataAdapter 充当数据库和 ADO.NET 对象模型中非连接对象之间的桥梁的同时，还能隐藏和 Connection、Command 对象沟通的细节。DataAdapter 对象包含 4 个不同类型的 Command：SelectCommand 用来取得数据来源中的记录；InsertCommand 用来添加记录到数据来源；UpdateCommand 用于更新数据来源中的记录；DeleteCommand 用于删除数据来源中的记录。

DataAdapter 对象在 Connection 对象和 DataSet 对象之间起桥梁作用。其 Fill 方法将数据从数据库移到客户端的 DataSet 对象；而其 Update 方法则按相反方向移动数据，它由应用程序在 DataSet 中添加、更改或删除的行对数据库进行更新。

其他重要的对象还有 Connection、Command 等。ADO.NET 中的 Connection 对象建立到数据源的连接，它有 ConnectionString 属性、Open 和 Close 方法以及使用 BeginTransaction 方法开始事务处理的能力。

Command 命令允许用户查询数据库、向它发送命令或者调用它的存储过程，可以使用该对象的 Execute 方法来执行这些操作。例如，使用 ExecuteNonQuery 方法向数据库发送操作查询，使用 ExecuteReader 方法会返回结果集的 SELECT 查询。

3.ADO.NET 的访问模式

ADO.NET 提供了两种数据访问模式：连接模式和非连接模式。

（1）连接模式

对于过去的大部分计算机而言，唯一可用的环境就是连接环境。在连接环境中，应用程序与数据库保持持续的连接。

连接模式的优点：①环境易于实施安全控制；②同步问题易于控制；③数据实时性优于其他环境。

连接模式的缺点：①必须保持持续的网络连接；②扩展性差。

连接模式下客户机一直保持和数据库服务器的连接，这和 ADO 技术是一致的。这种模式适合数据传输量少、系统规模不大、客户机和服务器在同一网络内的环境。

连接模式数据访问的步骤：

①使用 Connection 对象连接数据库；

②使用 Command（命令）对象向数据库索取数据；

③把取回来的数据放在 DataReader（数据阅读器）对象中进行读取；

④完成读取操作后，关闭 DataReader 对象；

⑤关闭 Connection 对象。

提示：ADO.NET 的连接模式只能返回向前的、只读的数据，这是由 DataReader 对象的特性决定的。

（2）非连接模式

随着互联网（Internet）的出现，无连接的工作环境日益普及。同时随着手持设备的增加，与服务器或者数据库断开连接时，仍可以通过笔记本式计算机和其他便携式计算机使用应用程序。在非连接环境中，中央数据存储的一部分数据可以被独立地复制与更改，在需要时可以与数据源中的数据合并。

非连接模式的优点：①可以在任何需要的时间进行操作，在必要时才连接到数据源；②不独占连接；③非连接环境的应用提高了应用的扩展性与性能。

非连接模式的缺点：①数据不是实时的；②必须解决数据的并发性与同步问题。

在非连接模式下，应用程序从数据源获得所需数据后，就断开与数据源的连接，并将获得的数据以 XML 的形式存放在主存中。在处理完数据之后，应用程序再取得与原数据源的连接并完成更新工作，这样服务器的资源消耗较少，可以同时支持更多并发的客户机，这是 ADO.NET 的卓越之处。在许多情况下，人们并不是在完全有连接或完全无连接的环境下工作的，而是在两种方法混合环境下工作的。

非连接模式数据访问的步骤。非连接模式适合网络数据量大、系统节点多、网络结构复杂，尤其是通过 Intranet/Intranet 进行连接的网络。非连接模式数据访问的步骤如下：

①使用 Connection 对象连接数据库；②使用 Command 对象获取数据库的数据；

③把 Command 对象的运行结果存储在 DataAdapter（数据适配器）对象中；

④把 DataAdapter 对象中的数据填充到 DataSet（数据集）对象中；

⑤关闭 Connection 对象；

⑥在客户机本地内存保存的 DataSet（数据集）对象中执行数据的各种操作；

⑦操作完毕后，启动 Connection 对象连接数据库；

⑧利用 DataAdapter 对象更新数据库；

⑨关闭 Connection 对象。

4.ADO.NET 常用的命名空间

ADO.NET 的命名空间（NameSpace）记录了对象的名称与所在的路径。使用 ADO.NET 中的对象时，必须首先声明命名空间，这样编译器才知道到哪里去加载这些对象。根据 ADO.NET 数据提供程序和主要数据对象，ADO.NET 的命名空间可分为基本对象类、数据提供程序对象类和辅助对象类等。ADO.NET 主要在 System.Data 命名空间层次结构中实现，该层次结构在物理上存在于 System.Data.dll 文件中。部分 ADO.NET 是 System.Xml 命名空间层次结构的一部分。

常用的命名空间包括以下几种。

① System.Data：ADO.NET 的核心，包含了处理非连接的架构所涉及的类，此对象类别包含了大部分的 ADO.NET 的基础对象，如 DataSet、DataTable，故在编写 ADO.NET 程序时，必须先声明此类对象。

② System.Data.Common：由 .NET 数据提供程序继续或者实现的工具类和结构。它包含由 .NET Framework 数据提供程序共享的类。数据提供程序描述

一个类的集合，这些类用于在托管空间中访问数据源，例如数据库。

② System.Data.SqlClient：SQL Server 的 .NET 数据提供程序。当使用 Microsoft SQL Server.NET 数据提供程序连接 SQL Server 7.0 以上版本数据库时，必须首先声明此类对象。

③ System.Data.OleDb：OLEDB 的 .NET 数据提供程序。当使用 Microsoft OLE DB.NET 数据提供程序连接 SQL Server 6.5 以下版本数据库或其他数据库时，必须首先声明此类对象。

⑤ System.Data.SqlTypes：为 SQL Server 数据类型专门提供的相关类与架构，提供了比其他类更安全、快速的解决方案。

⑥ System.Xml：提供基于标准 XML 的类、结构以及枚举器。

5.ADO.NET 与 XML

ADO.NET 对象模型是以 XML 为核心而设计的，它简化了关系数据到 XML 格式的转换，也可以把数据从 XML 转换成表和关系的集成。

XML 是一种丰富的、可移植的数据表示方式，它以开放的、独立于平台的方式表示数据。XML 数据的一个重要特征是它基于文本，这使得在应用程序和服务之间传递 XML 数据比传递二进制数据更容易。

ADO.NET 对象模型提供对 XML 的广泛支持。当在 ADO.NET 中使用对 XML 的支持时，要考虑以下事项和原则。

①可以从 DataSet 读取 XML 格式的数据，这样有利于在分布式环境下的应用程序或服务之间传递数据。

②可以用 XML 数据填充 DataSet，这样有利于从另一个应用程序或服务中接受 XML 数据，并使用这些数据更新数据库。

③可以为 DataSet 中数据的 XML 形式创建 XML 架构，然后使用 XML 架构执行任务，如序列化 XML 数据到流或文件中。

④可以从流或文件中将 XML 数据加载到文档对象模型（Document Object Model，DOM）树中，然后将数据作为 XML 或 DataSet 表进行操作，为了做到这一点，必须拥有将数据结构描述为 DataSet 的 XML 架构。

⑤可以创建类型化 DataSet。类型化 DataSet 是 DataSet 的子类，可用附加属性和方法来提供 DataSet 的结构。Visual Studio 为类型化 DataSet 生成一个相当的 XML 架构定义，用于描述 DataSet 的 XML 表示形式。

（三）Web 数据库的连接

数据库技术与 Web 技术相互融合产生了 Web 数据库技术。本节主要介绍基于 C/S（Client/Server）模式和基于 B/S（Browser/Server）模式的数据库连接，同时也介绍了一些开发工具。

1. **基于 C/S 模式的数据库**

C/S 模式是 20 世纪 80 年代逐渐发展起来的一种网络数据库模式。在这种结构下，网络中的计算机分为两个有机联系的部分：客户机（Client）和服务器（Server）。客户机一般由功能一般的微机来担任，如个人计算机等，它可以通过向服务器发送请求来使用服务器中的资源。这种模式将应用任务分解成多个子任务，由多台计算机分工协同完成，也就是所谓的“功能分布”原则：在客户端完成数据处理和用户接口等功能，而在服务器端完成 DBMS 的核心功能。这种客户请求服务器数据库提供服务的处理方式是一种新型的计算机应用模式，对于用户的请求，如果是一些简单的客户机能够执行的操作，就直接给出结果；反之则需要交给服务器来处理。例如，要调用服务器上的数据，服务器根据用户的请求对这些数据进行一些客户看不见的后台处理之后返还给客户。因此，C/S 模式能够合理均衡事务处理，保证数据的完整性和一致性。在 C/S 体系结构下，C/S 的基础结构由三部分组成：客户机、服务器和中间件。

（1）服务器

服务器（Server）最典型的任务是提供数据服务。服务器必须具有高速度和大容量的数据存储功能，强大的数据处理和管理功能，能够并发运行多个进程的功能，同时还要有通信和收发电子邮件等功能。

如果将服务器按照硬件的性能和规模大小进行划分的话，可分为大型机服务器、小型机服务器、工作站服务器以及个人计算机服务器。不同种类的服务器有其各自的优缺点，所以必须根据服务的规模大小、性能和效率等选择不同的服务器来提供服务。

例如，大型的网络环境就适合用大型机做服务器，这样才能充分利用大型机的信息处理能力；而对于企业一类的网络，可选用小型机作为服务器；而在局域网中，可以根据要求选择性能较好的个人计算机作为服务器。服务器所能支持的网络操作系统可以是 Unix、Windows 2003、Linux 等。在这种结构中，数据库系统一般采用大型数据库系统，如 SQL Server、Oracle、Sybase、MS SQL 等。

（2）客户机

C/S 应用是以客户机（Client）为中心的，客户机向服务器发出请求，服务器响应并返回相应的结果。客户机主要完成应用界面上的功能。

客户机可以是大型机、中小型机或微型机。用户可根据性能因素、价格因素等来选择合适的客户机。客户机支持 Windows、Unix、Linux 等操作系统。除此之外，客户机上还必须安装有利于数据库应用开发的数据库软件，例如 PowerBuilder、Visual Basic、Delphi、Developer 等工具，这些工具具有较好的用户界面，可以为用户提供应用程序的开发和运行环境，有可视性强、操作简便等特点。

（3）中间件

中间件又称为接口软件，指连接客户机和服务器之间的软件，它是开发 C/S 应用的关键组成部分。中间件可以分为通用中间件和专用中间件两种，如各种各样的网络操作系统、各种各样的网络传输协议等都属于通用中间件；而专用中间件主要指事物处理中间件（如 RPC 等，共享不同服务器的资源）、组件中间件（如 Lotus Notes 及电子邮件等）、对象中间件（允许客户机调用驻留在远程服务器上的对象）和 DB 中间件（基于 SQL 的异构数据库互联）等。

在 C/S 体系结构下，当用户调用服务器资源时，客户方通过应用软件（一般包括用户界面、本地数据库等）将请求传送给服务器，服务器接到请求后马上响应并按照客户端的请求进行相应的操作，再向客户端返回数据。客户端根据服务器回送的处理结果进行分析，然后显示给用户。

随着数据库技术和网络技术的进一步发展以及企业对信息系统建设成本的考虑，C/S 模式也逐渐暴露出许多问题，主要体现为以下四点：

①成本较高：C/S 结构对客户端硬件要求过高，特别是软件的不断升级，使得对硬件要求不断提高，自然而然就增加了整个系统的成本；

②移植困难：运用不同开发工具开发的应用程序，一般来说是互不兼容的，不能搬到其他平台上运行；

③不同客户机安装不同的系统软件，用户界面风格不一，使用繁杂，不利于推广使用；

④由于每个客户机都安装了相应的应用程序，所以维护复杂，升级困难。

2. 基于 B/S 模式的数据库

随着互联网席卷全球，以 Web 技术为基础的 B/S 模式日益显现出其先进性。所以，如今很多基于大型数据库的应用系统都正在采用这种全新的技术模式。

B/S 模式由浏览器、Web 服务器和数据库服务器三个部分组成。在 B/S 模式下，客户端将形形色色的各种应用软件取而代之为一个通用的浏览器（如

Internet Explorer 等），用户所有的操作都是通过这个通用浏览器进行的。这种结构的核心部分是 Web 服务器，它负责接受远程或本地的 HTTP 查询请求，然后根据查询的条件到数据库服务器获取相关的数据，然后再将结果翻译成 HTML 或者各种页面描述语言，传送回提出查询请求的浏览器。同样，浏览器也会将更改、删除、新增数据记录的请求申请至 Web 服务器，由 Web 服务器与数据库联系完成这些工作。

B/S 模式具有以下优点。

（1）使用简单

由于用户使用单一的浏览器软件，基本上不需要做特定的培训即可使用。

（2）易于服务

因为所有的应用程序都放在 Web 服务器端，所以软件的开发、升级与维护只需要在服务器端进行，减少了开发与维护的工作量。

（3）保护企业投资

B/S 模式采用标准的 TCP/IP、HTTP 协议，可以与企业现有网络很好地结合。

（4）对客户端硬件要求低

客户机只需要安装一种 Web 浏览器软件，例如 Internet Explorer 等。

（5）信息资源共享程度高

由于互联网的建立，互联网上的用户可以方便地访问系统以外的资源，互联网外的用户也可以访问互联网内的资源。

（6）扩展性好

B/S 模式可直接连入互联网，具有良好的扩展性。

3. 基于混合模式的数据库

除了上面讲到的两种模式之外，还可以将这两种模式结合起来，形成 B/S 与 C/S 的一种混合模式。

对于面向大量用户的模块采用三层 B/S 结构模式，在客户端运行浏览器，基础数据放置在数据库服务器上，中间建立一个 Web 服务器作为连通数据库服务器与客户机浏览器的通道。总之，要根据系统模块安全性、交互性、数据处理的大小等各方面的因素来考虑如何灵活地使用这两者的结合体，只有这样才能较为充分地发挥它们各自的长处，从而开发出较为安全的、效率较高的数据库应用系统。

4. 开发工具介绍

从前面对 Web 数据库的介绍可以知道，一个 Web 数据库的开发需要 Web 程序员建立数据库与 Web 服务器的连接。在建立连接的过程中，至少需要用到两种开发工具：一种是编程语言；另一种是数据库管理软件。下面简单介绍一下常用的编程语言以及后台数据库管理系统。

（1）编程语言

1）C 和 C++

C 语言是国际上广泛流行的计算机高级语言。它是由 B 语言演变而来的，由贝尔实验室的里奇（Dermis Ritchie）开发出来。它适合作为系统描述语言，即用来写系统软件，但它的极其丰富的函数和类库使得大多数的数据库引擎都可以由 C 语言编译的 AH 调用。C++ 是 C 语言的扩展，是 20 世纪 80 年代初由贝尔实验室的斯特劳施特鲁普（Bjarne Stroustrup）开发的。C++ 的许多特性都是由 C 语言派生出来的，但是更重要的是它还提供了面向对象编程（Object Oriented Programming）的功能，这使其在数据库开发上更具潜力。

2）Java

Java 是由美国太阳微系统公司（Sun 公司）推出的新的编程语言。Java 是基于 C/C++ 的语言，加入了许多面向对象编程的特性。同时 Sun 公司提供了基本的 Java 软件、文档、教程和演示，可以在 Web 站点免费下载获得。Java 具有大量的类库，支持多媒体、网络、图形、数据库访问、分布式计算机等软件组件。

Java 是一种可用于多种目的和用途的程序语言，其中 Java 的一些特性适合于万维网（World Wide Web）的开发。例如，一些 Java 的小应用程序叫做 Java Applet，可以从 Web 服务器下载到计算机上，并通过可与 Java 兼容的 Web 浏览器运行，如 Netscape Navigator 或者 Microsoft Internet Explorer。

为数据库提供 CGI 访问能力时，还有另外三种语言也是经常用到的。它们是 Perl、Rexx 和外壳脚本，所有这些都是功能很强的高级语言，而且久经考验。从某种程度上说，与 C 和 Java 相比，用这三种语言编程更加方便。

3）JSP

JSP（Java Server Pages）是由 Sun 公司倡导、许多公司参与一起建立的一种动态网页技术标准。该技术为创建显示动态生成内容的 Web 页面提供了一个简捷而快速的方法。

JSP 技术的设计目的是使得构造基于 Web 的应用程序更加容易和快捷，而这些应用程序能够与各种 Web 服务器、应用服务器、浏览器和开发工具共同工作。JSP 规范是 Web 服务器、应用服务器、交易系统以及开发工具供应商间广泛合作的结果。在传统的网页 HTML 文件中加入 Java 程序段和 JSP 标记，就构成了 JSP 网页。

Web 服务器在遇到访问 JSP 网页的请求时，首先执行其中的程序片段，然后将执行结果以 HTML 格式返回给客户。程序片段可以用来操作数据库、重新定向网页以及发送 E-mail 等，这就是建立动态网站所需要的功能。所有程序操作都在服务器端执行，之后将结果发送到客户端，这样对客户浏览器的要求最低，可以实现无 Plug-in、无 ActiveX、无 Java Applet 甚至无 Frame。

4）ASP

ASP（Active Server Page）是一个 Web 服务器端的开发环境，利用它可以产生和运行动态的、交互的、高性能的 Web 服务应用程序。ASP 属于 ActiveX 技术的一种，它可以使用任何 Script 语言，只要提供相应的脚本驱动。ASP 自身提供了 VBScript 和 JScript 的驱动，可以将可执行的 Script 直接嵌入 HTML 文件，HTML 开发和 Script 开发在同一开发过程中就可以完成，而且通过 ActiveX 组件，可以实现非常复杂的 Web 应用程序。它具有以下特性：

①使用 VBScript、JScript 等简单易懂的脚本语言，结合 HTML 代码，即可快速地完成网站的应用程序；

②无须编译，容易编写，可在服务器端直接执行；

③编写十分方便，可使用普通的文本编辑器，如 Windows 的记事本，即可进行编辑设计；

④与浏览器无关，用户端只要使用可执行 HTML 代码的浏览器，即可浏览使用 ASP 设计的网页内容，ASP 所使用的脚本语言，如 VBScript、JScript 等均在 Web 服务器端执行，用户端的浏览器不需要能够执行这些脚本的语言；

⑤ASP 能够与任何 ActiveX Script 语言兼容，除 r 可使用 VBScript 或 JScript 语言来进行设计外，还可以通过 Plugin 的方式，使用由第三方提供的其他脚本语言，如 Rexx、Perl、Tel 等，脚本引擎是处理脚本程序的 COM（Component Object Model）组件；

⑥可使用服务器端的脚本来产生客户端的脚本。

（2）ASP 访问 Web 数据库的原理以及简单过程

1）ASP 访问数据库的原理

ASP 是服务器端的脚本执行环境，可用来产生和执行具有动态性能的 Web 服务器程序。当用户使用浏览器请求 ASP 页面的时候，Web 服务器响应请求，调用 ASP 引擎来执行 ASP 文件，并解释其中的脚本语言，然后通过 ODBC 连接数据库，由数据库访问组件ADO完成数据库操作，最后由ASP生成包含数据查询结果的HTML页面并返回给用户端显示。由于ASP在服务器端运行，运行结果以HTML主页形式返回用户浏览器，因而ASP源程序中所涉及的任何系统信息都不会泄漏，增加了系统的保密性和安全性。此外，ASP是面向对象的脚本环境，用户可自行增加ActiveX组件来扩充其功能，拓展应用范围。

2）ASP页面的结构

ASP的程序代码很简单，文件名以.asp结尾，ASP文件通常由四部分构成：

①标准的HTML标记：所有的HTML标记均可使用；

② ASP语法命令：位于<% %>标签内的ASP代码；

③服务器端的include语句：可用include语句调入其他ASP代码，增强了编程的灵活性；

④脚本语言：ASP自带JScript和VBScript两种脚本语言，增加了ASP的编程功能，用户也可安装其他脚本语言，如Perl、Rexx等。

3）ASP的内建对象

ASP本身提供了六个对象，可以供用户方便调用：

① Application对象：负责管理所有会话信息，用来在指定的应用程序的各个用户之间共享信息；

② Session对象：存储特定用户的会话信息，只能够被该用户访问，当用户在不同的Web页面跳转时，Session中的变量在用户整个会话过程中一直保存，但是Session对象中的内容涉及用户的隐私，所以需Cookie支持；

③ Request对象：从用户端取得信息传递给服务器，这是ASP读取用户输入的主要方法；

④ Response对象：服务器将输出内容发送到用户端；

⑤ Server对象：提供与服务器有关的方法和属性的访问；

⑥ Object Context对象：IIS4.0新增的对象，用来进行事务处理，此项功能需得到MTS管理的支持。

4）Database Access组件ADO

万维网上很重要的应用是访问Web数据库，用ASP访问Web数据库时，必须使用ADO组件。ADO是ASP内置的ActiveX服务器组件，通常在Web服务器上设置ODBC和OLE DB可连接多种数据库，如Sybase、Oracle、Informix、SQLServer、Access等，这是对目前微软所支持的数据库进行操作的最有效的、最简单直接的方法。

ADO组件主要提供了以下对象和集合来访问数据库：

① Connection对象：建立与后台数据库的连接；

② Command 对象：执行 SQL 指令，访问数据库；

③ Parameters 对象和 Parameters 集合：为 Command 对象提供数据和参数；

④ RecordSet 对象：存放访问数据库后的数据信息，是最经常使用的对象；

⑤ Field 对象和 Field 集合：提供对 RecordSet 中当前记录的各个字段进行访问的功能；

⑥ Property 对象和 Properties 集合：提供有关信息，供 Connection、Command、RecordSet、Field 对象使用；

⑦ Error 对象和 Errors 集合：提供访问数据库时的错误信息。

（四）Access 数据库的连接

1. 规划自己的数据库

要开发数据库程序，首先要规划自己的数据库，尽量使数据库设计合理：既包含必要的信息，又能节省数据的存储空间。主页上的网络导航模块是许多网站必备的组件，利用它就可以方便地访问很多相关网站。通常的网络导航都是静态网页，每次需要添加或删除网站链接时，都需要打开静态网页源代码进行修改，然后再上传到服务器上，这样操作特别麻烦。如果采用数据库技术来管理网站链接，就可以实现在线添加、删除和更新。我们需要建立一个网络导航管理数据库，然后建立一张表 line。

2. 设置数据源

前面讲到 ASP 提供了一个数据库存取组件 ADO，利用它就可以方便地存取数据库了。但要存取数据库，第一步必须连接到数据库，这里我们介绍通过数据源方式连接数据库。所谓数据源，就是数据源开放数据库连接（ODBC），利用它可以访问来自多种数据库管理系统的数据。下面为数据库 www_link.mdb 设置数据源。

依次选择 [开始] | [程序] | [管理工具] | [数据源（ODBC）] 菜单命令，就会出现 [ODBC 数据源管理器] 对话框。

选择 [系统 DSN]，然后单击 [添加] 按钮，将出现 [创建新数据源] 对话框。

选择“Microsoft Access Driver（*.mdb）”，然后单击 [完成] 按钮，将出现 [ODBC Microsoft Access 安装] 对话框。

输入 [数据源名] 为“www_link”和 [说明] 为“网页连接数据库”，并单击 [选择] 按钮，选择“C：\inetpub\wwwroot\chapter8\www_link.mdb”，然后单击 [确定] 按钮即可。

添加完毕后，可以在 [ODBC 数据源管理器] 对话框中看到该数据源的名称。

3. 连接数据库

（1）基于 ODBC 数据源连接方式

要对数据库进行操作，首先要连接数据库，这就要用到 Connection 对象。具体连接方法有如下三种。

第一种，利用数据源的连接方法。该连接方法的语句如下：

```
<%
Dim conn' 声明一个实例变量
Set db=Server.CreateObject（"ADODB.Connection"）
conn.Open"www_link"' 连接数据源 www_link
%>
```

第二种，基于 ODBC 不利用数据源的连接方法。使用数据源的连接方式尽管简单，但是需要在服务器端设置数据源。如果把一个程序从一个服务器移植到另一个服务器上，还需要在另一台服务器上设置数据源，比较麻烦。不利用数据源的连接方法的语句如下：

```
<%
Dim conn
Set conn=Server.CreateObject（"ADODB.Connection"）conn.Open
"Driver={Microsoft Access Driver（*.mdb）}；
Dbq="&C：\Inetpub\wwwroot\chapter8\www_link.mdb
%>
```

其中，Driver 表示数据库驱动程序类型，Dbq 表示数据文件的物理路径。对于第二种方法，通常可以利用 Server 对象的 Mappath 方法将相对路径转换为物理路径，要将上面的语句修改为：

```
<%
Dim conn
Set conn=Server.CreateObject（"ADODB.Connection"）
conn.Open"Driver={Microsoft Access Driver（*.mdb）}；
Dbq="&Server.MapPath（"www_link.mdb"）
%>
```

第三种，基于 OLE DB 的连接方法。OLE DB 是一种使用底层技术，效率更高的连接数据库的方法，也是目前应用较广的连接方法。该连接方法的语句如下：

```
<%
Dim conn，strConn
Set conn=Server.CreateObject（"ADODB.Connection"）
strConn="Provider=Microsoft.Jet.OLEDB.4.0；Data Source="&
Server.MapPath（"www—link，mdb"）
db.Open strConn
%>
```

其中，Provider 表示数据库 OLE DB 驱动程序，Data Source 表示数据库的物理路径。

一般来说，如果方便设置数据源，可以使用利用数据源连接的方法；如果不方便设置数据源，可以使用第二种或第三种方式。

（2）查询记录实例

要把数据库中的记录显示在页面上，就需要用到 SQL 语言的 SELECT 语句。

查询时，需要用 Connection 对象的 Execute 方法打开一个记录集，然后在记录集中移动记录指针就可以依次显示所有的记录了。所谓记录集，类似于一个数据库中的表，由若干列和若干行组成，可以看作一个虚拟的表。SELECT 语句可以依次读取每一行，然后显示在页面上。下面举例说明查询记录的具体方法。

```
<% Option Explicit %>
<html>
<head>
<title> 查询记录实例 </title>
</head>
<body>
<h2 align="center"> 网络导航 </h2>
<%
' 以下连接数据库，建立一个 Connection 对象实例 db
Dim db
Set db=Server.CreateObject（"ADODB.Connection"）
db.Open"www_link"' 利用数据源连接数据库
```

```
'以下建立记录集
Dim strSql，rs
strSql="Select*From link Order By link_id DESC"'按降序排列显示所有
记录
Set rs=db.Execute（strSql）
'以下显示数据库记录
%>
<table border="1"align="center">
<%
Do While Not rs.Eof    '只要不是结尾就执行循环
%>
<tr>
<td><%=rs（"name"）%></td>
<td><a href="http：//<%=rs（"URL"）%>"target="_blank"><%=rs
（"URL"）%></a></td>
<td><%=rs（"intro"）%></td>
<td><%=rs（"submit_date"）%></td>
</tr>
<%
rs.MoveNext    '将记录指针移动到下一条记录
Loop
%>
</table>
</body>
</html>
```

（五）SQL Server 的连接

在了解了 ASP 的基本对象和数据库的基本理论之后，下面讨论 ASP 和 SQL Server 的连接。存取 SQL Server 数据库其实和 Access 数据库是一样的，只是在连接数据库时略有区别。

1. 存取 SQL Server 数据库

与 SQL 连接常用的方法有三种：一是创建没有 ODBC 数据源的连接；二是创建有 ODBC 数据源的连接；三是创建基于 OLE DE 的连接。假设已经建立了一个 SQL 数据库名称为 sqltest，数据库登录账号为 sa，登录密码为 123456，ODBC 数据源为 test。

（1）基于 ODBC 数据源的连接方式

```
<%
Dim db
Set db=Server.CreateObject（"ADODB.Connection"）
db.Open"Dsn=test；Uid=sa；Pwd=123456"
%>
```

（2）基于 ODBC 但没有数据源的连接方式

```
<%
Dim conn
Set conn=Server.CreateObject（"ADODB.Connection"）
conn.Open"Driver={sql server}；uid=sa；pwd=123456；database=address；
Server=qujun"
%>
```

多个参数之间用分号隔开。Server 参数表示 SQL 数据库服务器地址，localhost 表示本机，也可以使用 127.0.0.1 或本机 IP 地址。如果使用其他服务器上的 SQL 数据库，只要将 localhost 替换为该服务的 IP 地址即可。

（3）基于 OLE DB 的连接方式

SQL 数据库也可以使用 SQL Server 的 OLE DB 技术连接数据库。

```
<%
Dim db
WMsHUJUKUYING YONGJ1SHU
Set db=Server.CreateObject（"ADODB.Connection"）
db.Open"Provider=SQLOLEDB；Database=sqltest；Uid=sa；Pwd=123456；
Server=localhost"
%>
```

2. 创建数据源

如果使用基于 ODBC 数据源连接方式，在访问 SQL Server 数据库之前，要先建立一个数据源。数据源包含了如何与一个数据提供者进行连接的信息，在这种情况下，我们将通过数据源与 Microsoft SQL Server 建立连接。数据源共有 3 种类型：用户数据源、系统数据源和文件数据源，我们建议用户使用系统数据源。在建立一个数据源之前，首先确保 SQL Server 正在运行。SQL Server 数据源的创建与上一节 ACCESS 数据源创建类似，只是在 [创建新数据源] 对话框中选择安装数据源的驱动程序为 [SQLServer]。创建步骤如下：

依次选择 [开始] → [程序] → [管理工具] → [数据源（ODBC）] 菜单命令，打开 [ODBC 数据源管理器] 对话框；

选择 [系统 DSN]，然后单击 [添加] 按钮打开 [创建新数据源] 对话框；

选择 [SQL Server] 驱动，然后单击 [完成] 按钮，打开 [创建到 SQL Server 的新数据源] 对话框，输入名称“test”，服务器选择读者自己安装的 SQL Server 服务器，[更改默认的数据库] 选择“Northwind”，最后单击 [确定] 并测试数据源连接成功即可。

需要说明的是“Northwind”数据库是 SQL Server 2000 默认的数据库，如果在 SQL Server 2008 系统中则需要导入。

3. 连接数据源

ASP 可以使用 ADO 对象很容易地实现与数据源之间的连接和操作。ADO 对象包含 Connection、Recordset、Command、Errors、Parameters 和 Fields 六大对象。这里仅讨论最重要的 3 个对象 Connection、Recordset 和 Command 与数据库的连接。

（1）使用 Connection 对象执行 SQL 语句

ADO 提供了 Connection 对象，用于建立与管理应用程序、OLE DB 兼容数据库之间的连接。Connection 对象的属性和方法可用来打开和关闭数据库连接，并发布对数据库的查询和数据的更新。要建立数据库连接，首先必须创建 Connection 对象。建立 Connection 对象的语法如下：

Set Connection 对象实例 =Server.Createobject（"ADODB.Connection"）

建立 Connection 对象后，还需要利用 Connection 对象的 Open 方法才能真正建立与数据库的连接。语法如下：

Connection 对象实例 .Open string

例如，下列脚本的作用是创建 Connection 对象的一个实例，接着打开一个数据库连接。

```
<%
Dim cnn
' 创建 Connection 对象
Set cnn=Server.Createobject（"ADODB.Connection"）
```

' 使用 ODBC 连接字符串打开连接 cnn.Open"test"

%>

使用 Connection 对象有很多方法，其中最常见的是 Open 方法和 Execute 方法，Execute 方法用来执行数据库的查询。

下面的脚本使用 Execute 方法以 SQL 的 UPDATE 命令的形式发布更新，该命令用来更新数据库中的数据。在本例中，脚本块把表 Customers 中电话号码是 "030-0074321" 的客户的地址更新为 "Berlin"。

```
<%
Dim cnn
' 创建 Connection 对象
Set cnn=Server.Createobject（"ADODB.Connection"）
' 使用 ODBC 连接字符串打开连接 cnn.Open"test"
' 定义 SQL SELECT 子句
strSQL="UPDATE Customers Set City='Berlin'WHERE（Phone='030-0074321'）
"' 使用 Execute 方法将 SQL 更新发布到数据库 cnn.Execute strSQL%>
```

同样，我们可以通过 SELECT、DELETE、INSERT、DROP 等其他 SQL 命令来实现对数据的操作。默认情况下，连接在脚本执行完后就终止。然而，通过显示关闭脚本已不再需要的连接，可以减少数据库服务器的负担，同时也使得其他用户可以使用该连接。

可以使用 Connection 对象的 Close 方法显式终止 Connection 对象和数据库之间的连接。下面的脚本将打开和关闭连接：

```
<%
Set cnn=Server.CreateObject（"ADODB.Connection"）
cnn.Open"test"cnn.Close
%>
```

（2）使用 Recordset 对象处理结果

Recordset 对象又称为记录集对象，它的主要功能是检索数据、检查结果和更改数据库。Recordset 对象可保留查询返回的每一条记录的位置，这样就能使用户查看所有的结果。

1）检索记录集

一般成功的 Web 数据库应用程序，既使用 Connection 对象来建立连接，又使用 Recordset 对象来处理返回的数据。通过综合使用这两种对象的一些特殊功能，开发出的数据库应用程序几乎可以完成所有的数据处理任务。例如，下面的服务器端脚本使用 Recordset 对象执行 SQL 的 SELECT 命令。此 SELECT 命令用来检索基于查询约束条件的数据集。此查询也包含 SQL 的 WHERE 子句，用来将查询限制到一个指定的条件。在本例中，WHERE 子句将查询条件限制为表 Employees 中 City 字段等于 London 的所有雇员记录。

```
<%
'建立数据源连接
Set cnn=Server.CreateObject（"ADODB.Connection"）cnn.Open"test"
'创建 Recordset 对象的实例
Set retEmployees=Server.CreatObject（"ADODB.Recordset"）
'使用 Open 方法打开记录集
'并使用通过 Connection 对象建立的连接
strSQL="SELECT*FROM Employees WHERE（City='London'）"
retEmployees.Open strSQL，cnn
'遍历记录集和显示结果
'并使用 MoveNext 方法递增记录位置
Set objFirstName=retEmployees（"FirstName"）
Set objLastName=retEmployees（"LastName"）
Do Until retEmpolyees.EOF
Response.Write objFirstName&
&objLastName&"<br>"retEmployees.MoveNext
Loop
cnn.Close
%>
```

2）使用 RecordCount 进行统计

对记录集中返回的记录数进行统计有时候是很有用的。Recordset 对象的 Open 方法使用户能够指定可选的光标参数，以确定用户检索和浏览记录集的方法。通过给用来执行查询的语句添加 adOpenKeyset 光标参数，可以使客户端应用程序完全地浏览记录集。因此，应用程序可使用 RecordCount 属性，精确地统计记录集中的记录数。请参看下面的示例：

```
<%
Set rs=Server.CreateObject（"ADODB.Recordset"）
re.open"SELECT*FROM Customers"，"test"，adOpenKeyset，
adLockOptimistic，adCmdText
使用 Recordset 对象的 RecordCount 属性进行统计
```

```
If rs.RecordCount>=5 Then
Response.Write" 我们已经收到下面 "&rs.RecordCount&" 个新订单 <br>"
Do Until rs.EOF
Response.Write rs（"ContactName"）&"<br>"
Response.Write rs（"CustomerID"）&"<br>"
Response.Write rs（"Address"）&"<br>"
Response.Write rs（"Phone"）&"<br><br>"
rs.MoveNext
Loop
Else
Response.Write" 顾客太少了，只有 '&rs.RecordCount&' 个。"
End If
rs.Close
%>
```

（3）使用 Command 对象改善查询

使用 ADO 的 Command 对象执行查询的方式与使用 Connection 和 Recordset 对象执行查询的方式一样。但是，使用 Command 对象可以“准备”对数据库查询，然后使用各种不同的值重复发送此查询。用这种方法处理查询的好处在于，当用户需要重新提交修改过的查询时，可以大大减少发布的时间。另外，还可以留下部分 SQL 查询参数不进行定义，这就用到了在执行之前改变查询部分的选项。

Command 对象的 Parameters 集合可以使用户避免每次重新发布查询时都要重建查询的麻烦。例如，如果用户需要定期更新基于 Web 的库存系统的供应和费用信息，就可以按照下面的方式预定义查询：

```
<%
Set cnn=Server.CreateObject（"ADODB.Connection"）cnn.Open"test"
```

创建 Command 对象的实例：使用 ActiveConnection 属性将连接附加到 Command 对象上

```
Set cnn=Server.CreateObject（"ADODB.Command"）
Set cnn=ActiveConnection=cnn
```

预定义 SQL 查询

```
cnn.CommandText="INSERT INTO Products
（ProductName，QuantityPerUnit）VALUES（？，？）"
```

' 在 Command 对象首次执行之前保存在 CommandText 属性 ' 中指定的查询的预定版本 cnn.Prepared=True 定义查询参数配置信息

cnn.Parameters.Append cnn.CreateParameter（"ProductName", adVarChar，，255）

cnn.Parameters.Append cnn.CreateParameter（"QuantityPerUnit", adVarChar，，255）

定义并执行第一个插入操作

cnn（"ProductName"）=" 日光灯泡 "

cnn（"QuantityPerUnit"）="40 瓦 ×20"

cnn.Execute，，adCmdText+adExecuteNoRecords

定义并执行第二个插入操作

cnn（"ProductName"）=" 雀巢咖啡 "

cnn（"QuantityPerUnit"）="500 克 ×10"

cnn.Execute，，adCmdText+adExecuteNoRecords

%>

从上例可以发现，脚本使用不同的值重复构建和重新提交 SQL 查询，但并没有重新定义并重新提交查询到数据库源中。使用 Command 命令编译查询有如下优点：可避免将字符串和变量连接成 SQL 查询时出现问题。尤其是使用 Command 对象的 Parameter 集合，可以避免那些与定义特定类型字符串、日期和时间变量相关的问题。

4.HTML 表单和数据库交互

包含 HTML 表单的 Web 页，可允许用户远程查询数据库并检索指定的信息。通过使用 ADO，可以创建出非常简单的用来收集用户表单信息的脚本、创建自定义的数据库查询并将信息返回给用户。使用 ASP 的 Request 对象，用户可以检索输入 HTML 表单中的信息并将这些信息嵌入 SQL 语句中。例如，下面的脚本会将由 HTML 表单提供的信息插入表中。该脚本使用 Request 对象的 Form 集合来获取用户提交的信息。

<%

Set cnn=Server.CreateObject（"ADODB.Recordset"）

cnn.open"test"

创建 Command 对象的实例并附加给 ActiveConnection 属性对象

连接附加到 Command 对象上

Set cnn=Server.CreateObject（"ADODB.Command"）

```
Set cnn.ActiveConnection=cnn
定义 SQL 查询
cnn.CommandText="INSERT INTO Region（RegionDescription）
VALUES（？ ）"
定义查询参数配置信息
cnn.Parameters.Append
cnn.CreateParameter（"RegionDescription"，adVarChar，，255）
cnn（"RegionDescription"）=Request.Form（"Description"）
cnn.Execute，，adCmdText+adExecuteNoRecords%>
```

在倒数第二行，通过 Request.Form（ ）方法取出以 POST 方式提交的表单域 Description 的数据，并通过倒数第一行 cnn.Execute 方法执行了 INSERT 语句。这样，就可实现客户端与服务器的信息交互。

（六）MySQL 数据库的连接

1.Apache、PHP、MySQL 的安装与配置

在安装 PHP 时，需要选择 Web 服务器。Web 服务器可以选择 Apache 或 IIS。这里以 PHP-5 为例介绍 Windows 下 Apache、PHP、MySQL 的安装与配置方法。

（1）Apache 的安装

打开 Apache 官方网站，我们下载里面的 apache_2.2.17_win32-x86-no_ssl.msi 安装文件。其中，同一版本的 Apache 有两种类型：no_ssl 和 openssl。openssl 多了个 ssl 安全认证模式，它的协议是 HTTPS 而不是 HTTP，这就是带有 SSL 的服务器与一般网页服务器的区别了。一般情况下，我们下载 no_ssl 版本的就可以了。

下载好 Apache 安装文件后，点击安装，在连续 3 次点击 [Next] 后，将进入 server information 配置界面，要求输入 network domain、server domain 和网站管理员的邮箱地址，普通用户可以参照安装提示格式填写。再次按下 [Next] 后，出现选择安装路径的界面，默认的路径比较长，可以将把安装路径修改为“D：\Program Files\Apache\”，继续安装，直到完成。

安装完毕，Apache 就自动启动，可以测试 Apache 是否成功启动。在浏览器地址栏里输入“http：//localhost/”或“http：//127.0.0.1/”，如果出现“It works.”，那么恭喜你，Apache 已经成功安装了，同时在电脑右下角的任务栏里有一个绿色的 Apache 服务器运行图标。

（2）PHP 的安装

PHP 可以从其官网下载。在下载 PHP 安装程序时要选择下载 ZIP 包，而不要下载 Installer。下载后将 PHP 安装包解压到 C 盘根目录下，并将解压后的文件夹改名为 PHP。

解压后在 PHP 文件夹中找到 PhP5ts.dll 文件并复制到操作系统的 Windows 路径中，以确保 CGI 或者 SAPI 两种接口对 phP5ts.dll 都可以用。在 WindowsNT/2000 系统中，路径为“C：\winnt\system32”；在 WindowsNT/2000 服务器版中，路径为“C：\winnt40\system32”；在 Windows XP 系统中，路径为“C：\Windows\system32”。

然后，将 PHP 文件夹中的 php.ini-development 改名为 php.ini。在改名前最好先备份 php.ini-development，以备文件出错后可以重新操作。有两种方法可以使 PHP 工作在“Windows+Apache”平台中，一种是 CGI 二进制文件，另一种是使用 Apache 模块 DLL。无论哪种方法，首先要停止 Apache 服务，然后编辑 httpd.conf 文件，以配置 Apache 和 PHP 协同工作。

如果要使用 CGI 二进制文件，则要将如下指令插入 Apache 的 httPd.conf 配置文件中，以设置 CGI 二进制文件：httPd.conf 配置文件在 Apache 安装目录中，可以通过搜索方式找到并用记事本打开或者通过 [开始] | [程序] | [Apache HTTP Server 2.2] | [Configure Apache Server] | [Edit the Apache httpd.conf Configuration File] 打开。

```
ScriptAlias/php"C：/PHP/"
AddType application/x-httpd-php.php
Action application/x-httpd-php"/php/php-cgi.exe"
```

如果把 PHP 作为 Apache 2.2 的模块，则要移动 php5ts.dll 到 Windows 系统的 systems？目录中，覆盖原有文件（如果已存在的话），然后插入如下语句到 httpd.conf 中，以使用 PHP 作为 Apache 的 PHP-Module 安装：

```
；For PHP 4 do something like this：
LoadModule php4_module"c：/php/php4apache2.dll"
AddType application/x-httpd-php.php
PHPIniDir"c：/php"
；For PHP 5 do something like this：
LoadModule php5_module"c：/php/php5apache2_2.dll"
AddType application/x-httpd-php.php
PHPIniDir"c：/php"
```

PHP 的测试：经过以上的设置，就安装好 PHP 和 Apache 服务器了，可以做如下简单的测试。首先测试 Apache，打开浏览器，在地址栏中输入“http：//localhost”，然后按回车键。

然后测试 PHP 设置，可以编写一个 PHP 页面，在文本编辑器中输入下面的代码：

```
<html>
<head><title>PHP Installation Test</title></head>
<body>
<？ php phpinfo（）；？ >
</body>
</html>
```

然后将这个文件保存并命名为 test.php，将其放在 Apacher 的 htdocs 目录中，最后在浏览器中输入“http：//localhost/test.php”并按回车键，如果能正确显示 PHP 解释器以及开发环境的相关信息，则说明 PHP 配置正确了。

（3）MySQL 的安装

在 Windows 系统中安装 MySQL 比较简单，只需要找到 MySQL 的 Windows 安装版本，运行其中的 Setup 程序即可。我们可以从 MySQL 的官司网下载 MySQL 服务器安装软件包。如果下载的安装软件包在 Zip 文件中，则需要先提取文件。启动过程取决于下载的安装软件包的内容。如果有 setup.exe 文件，双击启动安装过程。如果有 .msi 文件，双击启动安装过程。在 Windows 中，MySQL 5.1 的默认安装目录是“C：\Program Files\MySQL\MySQL Server 5.1”。

2.PHP 与 MySQL 的连接

PHP 与 MySQL Server 的连接方法十分简单，只需要分别利用 PHP 提供的函数 mysql_pconnect（）、mysql_select_db（）和 mysql_query（）即可。

第一步，建立与 MySQL Server 的连接：

```
$ mylink=mysql_pconnect（"localhost"，"root"）；
```

$ mylink 为 mysql_pconnect 返回的一个连接标识符，如果连接失败则返回 0。以后在对数据库进行访问时就可以使用这个连接标识符。

第二步，选择一个 MySQL 中现有的数据库，这个数据库必须已经存在：

```
mysql_select_db（"student"，$ mylink）；
```

第三步，使用 mysql_query 函数执行 SQL 语句，实现对表中数据的查询：

```
$ result=mysql_query（"select*from stuinfo"，$ mylink）；
```

mysql_query 函数将会把查询的结果返回到一个多维数组中，这就需要将结果的每行记录中的每个字段提取出来。PHP 为 MySQL 数据库提供了 mysql_fetch_array（ ）函数，这个函数的功能就是从返回结果中提取一行记录中的所有字段，并返回到一个数组中，如果超出数组表示范围，则返回 0：

$ myarray=mysql_fetch_array（ $ result ）；

这样我们就可以通过访问数组中的元素来读取字段中的内容。在访问数组时可以使用数字编号作为索引，也可以使用表中的字段名称作为数组索引。

但是 mysql_fetch_array（ ）函数每次只能从查询结果中返回一条记录的信息，而不会返回所有行的信息。如果想要返回所有行的信息，需要通过一个循环结构来实现：

while（ $ myarray=mysql_fetch_array（ $ result ））

{echo$myarray[{"name"].
；}

需要注意的是，使用上述结构从数组中取值时，每获取一条记录以后，$ mylink 记录指针就会自动向下移动一步。

五、数据库开发应用

（一）ASP.NET 概述

ASP.NET 是微软公司推出的用于编写动态网页的一项功能强大的新技术，是微软公司的动态服务器页面（ ASP ）和 .NET 技术的集合。它与以前的网页开发技术相比有了很大的进步。

Visual Studio.NET 是一套完整的开发工具，用于生成 ASP Web 应用程序、XML Web services、桌面应用程序和移动应用程序。Visual Basic.N £T\Visual C++.NET1、Visual C#.NET 和 Visual J#.NET 全都使用相同的集成开发环境（ IDE ），该环境允许它们共享工具并有助于创建混合语言解决方案。另外，这些语言利用了 .NET Framework 的功能，此框架提供对简化 ASP Web 应用程序和 XML Web Services 开发的关键技术的访问。

有兴趣的读者可以访问微软官方网站下载 Visual Studio.NET 2008 学习版（ Visual C#2008 Express Edition 和 Visual Web Developer 2008 Express Edition ）安装练习。

（二）ASP.NET 数据库的连接

下面主要介绍 ASP.NET 如何连接到 Microsoft SQL Server、Microsoft Access、Oracle 数据库。

1. 连接 Microsoft SQL Server 数据库

访问数据时，首先要建立到数据库的物理连接。ADO.NET 使用 Connection

对象标识与一个数据的物理连接，但实际 ADO.NET 中并没有一个名为 Connection 的类用来创建 Connection 对象。每个数据提供程序都包含自己特有的 Connection 对象。当使用 SQL Server.NET 数据提供程序时，应该使用位于 System.Data.SqlClient 命名空间下的 SqlConnection 类对象，而使用 OLE DB.NET 数据提供程序时，则使用 System.Data.OleDB 命名空间下的 OleDbConnection 类对象。

（1）SqlConnection 类

为了连接 SQL Server，必须实例化 SqlConnection 对象，并调用此对象的 Open 方法。

当不再需要连接时，应该调用这个对象的 Close 方法关闭连接。可以通过下面两种方法实现连接实例化。

```
SqlConnection conn=new SqlConnection（）；
conn.ConnectionString=ConnectionString;
conn.Open（）；
…
conn.Close（）；
```

或者：

```
SqlConnection conn=new SqlConnection（ConnectionString）；
conn.Open（）；
…
conn.Close（）；
```

（2）连接 SQL Server 的数据访问实例

例如：编写一个应用程序来连接数据库名为“school”的 SQL Server 数据库，并根据连接结果输出一些信息。

步骤如下：

运行[开始]|[所有程序]|[Microsoft Visual Studio 2008]，打开 Microsoft Visual Studio 2008 界面，在出现的[选择默认环境设置]中选择[Visual C# 开发设置]选项，点击下方的[启动 Visual Studio]命令按钮，进入[Microsoft Visual Studio]起始页。

从[Microsoft Visual Studio]起始页的左上侧[最近的项目]列表中点击[创建]中的[网站]选项，进入[新建网站]对话框。在[新建网站]对话框中的[模板]列表点取[ASP.NET 网站]，在[位置]后面的组合框中输入新建网站的路径名。

打开 Default.aspx 设计页面，从工具箱中拖出一个 Label 和一个 Button 控件到设计界面，可以右击控件的快速菜单，从中选择 [样式] 菜单项，从出现的 [样式生成器] 列表中选取 [位置] 选项，在 [位置模式] 组合框中选取 [绝对位置]，即可对控制的位置进行任意拖放，同时可对其他样式进行设置。在快速菜单中选择 [属性] 菜单项，在 [属性] 对话框中可以对控件属性进行设置，例如将 Buttonl 控件的 Text 属性修改为 [连接数据库]。

双击空白页面切换到后台编码文件 Default.aspx.cs，添加如下命名空间：

```
using System.Data.SqlClient;
```

双击 Button 控件切换到后台编码文件 Default.aspx.cs，系统自动添加了与该按钮的 Click 事件相关的处理程序 Buttonl_Click。在事件处理程序 Buttonl_Click 中添加如下代码：

```
try
{SqlConnection coon=new SqlConnection（ ）；
coon.ConnectionString="server=localhost； uid=sa； pwd=123456；
database=school"；
//SQL Server 和 Windows 混合模式
//coon.ConnectionString="server=localhost； database=school； Integrated
Security=SSPI"；
// 仅 Windows 身份验证模式
coon.Open（ ）；
Labell.Text=" 连接成功 "； }
catch
{Labell.Text=" 连接失败 "； }
```

注意：如果是 SQL Server 和 Windows 的混合模式，这里的 server 是 SQL Server 服务器名，uid、pwd、database 分别为 SQL Server 的用户名、密码、数据库名；如果仅是 Windows 身份验证模式，则不用写 uid、pwd，而是用 Integrated Security=SSPI 连接字符串代替用户名和密码。

点击快捷键 Ctrl+F5 运行，在运行的页面中点击 [连接数据库] 命令按钮，如果连接成功，则 label 标签显示“连接成功”；如果连接不成功，则显示“连接失败”。

2.Microsoft Access 数据库连接

OLE DB.NET 数据提供程序被用来连接 OLE DB 提供者的数据库，如目前在网络上很流行的小型数据库 Access，就应该使用 OLE DB.NET 数据提供程序来访问。OLE DB.NET 数据提供程序在 System.Data.OleDb 命名空间中定义，也包含在 System.Data.Dll 文件中。

OleDbCormecticm 定义了两个构造函数，一个没有参数，一个接受字符串。使用 OLE DB.NET 数据提供程序时需要指定底层数据库特有的 OLE DB Provider，如连接到 Access 数据库的连接字符串格式为：

Provider=Microsoft.Jet.OLEDB.4.0；Data Source=mydb.mdb；user Id=；password=；

其中，Provider 和 Data Source 是必需项。

下面是连接到 Access 数据库的例子：

```
String ConnectionString；
OleDbConnection Connection=new OleDbConnection（）；
ConnectionString="Provider=Microsoft.Jet.OLEDB.4.0；Data Source="；
ConnectionString+=Server.MapPath（"school，mdb"）；
Connection.ConnectionString=ConnectionString；
```

3.Oracle 数据库连接

连接和操作 Oracle 数据库使用 Asp.net 专门提供的 Oracle.Net Framework，该提供程序位于 System.Data.OracleClient 命名空间中，并包含在 System.Data.OracleClient.dll 程序集中。

在该项目中添加 OradeClient.dll 引用的步骤是：进入 [解决方案管理器]，用鼠标右键单击本网站项目，在右键菜单中选择添加引用项，然后在 [.NET] 表中选择 [System.Data.OracleClient] 项并单击 [确定] 按钮退出。

将 Oracle 数据库程序类添加到引用后，就可以在程序中引入命名空间，代码如下：

```
using System.Data.OracleClient；
```

连接 Oracle 数据库，实现本实例的几个重要步骤如下。

新建一个标准网站，创建一个新窗体，默认名称为“Defau.aspx”，在主页面工具箱 HTML 中添加 Table 控件。

在标准选项中拖放一个 Button 控件和一个 Label 控件置于 Table 控件中。

设计代码前，需要先引用命名空间 using System.Data.OleDb，代码如下：

```
using System.Data.Oracle；
```

在 Button 按钮的 Click 事件中编写数据连接以及判断异常处理的代码，代码如下：

```
string oracleconnstr="Data Source=Oracle9i；Intergrated Securite=yes"；
OracleConnection oConnection=new OracleConnection（oracleconnstr）；
```

```
try
{oConnection.Open（）;
Label1.Text=" 连接 Oracle 数据库成功 "; }
catch（Exception ex）
{Labell.Text=" 连接 Oracle 数据库失败 "; }
finally
{oConnection.Close（）; }
```

（三）格式化显示数据库中的数据

使用 Visual Studio 2008 的 ADO 数据控件来连接并格式化显示数据库中的数据。

例如：利用 DropDownList 和 GridView 数据控件绑定数据源来组合显示 school 数据库 student 表中给定学生学号的课程和成绩。

（1）新建 ASP.NET 网站

从 [Microsoft Visual Studio] 起始页的左上侧 [最近的项目] 列表中点击 [创建] 中的 [网站] 选项，进入 [新建网站] 对话框，在 [新建网站] 对话框中的 [模板] 列表点取 [ASP.NET 网站]，在 [位置] 后面的组合框中输入新建网站的路径名，如 EXcims，新建一个名为 EXcims 的 ASP.NET 网站。打开 Default.aspx 的设计页面从工具箱的 [数据] 选项中拖出 1 个 SqlDataSource 控件到设计界面。

（2）配置 DropDownList 控件连接的数据源 SqlDataSourcel

点击 SqlDataSourcel 控件的任务框中的 [配置数据源] 超链接，从出现的 [配置数据源] 对话框中点击 [新建连接] 命令按钮，弹出 [更改数据源] 对话框，从列表中选择 [Microsoft SQL Server]，单击 [确定] 按钮，出现 [添加连接] 对话框。

在 [添加连接] 对话框中的服务器名中输入 localhost，在 [登录到服务器] 选项中选择 [使用 SQL Server 身份验证]，在用户名和密码文本框输入用户 sa 及其密码（或者是用户自己在 SQL Server 中事先定义的用户名及其密码），在 [连接到一个数据库] 选项中选择或输入一个数据库名（例如 school），点 [确定] 命令按钮，返回到 [配置数据源] 对话框，已完成数据库连接。再点击 [下一步] 按钮将连接字符串保存到应用程序配置文件中，点击 [下一步] 按钮，进入 [配置 Select 语句] 对话框。

从中选择 [指定来自表或视图的列] 单行按钮，从表 [名称] 组合框中选择表 Chinesegrade，从 [列] 列表框中选择要在 DropDownList 控件中显示的字段 S_id。单击 [下一步] 按钮，再点击 [完成] 按钮，完成 SqlDataSourcel 的配置，返回到 EXcims 主界面。

在 EXcims 主界面中，从 [工具箱] 标准选项中拖出 1 个 DropDownList 控件到设计界面。点击 DropDownList 控件的任务框中的 [选择数据源] 超链接，从弹出的 [数据源配置向导] 对话框中的 [选择数据源] 组合框中选择 SqlDataSourcel，在 [选择要在 DropDownList 中显示的数据字段] 和 [为 DropDownList 的值选择数据字段] 的组合框中选择 S_id。

（3）配置 GridView 控件连接的数据源 SqlDataSource2

与步骤（2）一样，设置与 GridView 控件连接的数据源 SqlDataSource2。在其 [配置 Select 语句] 对话框中，选择 [指定来自表或视图的列] 单行按钮，从表 [名称] 组合框中选择表 studentgrade_view，从 [列] 列表框中选择要在 GridView 控件中显示的字段 S_id、S_name、Chinese、Math、English。

点击 [WHERE] 命令按钮，在弹出的 [添加 WHERE 子句] 对话框中的 [列] 组合框中选择 S_id，[源] 组合框中选择 Control，在 [参数属性] 中的 [控件 ID] 组合框中选择 DropDownListl 控件，点击 [添加] 命令按钮完成 WHERE 子句添加。

从 [工具箱] 标准选项中拖出 1 个 GridView 控件到设计界面，点击 GridView 控件的任务框中的 [选择数据源] 组合框选择 SqlDataSource2，并选择 [启用分页] 和 [启用排序] 复选框，点击 [运行] 按钮。

（四）数据插入

使用数据集在数据库 school 的 student 表中插入一条新记录，示例如下。

从 [Microsoft Visual Studio] 起始页的左上侧 [最近的项目] 列表中点击 [创建] 中的 [网站] 选项，进入 [新建网站] 对话框。在 [新建网站] 对话框中 [模板] 列表点取 [ASP.NET 网站]，在 [位置] 后面的组合框中输入新建网站的路径名，如 EX9.4，新建一个名为 EX9.4 的 ASP.NET 网站。打开 default.aspx 的设计页面，从工具箱中拖出 6 个 TextBox、1 个 Button 控件和 1 个 GridView 控件到设计界面，设置这些控件的 ID、Text 属性。

双击空白页面切换到后台编码文件 Default.aspx.cs，添加如下命名空间：

```
using System.Data.SqlClient;
using System.Data;
```

在事件处理程序 Buttonl_Click（ ）中添加如下代码：

```
string SQL="use school select*from student";
string myStr="server=localhost；database=school；uid=sa；pwd=123456";
```

```
//SQL Server 和 Windows 混合模式
//string myStr="server=localhost; Integrated Security=SSPI";
// 仅 Windows 身份验证模式
SqlConnection myConnection=new SqlConnection（myStr）;
myConnection.Open（）;
SqlDataAdapter mySqlDA=new SqlDataAdapter（SQL, myConnection）;
SqlCommandBuilder mySqlCB=new SqlCommandBuilder（mySqlDA）;
DataSet myDS=new DataSet（）;
DataTable STable;
DataRow SRow;
mySqlDA.Fill（myDS）;
STable=myDS.Tables[0];
SRow=STable.NewRow（）;
SRow["S_id"]=TextBoxl.Text;
SRow["S_name"]=TextBox2.Text;
SRow["Sex"]=TextBox3.Text;
SRow["Address"]=TextBox4.Text;
SRow["Tel"]=TextBox5.Text;
SRow["Email"]=TextBox6.Text;
STable.Rows.Add（SRow）;
mySqlDA.Update（myDS）;
GridViewl.DataSource=myDS.Tables[0].DefaultView;
GridView1.DataBind（）;
myConnection.Close（）;
```

按 Ctrl+F5 运行，在运行的页面中点击 [添加] 命令按钮，则将插入的新记录添加到数据表 student 中，并在右侧的 GridViewl 控件中显示表 student 的信息。

（五）数据修改和删除

利用 GridView 数据控件绑定数据源来进行 school 数据库 Chinesegrade 表中学生语文成绩的修改和删除。

在 EXcims 的网站中，添加一个新项 Default2.aspx。从 [解决方案资源管理器] 视图中选中 [EXcims]，单击鼠标右键，从快捷菜单中点击 [添加新项]

从弹出的 [添加新项] 对话框的模板中选择 [Web 窗体]Default2.aspx。

打开 Default2.aspx 的设计页面，从工具箱中 [数据] 选项拖出 1 个 SqlDataSource 控件到设计界面，参照上面的步骤配置 GridView 控件连接的数据源 SqlDataSource，在 [配置 Select 语句] 对话框中选中 Chinesegrade 表中的 S_id、Chinese 后，点击右侧 [高级] 命令按钮，从弹出的 [高级 SQL 生成选项] 对话框中选中 [生成 INSERT、UPDATE 和 DELETE 语句] 和 [使用开放式并发] 复选框。单击 [下一步] 按钮，再点击 [完成] 按钮，完成数据更新的 SqlDataSourcel 配置，返回到 EXcims 主界面。

从 [工具箱] 标准选项中拖出 1 个 GridView 控件到设计界面，点击 GridView 控件的任务框中的 [选择数据源] 组合框，然后选择 SqlDataSourcel，并选择 [启用分页]、[启用编辑] 和 [启用删除] 复选框。

在 GridView 任务窗口中点击编辑列，弹出 [字段] 对话框，从 [字段] 对话框的 [选定的字段] 列表中选中相应字段，在左侧的 [BoundField 属性] 框中设置 HeaderText 的属性为要设置的中文。

从 [解决方案资源管理器] 视图中选中 [EXcims] 的窗体 Default aspx，点击鼠标右键，从快捷菜单中点击 [设为起始页]，点击 [运行] 按钮。

（六）校园信息管理系统的设计与实现

利用前面建立的校园信息管理系统的数据库来设计一个校园信息管理系统，在设计系统之前，应该用数据库管理器将部分初始数据写入表中，例如 user 表里面的登录账户信息。

1. 系统主界面设计

从 [Microsoft Visual Studio] 起始页的左上侧 [最近的项目] 列表中点击 [创建] 中的 [网站] 选项，进入 [新建网站] 对话框。在 [新建网站] 对话框中的 [模板] 列表点取 [ASP.NET 网站]，在 [位置] 后面的组合框中输入新建网站的路径名，如 EXcims，新建一个名为 EXcims 的 ASP.NET 网站。

在解决方案资源管理器里添加新项，选择 [母版页]，新建一个名为 [MasterP-age.master] 的母版页。

在新建好的母版页里面拖入 html 表格，输入简单的文字提示内容，中间留有两处空白表格，用于放置导航栏和内容区域。

在母版页的导航栏位置放入七个 Button 控件，id 分别为 Buttonl，Button2，…，Button7。

分别双击导航栏的按钮，进入 MasterPage.master.cs 源代码页，分别为它们设置按钮点击事件，Buttonl 内容如下：

protected void Buttonl_Click（object sender，EventArgs e）

{Response.Redirect（"news，aspx"）；}

其余按钮也为它指定跳转页面。

在页面右侧添加一个 ContentPlaceHolder，用来放置内容区域。

添加新项 default.aspx，勾选上选择母版页选项。确定后出现选择母版页窗口。

在新建好的页面里面，选择 ContentPlaceHolder，设置它的任务为“创建自定义内容”。

以此类推，添加其余 6 个功能页面。

2. **登录功能设计**

在自定义内容区域增加 Label、TextBox、Button 控件，用来做登录功能设计。

编写代码，default.aspx.cs 全部源代码如下：

```
using System;
using System.Collections.Generic;
using System.Linq;
using System.Web;
using System.Web.UI;
using System.Web.UI.WebControls;
using System.Data; // 引用 data
using System.Data.SqlClient; // 引用 sqlclient
public partial class_Default：System.Web.UI.Page
{protected void Page_Load（object sender，EventArgs e）
{if（Convert.ToString（Session["Username"]）!）// 判断是否有登录信息
{Label1.Visible=false;
Label2.Visible=false;
TextBoxl.Visible=false;
TextBox2.Visible=false;
Button8.Text=" 注销 ";
Button9.Visible=false;
Label3.Text=" 欢迎您，"+Session["Username"].ToString（）；}
else
{LabeB.Text=" 请输入账号密码登录 !";
TextBoxl.Focus（）；}}
```

```
protected void Button8_Click（object sender，EventArgs e）
{if（Button8.Text==" 注销 "）
{Session["Username"];
Response.Redirect（"default，aspx"）；}
else
{string SQL=use school select*from[user]where username
// 将用户名和密码与 sql 代码结合，要注意单引号的使用
string myStr="server=localhost；database=school；uid=sa；pwd
=123456";
//SQL Server 和 Windows 混合模式
//string myStr="server=localhost；Integrated Security=SSPI";
// 仅 Windows 身份验证模式
SqlConnection myConnection=new SqlConnection（myStr）;
myConnection.Open（）；
SqlDataAdapter mySqlDA=new SqlDataAdapter（SQL，myConnection）；
SqlCommandBuilder mySqlCB=new SqlCommandBuilder（mySqlDA）；
DataSet myDS=new DataSet（）；
mySqlDA.Fill（myDS）；
myConnection.Close（）；
if（myDS.Tables[0].Rows.Count==0）// 判断是否记录为 0
{LabeB.Text=" 用户名或密码错 !";
return；}
else
{DataRow MyRow=myDS.Tables[0].Rows[0];
Session["Usemame"]=MyRow[2].ToString（）；// 储存登录信息
Response.Redirect（"default，aspx"）；}}
```

3.“学生管理”界面设计

验证是否登录，否则页面就跳转回登录页面 default.aspx，在源代码的PageLoad 事件加上下面的代码：

```
if（Convert.ToString（Session["Username"]）==）
{Response.Write（"<script language=javascript>alert（还未登录，请登录再进入！ '）；</script>"）；
Response.Write（"<script language=javascript>window，location='default.
```

aspx'</script>"）；

return;

其余的功能页面也如此。

打开 Student.aspx 的设计页面，在菜单栏中选择 [表] 菜单中的 [插入表]，添加一个表格。在 [插入表格] 对话框中，设置 7 行 3 列。

从工具箱中拖出 6 个 Label、6 个 TextBox 和 4 个 Button 控件到设计界面，设置控件的 ID、Text 属性。

双击空白页面切换到后台编码文件 Student.aspx.cs，添加如下命名空间：

using System.Data.SqlClient;

按钮 Insert（数据插入）的单击事件。当用户单击主页面上的 [数据插入] 按钮时，向 student 表中插入一条新记录，其值是 StudentID、StudentName、StudentSex、StudentAddress、StudentTel、StudentMail 六个 TextBox 控件的 Text 属性值。

按钮 Update（数据修改）的单击事件

当用户单击主页面上的 [数据修改] 按钮时，对 student 表中记录进行修改，将属性 S_id 为 StudentID 控件的 Text 属性值的记录中 S_id、S_name、Sex、Address 等属性值用 StudentID、StudentName、StudentSex、StudentAddress、StudentTel、StudentMail 六个 TextBox 控件的 Text 属性值来修改。

按钮 Delete（数据删除）的单击事件。当用户单击主页面上的 [数据删除] 按钮时，在 student 表中删除一条新记录，即将属性 S_id 值等于 StudentID 控件的 Text 属性值的记录删除。

在 [学生管理] 界面的 [返回] 按钮的单击事件，用来返回到上一主界面。该事件的实现代码如下：

protected void Buttonl_Click（object sender，EventArgs e）

{Response.Redirect（"~/Default，aspx"）；}

4.[成绩查询管理] 界面设计

同 [学生管理] 界面设计一样，从 [解决方案资源管理器] 视图中选中 [EX-cims]，点击鼠标右键，从快捷菜单中点击 [添加新项]，添加一个 [成绩查询管理] 的 [Web 窗体]score.aspx。打开 StudentQuery.aspx 的设计页面，在菜单栏中选择 [布局] 菜单中的 [插入表]，添加一个表格。在 [插入表格] 对话框中，设置 7 行 4 列。

从工具箱中拖出 6 个 Label、6 个 TextBox 和 6 个 Button 控件到设计界面。

设置这些控件的 ID、Text 属性。

双击空白页面切换到后台编码文件 score.aspx.cs，添加如下命名空间：

```
using System.Data.SqlClient;
```

按钮 MoveToFlrst（<<）的单击事件。当用户单击主页面上的“<<”按钮时，将触发事件 MoveToFirst_Click（object sender，EventArgs e），该事件将在 StudentID、StudentName、StudentSex、StuChinese、StuMath、StuEnglish 六个 TextBox 控件中分别显示 studentgrade_view 表中 S_id 最小记录的 S_id、S_name、Sex、Chinese、Math、English 值。该事件的实现代码如下：

```
protected void MoveToFirst_Click（object sender，EventArgs e）
{SqlConnection con=new SqlConnection（"server=localhost；user id=sa；pwd=123456；database=school"）；
con.Open（）；
string str="selectS_id from studentgrade_view order by S_id asc"；
SqlCommand cmd=new SqlCommand（str，con）；
SqlDataReader sr=cmd.ExecuteReader（）；
if（sr.Read（））
{string Student=sr["S_id"].ToString（）；
Refresh（Student）；
sr.Close（）；}
```

用户自定义函数 Refresh（Student）。定义一个用户自定义函数 Refresh（Student）来显示查询到的学号 SNO 的相应记录值，其代码如下：

```
private void Refresh（string studentid）
{SqlConnection con=new SqlConnection（"server=localhost；user id=sa；pwd=123456；database=school"）；
con.Open（）；
string str=“select*from studentgrade_view where S_id+studentid.ToString（）；
SqlCommand cmd=new SqlCommand（str，con）；
SqlDataReader sr=cmd.ExecuteReader（）；if（sr.Read（））
StudentID.Text=studentid.ToString（）；
StudentName.Text=sr["S_name"].ToString（）；
StudentSex.Text=sr["Sex"].ToString（）；
StuChinese.Text=sr["Chinese"].ToString（）；
StuMath.Text=sr["Math"].ToString（）；
StuEnglish.Text=sr["English"].ToString（）；
```

按钮 MoveToPre（<）的单击事件。当用户单击主页面上的“<”按钮

时，将触发事件 MoveToPre_Click（object sender，EventArgs e），该事件将在 StudentID、StudentName、StudentSex、StuChinese、StuMath、StuEnglish 六个 TextBox 控件中分别显示 studentgrade_view 表中当前记录的前一条记录的 studentgrade_view 表中 S_id 最小记录的 S_id、S_name、Sex、Chinese、Math、English 值（即以 S_id 排序，小于当前 S_id 值的最大的 S_id 对应的记录被视为当前 S_id 的前一条记录）。该事件的实现代码如下：

```
protected void MoveToPre_Click（object sender，EventArgs e）
{if（（StudentID.Text.Trim（）).Length<1）
{Response.Write（"<script>window，alert（ ‘请选择一个当前项！’ ）</script>"）；
mfsHUJUKUYINGYONGJISHU
return；}
string studentid=""
SqlConnection con=new SqlConnection（"server=localhost；user id=sa；pwd=123456；database=school"）；
con.Open（）；
string str="select S_id from studentgrade_view order by S_id asc"；
SqlCommand cmd=new SqlCommand（str，con）；
SqlDataReader sr=cmd.ExecuteReader（）；
if（sr.Read（））
{studentid=sr["S_id"].ToString（）；}
sr.Close（）；
if（studentid= =StudentID.Text.Trim（））
{Response.Write（"<script>window，alert（ ‘当前数据项已经是第一个了！ '）</script>"）；
return；}
else}
string tempstr="select max（S_id）as maxid from studentgrade_view where S_id<"StudentID.Text.Trim（）；
cmd.CommandText=tempstr；
SqlDataReader dr=cmd.ExecuteReader（）；
if（dr.Read（））
{string stuid=dr["maxid"].ToString（）；
Refresh（stuid）；}}
```

con.Close（）；}

按钮 MoveToNext（>）的单击事件。当用户单击主页面上的 [>] 按钮时，将触发事件 MoveToNext_Click（object sender，EventArgs e），该事件将在 StudentID、StudentName、StudentSex、StuChinese、StuMath、StuEnglish 六个 TextBox 控件中分别显示 studentgrade_view 表中当前记录的下一条记录的 S_id、S_name、Sex、Chinese、Math、English 值（即以 S_id 排序，大于当前 S_id 值的最小的 S_id 对应的记录被视为当前 S_id 的下一条记录）。该事件的实现代码如下：

```
protected void MoveToNext 一 Click（object sender，EventArgs e）
{if（（StudentID.Text.Trim（））.Length<1）
{Response.Write（"<script>window，alert（'请选择一个当前项！'）</script>"）；return；}
string studentid
SqlConnection con=new SqlConnection（"server=localhost；user id=sa；pwd=123456；database=school"）；
con.Open（）；
string str="select S_id from studentgrade_view order by S_id desc"；
SqlCommand cmd=new SqlCommand（str，con）；
SqlDataReader sr=cmd.ExecuteReader（）；
if（sr.Read（））
{studentid=sr["S_id"].ToString（）；}
sr.Close（）；
if（studentid= =StudentID.Text.Trim（））
{Response.Write（"<script>window，alert（"当前数据项已经是最后一个了！'）</script>"）；
return；}
else
{string tempstr="select min（S_id）as maxid from student where S_id>"
StudentID.Text.Trim（）
cmd.CommandText=tempstr；
SqlDataReader dr=cmd.ExecuteReader（）；if（dr.Read（））
{string stuid=dr["maxid"].ToString（）；
Refresh（stuid）；}}
con.Close（）；}
```

按钮 MoveToLast（>>）的单击事件。当用户单击主页面上的 [>>] 按钮时，将触发事件 MoveToLast_Click（object sender，EventArgs e），该事件将在 StudentID、StudentName、StudentSex、StuChinese、StuMath、StuEnglish 六个 TextBox 控件中分别显示 studentgrade_view 表中 S_id 最大记录的 S_id、S_name、Sex、Chinese、Math、English 值。该事件的实现代码如下：

```
protected void MoveToLast_Click（object sender，EventArgs e）
{SqlConnection con=new SqlConnection（"server=localhost；user id=sa；
pwd=123456；database=school"）；
con.Open（）；
string str="select S_id from studentgrade_view order by S_id desc"；
SqlCommand cmd=new SqlCommand（str，con）；
SqlDataReader sr=cmd.ExecuteReader（）；
if（sr.Read（））
{string Student=sr["S_id"].ToString（）；
Refresh（Student）；}
sr.Close（）；
con.Close（）；}
```

按钮 KeySelect（按关键字查询）的单击事件。当用户单击主页面上的 [按关键字查询] 按钮时，将触发事件 KeySelect_Click（object sender，EventArgs e），该事件在 studentgrade_view 表中查找满足输入条件的记录，并将结果显示在 StudentID、StudentName、StudentSex、StuChinese、StuMath、StuEnglish 六个 TextBox 控件中。该事件的实现代码如下：

```
protected void KeySelect_Click（object sender，EventArgs e）
{bool find=false；
SqlConnection con=new SqlConnection（'server=localhost；user id=sa；
pwd=123456；database=school'）；
con.Open（）；
string cmdstr='select*from studentgrade_view'；
SqlDataAdapter da=new SqlDataAdapter（cmdstr，con）；
DataSet ds=new DataSet（）；da.Fill（ds）；
for（int i=0；i<ds.Tables[0].Rows.Count；i++）
{for（int j=0；j<ds.Tables[0].Columns.Count；j++）
{string data=(ds.Tables[0].Rows[i][j].ToString( )).Trim( ); if( data==Select.
Text.Trim（））
```

```
{
StudentID.Text=ds.Tables[0].Rows[i]['S_id'].ToString（）;
StudentName.Text=ds.Tables[0].Rows[i]['S_name'].ToString（）;
StudentSex.Text=ds.Tables[0].Rows[i]['sex'].ToString（）;
StuChinese.Text=ds.Tables[0].Rows[i]['Chinese'].ToString（）;
StuMath.Text=ds.Tables[0].Rows[i]['math'].ToString（）;
StuEnglish.Text=ds.Tables[0].Rows[i]['english'].ToString（）;
find=true; }
}
if（find==false）
{Response.Write('<script>window, alert('没有相关记录！ ')</script>'); }
con.Close（）; }
```

在 [成绩查询管理] 界面的 [返回] 按钮的单击事件，用来返回到上一主界面。该事件的实现代码如下：

```
protected void Buttonl_Click（object sender，EventArgs e）
{Response.Redirect（'~/Default，aspx'）; }
```

从 [解决方案资源管理器] 视图中选中 [EXcims] 的窗体 Default.aspx，点击鼠标右键，从快捷菜单中点击 [设为起始页]，点击 [运行] 按钮。单击 [学生管理] 按钮，进入 [学生管理] 运行页面。对学生信息进行录入修改后，点击 [学生管理] 运行页面中的 [返回] 按钮，再返回到 [学生学籍管理系统] 运行主页面。单击 [成绩查询管理] 按钮，进入 [成绩查询管理] 运行页面。

参照 [学生管理] 和 [成绩查询管理] 的设计思路，再设计 [新闻管理]、[学生考勤管理]、[讨论园地] 等界面及其功能即可完成校园信息管理系统的设计。

（七）物业管理系统的设计与实现

根据上面的数据库设计，以及对物业管理系统的功能分析，为学习方便，我们简化该系统的功能为登录、出入登记、更新登记、房产管理、设备管理。本系统应设计以下页面：

①登录界面 Login.aspx；

②出入登记 Ent.aspx；

③更新登记 Update.aspx；

④房产管理 House.aspx；

⑤设备管理 Equ.aspx。

为了使本系统的设计更便于修改和更具有通用性，系统中所有设计数据库的操作都将使用前面创建的存储过程来完成，根据需求建立存储过程如下：

①创建验证用户名和密码存储过程 VailUser：

Create proc VailUser@ 管理员姓名 char（20），@ 登录密码 char（20），@ 验证结果 bit output，@ 权限 int output

as

declare@ 记录数 int

select@ 记录数 =count（*）from 管理员 where 管理员姓名 =@ 管理员姓名 and 登录密码 =@ 登录密码

if（@ 记录数 =0）

set@ 验证结果 =0

Else

set@ 验证结果 =1

——对输出参数进行赋值

set@ 权限 =convert（int，（select 权限 from 管理员 where 管理员姓名 =@ 管理员姓名））

Go

②创建写入出入登记信息存储过程 InputEnt：

Create proc InputEnt@ 登记人员姓名 char（20），@ 被访人员姓名 char（20），@ 进入时间 datetime，@ 备注 varchar（200）as

insert into 出入登记管理（登记人员姓名，被访人员姓名，进入时间，备注）values（@ 登记人员姓名，@ 被访人员姓名，@ 进入时间，@ 备注）

Go

③创建更新登记信息表存储过程 updateEnt：

Create proc updateEnt@ 编号 int，@ 离开时间 datetime

As

Update 出入登记管理 set 离开时间 =@ 离开时间 where 编号 =@ 编号

Go

④创建写入房产信息存储过程 InputHouse：

Create proc InputHouse@ 楼层单元 char（20），@ 房号 char（20），@ 房屋建筑面积 float，@ 房屋使用面积 float，@ 产权情况 char（20），@ 备注 varchar（20）

as

insert into 房产管理（楼层单元，房号，房屋建筑面积，房屋使用面积，

产权情况，备注）values（@楼层单元，@房号，@房屋建筑面积，@房屋使用面积，@产权情况，@备注）

Go

⑤创建写入设备信息存储过程 InputEqu：

Create proc InputEqu@设备名称 char（20），@设备类型 char（20），@设备数量 int，@设备情况 varchar（20）

as

insert into 设备管理（设备名称，设备类型，设备数量，设备情况）values（@设备名称，@设备类型，@设备数量，@设备情况）

Go

其余的一部分操作可以继续建立存储过程，简单的查询直接用 sql 语句执行就可以了。

第六章　数据表的创建与管理

第一节　数据表的建立

在 SQL Server 2005 中，数据表是处理数据和建立关系型数据库及应用程序的基本单元，数据表的操作是建立数据库系统的基础。

表是包含 SQL Server 2005 数据库中所有数据的对象。每个表代表一类对用户有意义的对象。

在设计数据库时，必须先确定数据库所需的表、每个表中数据的类型以及可以访问每个表的用户。在创建表及其对象之前，要先确定表的下列特征：

①表包含的数据的类型；

②表中的列数，每一列中数据的类型和长度；

③允许空值列有哪些；

④是否使用以及何处使用约束、默认设置和规则；

⑤所需索引的类型，哪里需要索引，哪些列是主键，哪些是外键。

创建表的最有效的方法是同时定义表中所需的所有内容。这些内容包括表的数据限制和其他组件。创建后，再对表进行更为细致的设计。

一、数据类型

设计表时首先要执行的操作之一是为每个列指定数据类型。数据类型定义了各列允许使用的数据值。通过下列方法之一可以为列指定数据类型：

①使用 SQL Server 2005 系统数据类型；

②创建基于系统数据类型的用户定义数据类型。

1. 系统数据类型

在 SQL Server 2005 中，每个列、局部变量、表达式和参数都具有一个相关的数据类型。数据类型是一种属性，用于指定对象可保存的数据的类型，如整数数据、字符数据、货币数据、日期和时间数据、二进制字符串等。

SQL Server 提供了系统数据类型集，类型集中定义了可与 SQL Server一起使用的所有数据类型。

（1）精确数值类型

bigint、int、smallint、tinyint 为整数数据类型。

bit 为可以取值为 1、0 或 NULL 的整数数据类型。

decimal 与 numeric 为带固定精度和小数位数的数值数据类型。

decimal[（p[，s]）] 和 numeric[（p[，s]）]：固定精度和小数位数。使用最大精度时，有效值从 -1038+1 到 1038-1。numeric 在功能上等价于 decimal。

p（精度）：最多可以存储的十进制数字的总位数，包括小数点左边和右边的位数。该精度必须是从 1 到最大精度 38 之间的值。默认精度为 18。

s（小数位数）：小数点右边可以存储的十进制数字的最大位数。小数位数必须是从 0 到 p 之间的值，仅在指定精度后才可以指定小数位数。默认的小数位数为 0。因此，$0 \leqslant s \leqslant p$。最大存储的值基于精度而变化。

money 和 smallmoney 为代表货币或货币值的数据类型。

money 和 smallmoney 数据类型可以精确到它们所代表的货币单位的万分之一。

（2）近似数值类型

float 和 real 为用于表示浮点数据的近似数值数据类型。浮点数据为近似值，因此，并非数据类型范围内的所有值都能精确地表示。

float[（n）]：其中 n 为用于存储 float 数值尾数的位数（以科学计数法表示），可以确定精度和存储大小。n 是介于 1 和 53 之间的某个值，n 的默认值为 53。

（3）日期和时间类型

datetime 和 smalldatetime 为用于表示日期和时间的数据类型。

SQL Server 2005 用两个 4 字节的整数存储 datetime 数据类型的值。第一个 4 字节存储“基础日期”（即 1900 年 1 月 1 日）之前或之后的天数。基础日期是系统参照日期。另外一个 4 字节存储时间（以午夜后经过的毫秒数表示）。

smalldatetime 数据类型存储日期和时间，但精确度低于 datetime。数据库引擎将 smalldatetime 值存储为两个 2 字节的整数。第一个 2 字节存储 1900 年 1 月 1 日后的天数，另外一个 2 字节存储午夜后经过的分钟数。

（4）字符串类型

char 和 varchar 为固定长度或可变长度的非 Unicode 字符数据类型。

Char[（n）] 为固定长度的非 Unicode 字符数据，长度为 n 个字节。n 的取值范围为 1~8 000。

varchar[（n ｜ max）] 为可变长度的非 Unicode 字符数据。n 的取值范围为 1~8 000。max 指示最大存储容量是 231-1 个字节。存储容量是输入数据的实际长度加 2 个字节。所输入数据的长度可以为 0 个字符。

如果未在数据定义或变量声明语句中指定 n，则默认长度为 1。如果在使用 CAST 和 CONVERT 函数时未指定 n，则默认长度为 30。

text 用于存储大型非 Unicode 字符、Unicode 字符及二进制数据的固定长度数据类型和可变长度数据类型。

（5）Unicode 字符串类型

nchar 和 nvarchar 为固定长度或可变长度的 Unicode 字符数据类型。Unicode 字符数据使用 UNICODE UCS-2 字符集。

nchar[（n）]：n 个字符的固定长度的 Unicode 字符数据。n 值必须在 1~4 000 之间。存储大小为 n 字节的两倍。

nvarchar[（n ｜ max）]：可变长度 Unicode 字符数据。n 值在 1~4 000 之间。max 指示最大存储容量为 231-1 个字节。存储容量是所输入字符个数的两倍加 2 个字节。所输入数据的长度可以为 0 个字符。

ntext 用于存储大型非 Unicode 字符、Unicode 字符及二进制数据的固定长度数据类型和可变长度数据类型。

长度可变的 Unicode 数据，最大长度为 230-1（1 073 741 823）个字符。存储容量是所输入字符个数的两倍（以字节为单位）。

（6）二进制字符串类型

binary 和 varbinaiy 为固定长度或可变长度的二进制数据类型。

binary[（n）]：长度为 n 个字节的固定长度二进制数据，其中 n 是 1~8 000 之间的值。存储容量为 n 个字节。

varbinary[（n ｜ max）]：可变长度二进制数据。n 可以取 1~8 000 之间的值。max 指示最大的存储容量为 231-1 个字节。存储大小为所输入数据的实际长度加 2 个字节。所输入数据的长度可以是 0 个字节。

如果未在数据定义或变量声明语句中指定 n，则默认长度为 1。如果未使用 CAST 函数指定 n，则默认长度为 30。

image 用于存储大型非 Unicode 字符、Unicode 字符及二进制数据的固定长度数据类型和可变长度数据类型。

长度可变的二进制数据，存储容量为 0~231-1（2，147，483，647）个字节。

（7）其他数据类型

① cursor：游标是变量或存储过程参数（OUTPUT）的一种数据类型，这些参数包含对游标的引用。使用 cursor 数据类型创建的变量可以为空。

② sql_variant：用于存储 SQL Server 2005 支持的各种数据类型（不包括 text、ntext、image、timestamp 和 sql_variant）的值。

sql_variant 可以用在列、参数、变量和用户定义函数的返回值中。sql_variant 使这些数据库对象能够支持其他数据类型的值。

类型为 sql_variant 的列可能包含不同数据类型的行。

③ table：一种特殊的数据类型，用于存储结果集以进行后续处理。table 主要用于临时存储一组行，这些行是作为表值函数的结果集返回的。table 变量可用于函数、存储过程和批处理中。

④ timestamp：公开数据库中自动生成的唯一二进制数值的数据类型。timestamp 通常用作给表行加版本戳。存储容量为 8 个字节。

每个数据库都有一个计数器，当对数据库中包含 timestamp 列的表执行插入或更新操作时，该计数器值就会增加。该计数器是数据库时间戳。这个时间戳跟踪的是数据库内的相对时间，而不是与时钟相关联的实际时间。一个表只能有一个 timestamp 列。每次修改或插入包含 timestamp 列的行时，就会在 timestamp 列中插入增量数据库时间戳的值。这一属性使 timestamp 列不适合作为键使用，尤其是不能作为主键使用。

⑤ uniqueidentifier：全局唯一标识符（GUID）。

uniqueidentifier 数据类型的列或局部变量可通过以下方式初始化为一个值：

使用 NEWID 函数，从 XXXXXXXX-XXXX-XXXX-XXXX-XXXXXXXXXXXX 形式的字符串常量转换，其中，每个 X 是一个在 0 ~ 9 或 a ~ f 范围内的十六进制数字。

⑥ xml：存储 xml 数据的数据类型。可以在列中或者 xml 类型的变量中存储 xml 实例。存储的 xml 实例大小不能超过 2 GB。

2. 用户定义数据类型

用户定义数据类型是基于 SQL Server 2005 中的系统数据类型的。当多个表必须在一个列中存储相同类型的数据，而必须确保这些列具有相同的数据类型、长度和为空性时，可以使用别名类型。例如，可以基于 char 数据类型创建名为 postal_code 的别名类型。表变量中不支持用户定义数据类型。

创建用户定义数据类型时，必须提供下列参数：Name，新数据类型基于的系统数据类型，为空性（数据类型是否允许空值）。

如果未明确定义为空性，系统将基于数据库或连接的 ANSI NULL 默认设置进行指定。注意：如果用户定义数据类型是在 model 数据库中创建的，它将存在于所有用户定义的新数据库中；但是，如果数据类型是在用户定义的数据库中创建的，该数据类型将只存在于该用户定义的数据库中。

二、数据表的创建

在 SQL Server 2005 中，每个数据库最多可包含 20 亿个表，每个表可包含 1 024 列。表的行数及大小仅受可用存储空间的限制。每行最多包括 8 060 个字节。对于带 varchar、nvarchar、varbinary 或 sql_variant 列（导致已定义表的总宽超过 8 060 个字节）的表，此限制将放宽。其中每列的长度仍必须在 8 000 个字节的限制内，但是它们的总宽度可以超过表的 8 060 个字节的限制。

另外，每个表最多可以有 249 个非聚集索引和 1 个聚集索引，其中包括为支持表中所定义的 PRIMARY KEY 和 UNIQUE 约束而生成的索引。

在 SQL Server 中，可以通过 SQL Server Management Studio 的图形工具或 Transact-SQL 命令实现数据表的创建。

1. 使用图形工具创建数据表

①在 SQL Server Management Studio 中的对象资源管理器中，右键单击“teaching”数据库下的 [表] 项，在弹出的快捷菜单中选择 [新建表]。

②在“列名”下依次键入列名，在“数据类型”下选择数据类型，并选择各个列是否允许空值，也可在下面的“列属性”框中修改某列的属性。

③选中 SNO 属性的所在行，单击工具栏上的 [设置主键] 按钮设置主键。

④单击工具栏上的 [管理 CHECK 约束] 按钮，弹出 [CHECK 约束] 对话框。

⑤单击“表达式”后的 [浏览] 按钮，可以设置 CHECK 约束。单击“名称”后的文本框，可以设置 CHECK 约束的名称。单击 [添加] 或 [删除] 按钮，可以添加新的 CHECK 约束或删除已有的 CHECK 约束。设置好 CHFXK 约束后单击 [关闭] 按钮返回表设计器界面。

⑥单击工具栏中的 [保存] 按钮，出现 [选择名称] 对话框，在该框中输入表名，然后单击 [确定] 按钮。

2. 使用 T-SQL 命令创建数据表

使用 CREATE TABLE 命令同样可以建立数据表，其示例如下。

```
CREATE TABLE
[ database_name . [ schema_name ] . | schema_name . ] table_name
( { <column_definition> }
[ <table_constraint> ] [ ,...n ] )
< column_definition > ::=
column_name <data_type>
[ NULL | NOT NULL ]
[
[ CONSTRAINT constraint_name ] DEFAULT constant_expression ]
]
<data type> ::= [ type_schema_name . ] type_name
[ ( precision [ , scale ] | MAX  ) ]
<column_constraint> ::= [ CONSTRAINT constraint_name ]
{    { PRIMARY KEY | UNIQUE }
[ CLUSTERED | NONCLUSTERED ]
| [ FOREIGN KEY ]
REFERENCES [ schema_name . ] referenced_table_name [ ( ref_column ) ]
[ ON DELETE { NO ACTION | CASCADE | SET NULL | SET DEFAULT } ]
[ ON UPDATE { NO ACTION | CASCADE | SET NULL | SET DEFAULT } ]
[ NOT FOR REPLICATION ]
| CHECK [ NOT FOR REPLICATION ] ( logical_expression )
}
```

各选项含义如下。

database_name：在其中创建表的数据库的名称。database_name 必须指定为已有数据库的名称，如果未指定，则 database_name 默认为当前数据库。当前连接的登录名必须与 database_name 所指定数据库中的一个现有用户 ID 关联，并且该用户 ID 必须具有 CREATE TABLE 权限。

schema_name：新表所属架构的名称。

table_name：新表的名称。表名必须遵循标识符命名规则。除了本地临时表名（以单个数字符号“#”为前缀的名称）不能超过 116 个字符外，table_name 最多可包含 128 个字符。

column_name：表中列的名称。列名必须遵循标识符规则，并在表中唯一。column_name 可包含 1~128 个字符。对于使用 timestamp 数据类型创建的列，可以省略。如果未指定 column_name，则 timestamp 列的名称将默认为 timestamp。

NULL ｜ NOT NULL：指定列中是否允许使用空值。严格来讲，NULL 不是约束，但可以像指定 NOT NULL 那样指定它。

DEFAULT constant_expression：指定列的默认值。DEFAULT 定义可适用于除定义为 timestamp 或带 IDENTITY 属性的列以外的任何列。如果为用户定义类型列指定了默认值，则该类型应当支持从 constant_expression 到用户定义类型的隐式转换。删除表时，也将删除 DEFAULT 定义。constant_expression 只能是常量值（例如字符串）、标量函数（系统函数、用户定义函数或 CLR 函数）或 NULL。

CONSTRAINT constraint_name：可选关键字，表示 PRIMARY KEY、NOT NULL、UNIQUE、FOREIGNKEY 或 CHECK 约束定义的开始。constraint_name：约束的名称。约束名称必须在表所属的架构中唯一。

[type_schema_name.]type_name：指定列的数据类型以及该列所属的架构。数据类型可以是基于 SQL Server 系统数据类型的用户定义数据类型。必须先用 CREATE TYPE 语句创建用户定义数据类型，然后才能将其用于表定义中。在 CREATE TABLE 语句中，可以覆盖用户定义数据类型的 NULL 或 NOT NULL 赋值。但是，指定的长度不能更改，不能在 CREATE TABLE 语句中指定用户定义数据类型的长度。

如果未指定 type_schema_name，则 SQL Server Database Engine 将按以下顺序引用 type_name：

① SQLServer 系统数据类型；

②当前数据库中当前用户的默认架构；

③当前数据库中的 dbo 架构。

[（precision[，scale] ｜ max）]：指定数据类型的精度和小数位数。其中 max 只适用于 varchar、nvarchar 和 varbinary 数据类型，用于存储 231 个字节的字符和二进制数据，以及 230 个字节的 Unicode 数据。

PRIMARY KEY：主键约束。该约束通过唯一索引对给定的一列或多列强制实体完整性。对于每个表只能创建一个 PRIMARY KEY 约束。

UNIQUE：唯一约束。该约束通过唯一索引为指定的一列或多列提供实体完整性。一个表可以有多个 UNIQUE 约束。

CLUSTERED | NONCLUSTERED：为 PRIMARY KEY 或 UNIQUE 约束创建聚集索引或非聚集索引。PRIMARY KEY 约束默认为 CLUSTERED，UNIQUE 约束默认为 NONCLUSTERED。

在 CREATE TABLE 语句中，只能为一个约束指定 CLUSTERED。如果在为 UNIQUE 约束指定 CLUSTERED 的同时又指定了 PRIMARY KEY 约束，则 PRIMARY KEY 将默认为 NONCLUSTERED。

FOREIGN KEY：为列中的数据提供参照完整性。FOREIGN KEY 约束要求列中的每个值都存在于参照表的对应被引用列中。FOREIGN KEY 约束只能引用在参照表中是 PRIMARY KEY 或 UNIQUE 约束的列，或引用本表中在 UNIQUE INDEX 内的列。

REFERENCES[schema_name.]referenced_table_name[（ref_column）]：指定 FOREIGN KEY 约束引用的表的名称，以及该表所属架构的名称。ref_column 是 FOREIGN KEY 约束所引用的表中的列。

CHECK（logical_expression）：通过限制可输入一列或多列中的可能值来强制域完整性。logical_expression 是返回 TRUE 或 FALSE 的逻辑表达式。用户定义数据类型不能作为表达式的一部分。

三、特殊类型表

除了基本用户定义表的标准角色外，SQL Server 2005 还提供了下列类型的表：①已分区表；②临时表；③系统表。这些表在数据库中起着特殊的作用。

1. 已分区表

已分区表是将数据水平划分为多个单元的表，这些单元可以分布到数据库中的多个文件组中。在维护整个集合的完整性时，使用分区可以快速而有效地访问或管理数据子集，从而使大型表或索引更易于管理。在分区方案下，将数据从 OLTP 加载到 OLAP 系统中这样的操作只需几秒钟，而不是像在早期版本中那样需要几分钟或几小时。对数据子集执行的维护操作也将更有效，因为它们的目标只是所需的数据，而不是整个表。

如果表非常大或者有可能变得非常大，并且属于下列任一情况，那么分区表将很有用处：

①表中包含或可能包含以不同方式使用的许多数据；

②对表的查询或更新没有按照预期的方式执行，或者维护开销超出了预定义的维护期。

已分区表支持所有与设计和查询标准表关联的属性和功能，包括约束、默认值、标识和时间戳值、触发器和索引。因此，如果要实现一台服务器本地的分区视图，应该使用已分区表。

2. 临时表

临时表有本地表和全局表两种。在与首次创建或引用表时相同的 SQL Server 实例连接期间，本地临时表只对于创建者是可见的。当用户与 SQL Server 实例断开连接后，将删除本地临时表。全局临时表在创建后对任何用户和任何连接都是可见的，当引用该表的所有用户都与 SQL Server 实例断开连接后，将删除全局临时表。本地临时表的名称以单个数字符号“#”开头，全局临时表的名称以两个数字符号“##”开头。

3. 系统表

SQL Server将定义服务器配置及其所有表的数据存储在一组特殊的表中，这组表称为系统表。除非通过专用的管理员连接 DAC（只能在 Microsoft 客户服务的指导下使用），否则用户无法直接查询或更新系统表。用户通常在 SQL Server 的每个新版本中更改系统表。对于直接引用系统表的应用程序，可能必须经过重写才能升级到具有不同版本的系统表的 SQL Server 更新版本。系统表中的信息可以通过目录视图查看。

第二节　数据表的修改

一、查看数据表

在数据库中创建表之后，可能需要查找有关表的定义信息（例如，列的名称、数据类型或其索引的性质），还可以显示表的依赖关系来确定哪些对象（如视图、存储过程和触发器）是由表决定的。

查看表定义信息可以使用系统存储过程 sp_help。

语法格式：sp_help[[@objname=] ' name ']

[@objname=] ' name ' ：SQL Server 系统数据类型或用户定义数据类型的某个对象的名称。name 的数据类型为 nvarchar（776），默认值为 NULL。

sp_help 系统存储过程仅在当前数据库中查找对象。返回代码值：0（成功）或 1（失败）。sp_help 系统存储过程返回的结果集取决于 name 是否已指定、何时指定以及属于何种数据库对象。

如果执行不带参数的 sp_help，则返回当前数据库中现有的所有类型对象的汇总信息，包括对象名称、所有者和对象类型。

如果 name 是 SQL Server 数据类型或用户定义数据类型，则 sp_help 将返回该对象的结果集。

如果 name 是数据库对象而不是数据类型，则 sp_help 将根据指定的对象类型返回结果集，同时返回其他结果集。

如果 name 是系统表、用户表或视图，则 sp_help 将返回该对象的相关信息结果集。但不会为视图返回说明数据文件在文件组中位置的结果集。

二、修改数据表

（一）使用图形工具修改数据表

在对象资源管理器中，右键单击要修改的数据表，再选择“修改”菜单项，进入表设计器。在表设计器中可以做如下修改：

①修改列属性值；②添加和删除列；③修改约束。

1. 修改列属性值

（1）修改列的数据类型

如果要将现有列中的现有数据转换为新的数据类型，则可以更改该列的数据类型。

（2）修改列的数据长度

在选择数据类型时，系统将自动定义列的长度。用户只能修改具有 binary、char、nchar、varbinary、varchar 或 nvarchar 数据类型的列的长度属性。对于其他数据类型的列，其长度由数据类型确定，无法更改。如果新列长度小于旧列长度，则列中超过新列长度的所有值将被截断，而无任何警告。在表设计器中，用户无法更改用 PRIMARY KEY 或 FOREIGN KEY 约束定义的列的长度。

（3）修改列的精度

数值列的精度是指选定数据类型所使用的最大位数。非数值列的精度是指最大长度或定义的列长度。

除 decimal 和 numeric 外，所有数据类型的精度都是自动定义的。如果要重新定义那些具有 decimal 和 numeric 数据类型的列所使用的最大位数，则可以更改这些列的精度。数据库引擎不允许更改不具有这些指定数据类型之一的列的精度。

（4）修改列的小数位数

numeric 或 decimal 列的小数位数是指小数点右侧的最大位数。选择数据类型时，列的小数位数默认设置为 0。对于含有近似浮点数的列，因为小数点右侧的位数不固定，所以未定义小数位数。如果要重新定义小数点右侧可显示的位数，则可以更改 numeric 或 decimal 列的小数位数。

（5）修改列的为空性

列可以被定义为允许或不允许为空值。默认情况下，列允许为空值。仅当现有列中不存在空值且没有为该列创建索引时，才可以将该列更改为不允许为空值。若要使含有空值的现有列不允许为空值，需要执行下列步骤：

添加具有 DEFAULT 定义的新列，插入有效值而不是 NULL；

将原有列中的数据复制到新列；

删除原有列。

可以将不允许为空值的现有列更改为允许为空值，除非为该列定义了 PRIMARY KEY 约束。

2. 添加和删除列

在 SQL Server 2005 中，如果列允许空值或对列创建 DEFAULT 约束，则可以将列添加到现有表中。将新列添加到表时，SQL Server 2005 Database Engine 在该列为表中的每个现有数据行插入一个值。因此，在向表中添加列时先向列添加 DEFAULT 定义会很有用。如果新列没有 DEFAULT 定义，则必须指定该列允许空值。数据库引擎将空值插入该列，如果新列不允许空值，则返回错误。

反之，可以删除现有表中的列，但具有下列特征的列除外：

用于索引；

用于 CHECK、FOREIGN KEY、UNIQUE 或 PRIMARY KEY 约束；

与 DEFAULT 定义关联或绑定到某一默认对象；

绑定到规则；

已注册支持全文；

用作表的全文键。

（1）添加列

在表设计器中，将光标置于“列名”列的第一个空白单元格中。也可以右键单击表中的行，再从快捷菜单中选择“插入列”。此时，将插入一个空白列行。在“列名”列的单元格中键入列名，列名是必需设置的值，在后面的列中设置其他属性。

（2）删除列

在表设计器中，选择要删除的列，右键单击该列，然后从快捷菜单中选择“删除列”。如果该列参与了关系，则将显示一条消息，提示您确认删除所选列及其关系。然后选择 [是] 按钮，确认操作。

如果该列未参与 CHECK 约束，则将暂时从数据库中移除该列，附加到该列的任何约束、该列参与的任何关系以及该列中包含的任何数据。当保存该表时，将从数据库中永久删除这些内容。

如果该列参与了 CHECK 约束，则当试图保存工作结果时，数据库服务器将拒绝所做的修改，即提交操作失败。若要删除参与 CHECK 约束的列，在删除该列之前，必须首先修改或移除 CHECK 约束。

（二）使用 T-SQL 命令修改数据表

可以使用 ALTER TABLE 命令修改已创建的数据表结构。

ALTER COLUMN column_name：指定要更改的列名。column_name 最多可以包含 128 个字符。对于新列，如果创建列时使用的数据类型为 timestamp，则可以省略 column_name；对于数据类型为 timestamp 的列，如果未指定 column_name，则使用名称 timestamp。更改后的列不能为以下任意一种情况：

数据类型为 timestamp 的列；

表的 ROWGUIDCOL 列；

计算列或用于计算列的列；

用于索引中的列，除非该列数据类型为 varchar、nvarchar 或 varbinary，数据类型没有更改，而且新列大小等于或者大于旧列大小；

用于由 CREATE STATISTICS 语句生成的统计信息中的列；

用于 PRIMARY KEY 或 [FOREIGN KEY]REFERENCES 约束中的列；

用于 CHECK 或 UNIQUE 约束中的列，但是，允许更改用于 CHECK 或 UNIQUE 约束中的长度可变的列的长度；

与默认定义关联的列，但是，如果不更改数据类型，则可以更改列的长度、精度或小数位数。

仅能通过下列方式更改 text、ntext 和 image 列的数据类型；

text 更改为 varchar（max）、nvarchar（max）或 xml；

ntext 更改为 varchar（max）、nvarchar（max）或 xml；

image 更改为 varbinary（max）。

某些数据类型的更改可能导致数据的更改。例如，如果将 nchar 或 nvarchar 列更改为 char 或 varchar，则可能导致转换扩展字符。降低列的精度或减少小数位数可能导致数据截断。

NULL | NOT NULL：指定列是否可接受空值。如果列不允许空值，则只有在指定了默认值或表为空的情况下，才能用 ALTER TABLE 语句添加该列。

如果新列允许空值，但没有指定默认值，则新列在表中的每一行都包含一个空值。如果新列允许空值，并且指定了新列的默认值，则可以使用 WITH VALUES 将默认值存储到表中每个现有行的新列中。

如果新列不允许空值，并且表不为空，那么 DEFAULT 定义必须与新列一起添加，并且加载新列时，每个现有行的新列中将自动包含默认值。

在 ALTER COLUMN 语句中指定 NULL，可以强制 NOT NULL 列允许空值，但 PRIMARY KEY 约束中的列除外。只有列中不包含空值时，才可以在 ALTER COLUMN 中指定 NOT NULL。必须将空值更新为某个值后，才允许执行 ALTER COLUMN NOT NULL 语句。

如果 ALTER COLUMN 与 NULL 或 NOT NULL 一起指定，则必须同时指定 new_data_type[（precision[，scale]）]。如果未更改数据类型、精度和小数位数，则指定当前的列值。

WITH CHECK I WITH NOCHECK：指定表中的数据是否用新添加的或重新启用的 FOREIGN KEY 或 CHECK 约束进行验证。如果未指定，对于新约束，假定为 WITH CHECK，对于重新启用的约束，假定为 WITH NOCHECK。

ADD ｜ <column_definition> ｜ <table_constraint> ｜：指定添加一个或多个列定义或者表约束。

DROP{[CONSTRAINT]constraint_name ｜ COLUMN column_name}：指定从表中删除名为 constraint_name 的约束或名为 column_name 的列。可以删除多个列或约束。

除非已删除相应的引用，否则无法删除以下列：

用于索引的列；

用于 CHECK'FOREIGN KEY、UNIQUE 或 PRIMARY KEY 约束的列；

与默认值（由 default 关键字定义）相关联的列，或绑定到默认对象的列；绑定到规则的列。

三、删除数据表

有些情况下必须删除表，删除表后，该表的结构定义、数据、全文索引、约束和索引都从数据库中永久删除，原来存储表及其索引的空间可用来存储其他表。

如果要删除通过 FOREIGN KEY 和 UNIQUE 或 PRIMARY KEY 约束相关联的表，则必须先删除具有 FOREIGN KEY 约束的表。如果要删除 FOREIGN KEY 约束中引用的表但不能删除整个外键表，则必须删除 FOREIGN KEY 约束。

1. 使用图形工具删除数据表

在 SQL Server Management Studio 中的 [对象资源管理器] 中，右键单击 [数据库] 下的 [表] 项中要删除的表名，在弹出的快捷菜单中选择 [删除]，在出现的 [删除对象] 窗口中，单击 [确定] 按钮，即可将表删除。

2. 使用 T-SQL 命令删除数据表

使用 DROP TABLE 命令可以删除数据表。

若要使用 DROP TABLE 删除被 FOREIGN KEY 约束引用的表，必须先删除引用 FOREIGN KEY 约束或引用表。如果要在同一个 DROP TABLE 语句中删除引用表以及包含主键的表，则必须先列出引用表。

可以在任何数据库中删除多个表。如果一个要删除的表引用了另一个也要删除的表的主键，则必须先列出包含该外键的引用表，然后再列出包含要引用的主键的表。

删除表时，表的规则或默认值将被解除绑定，与该表关联的任何约束或触发器将被自动删除。如果要重新创建表，则必须重新绑定相应的规则和默认值，重新创建某些触发器，并添加所有必需的约束。

第七章　事务和锁

第一节　事务

事务（Transaction）的作用是保证一系列的数据操作可以全部正确完成，不会造成数据操作到一半未完成，而导致数据的完整性出错。合理使用事务，可以保证数据库中的数据保持正确且完整。

一、为什么要引入“事务”的概念

在使用 DELETE 或 UPDATE 语句对数据库进行修改时，一次只能操作一个表，这就可能带来数据库的数据不一致的问题。

在执行第一条 DELETE 语句后，数据库中的数据已处于不一致状态，只有执行了第二条 DELETE 语句后，数据才重新处于一致状态。但是，如果在执行完第一条语句后，计算机突然出现故障，无法再继续执行第二条 DELETE 语句，则数据库中的数据将永远处于不一致状态。因此，必须保证这两条 DELETE 语句要么同时执行，要么都不执行。

再举一个在银行汇款的例子：甲某要给乙某汇 1 万元钱。当银行收到甲某的汇款请求后，先从甲某的账上扣除 1 万元钱，然后在乙某的账上加上 1 万元钱，如此整个汇款工作就完成了。不过这是理想状态下的工作，在实际操作中，有可能从甲某的账上扣除 1 万元之后，在给乙某账上加 1 万元时，由于种种原因，例如网络通信故障等，增加 1 万元的操作失败了。这样一来，甲某就会白白损失 1 万元钱。这种情况在实际操作中是必须要避免的。

为解决此类问题，数据库系统引入了事务的概念。SQL Server 通过支持事务机制管理多个事务，保证事务的一致性。

二、事务的概念

事务是一种机制，是一个操作序列，它包含了一组数据库操作命令，所有的命令作为一个整体一起向系统提交或撤销操作请求，即要么都执行，要么都不执行。因此，事务是一个不可分割的工作逻辑单元。在数据库系统中执行并发操作时，事务是作为最小的控制单元来使用的。

在关系数据库中，一个事务可以是一条 SQL 语句，也可以是一组 SQL 语句或整个程序。事务和程序是两个不同的概念，一般来讲，事务蕴含在程序当中，一个程序中可以包含多个事务。

在 SQL 语言中，定义事务操作的语句有以下 3 条：

BEGIN TRANSACTION

COMMIT TRANSACTION

ROLLBACK TRANSACTION

通常用 BEGIN TRANSACTION 命令来标识一个事务的开始，而用 COMMIT TRANSACTION 命令来标识事务的结束。这两个命令之间的所有语句被视为一体。

一般情况下，SQL 会隐性地开始事务，如果显式地开始事务，则其结束也必须是显式的，有以下两种方法可以结束事务。

第一种，提交（COMMIT）。如果所有的操作都完成了的话，可以结束事务，并向系统提交。提交之后，所有的修改都会生效，在没有提交之前，所有的修改都可以作废。也就是说，只有执行到 COMMIT TRANSACTION 命令时，事务对数据库的更新操作才算确认；

第二种，回滚（ROLLBACK）。回滚会结束当前事务，并且放弃自事务开始以来所有的操作，回到事务开始的状态。此外，也可以在事务之内设置一些保存点，这样就可以不必放弃整个事务，根据需要回滚至保存点处。

这两个命令的语法如下：

BEGIN TRAN[SACTION][transaction_name | @tran_name_variable]

COMMIT TRAN[SACTION][transaction_name | @tran_name_variable]

其中，BEGIN TRANSACTION 可以缩写为 BEGIN TRAN，COMMIT TRANSACTION 可以缩写为 COMMIT TRAN 或者 COMMIT。可选参数的意义如下：

transaction_name：用来指定事务的名称，只有前 32 个字符会被系统识别；

@tran_name_variable：用变量来指定事务的名称，变量只能声明为 char、varchar、nchar 或者 nvarchar 类型。

三、事务的特性

事务作为一个逻辑单元，具备 4 个特性：原子性（Atomicity）、一致性（Consistency）、隔离性（Isolation）和持久性（Durability）。下面分别介绍这些特性。

1. 原子性

原子性，即不可分割性。这里是指事务中包含的程序作为数据库的一个逻辑工作单位，它所做的对数据修改的操作要作为一个整体来看待，要么全部执行，要么全部不执行，没有执行一部分的可能。

例如，如果事务的某些操作被更新到磁盘上，而另一些操作的结果却没有完成，那么就违反了原子性。

2.一致性

一致性是指在一个事务执行之前和之后数据库必须处于一致性状态，即事务执行的结果必然是把数据库从一个一致性状态过渡到另一个一致性状态。因此，当数据库中只包含成功事务提交的结果时，数据库就处于一致性状态。如果数据库系统运行期间发生了故障，有些事务尚未完成就被中断了，这些未完成的事务对数据库所作的修改有一部分已经写入数据库，这时数据库就处于一种不正确的状态，或者说是不一致的状态。

一致性意味着数据库中的每一行和每一个值都必须与其描述的现实保持一致，而且满足所有约束的要求。例如，如果把订单行写到了磁盘上，但没有写入相应的订单明细，则 Order 表和 OrderDetail 表之间的一致性就被破坏了。

3. 隔离性

隔离性是指由并发事务所作的修改必须与任何其他并发事务所作的修改隔离。事务查看数据时数据所处的状态，要么是另一并发事务修改它之前的状态，要么是另一事务修改它之后的状态，事务不会查看中间状态的数据，这种属性表时也称为事务操作的串行性。

例如，如果甲正在更新若干行数据，而当甲的事务正在执行时，乙要删除甲所修改的数据中的一行。如果乙的删除操作真的发生了，那就说明甲的事务和乙的事务之间的隔离性还不够。相对于当前用户数据库来说，隔离性对多用户环境下的数据库更为重要。

4. 持久性

持久性是指当一个事务完成之后，它的影响永久地产生在系统中，事务所作的修改永久地写入数据库中。一旦一个事务被提交后，它就一直处于已提交的状态。数据库产品必须保证，即使存放数据的驱动器损坏了，它也能将数据恢复到硬盘驱动器损坏之前、最后一个事务提交时的瞬间状态。

四、事务的工作原理

事务的工作原理：事务开始之后，事务所有操作都先后写入事务日志中。写入日志中的操作，一般有两种：一种是针对数据的操作，一种是针对任务的操作。针对数据的操作，如插入、删除和修改等，是典型的事务操作，这些操作的对象是大量的数据。还有些操作是针对任务的，如创建索引等，这些任务操作在事务日志中记录一个标志，用于表示执行了这种操作。当取消这种事务时，系统自动执行这种操作的反操作，保证系统的一致性。

系统自动生成一种检查点（Checkpoint）机制，这个检查点周期性地发生。检查点的周期是系统根据用户定义的时间间隔和系统活动的频度，由系统自动计算出来的时间间隔。检查点周期性地检查事务日志，如果在事务日志中，事务全部完成，那么检查点将事务日志中的事务提交到数据库中，并且在事务日志中做一个检查点提交标记，如果在事务日志中，事务没有完成，那么检查点不将事务日志中的事务提交到数据库中，并且在事务日志中做一个检查点未提交标记。

五、事务的类型

根据系统的设置，可以把事务分为系统提供的事务和用户定义的事务两种类型。

系统提供的事务，也称之为隐式事务。在系统提供的事务中，无须用语句 BEGIN TRANSACTION 来标记事务的开始，每个 SQL 语句，例如 INSERT、SELECT、UPDATE、DELETE 等语句都作为一个事务来执行。

系统提供的事务是指在执行某些语句时，一条语句就是一个事务。这时要明确，一条语句的对象既可能是表中的一行数据，也可能是表中的多行数据，甚至是表中的全部数据。因此，只有一条语句构成的事务也可能包含了多行数据的处理。

用户定义的事务，也称之为显式事务。在用户定义的事务中，事务在语句 BEGIN TRANSACTION 和 COMMIT TRANSACTION 子句之间组成一组。在实际应用中，大多数的事务处理就是采用了用户定义的事务来处理。在使用用户定义的事务时，一定要注意，事务必须有明确的结束语句来结束。如果不使用明确的结束语句来结束，那么系统可能把从事务开始到用户关闭连接之间的全部操作都作为一个事务来对待。

还有一种特殊的用户定义的事务，这就是分布式事务。前面提到的事务都是在一个服务器上的操作，其保证的数据完整性和一致性是指一个服务器上的完整性和一致性。但是，如果一个比较复杂的环境，可能有多台服务器，那么要保证在多服务器环境中事务的完整性和一致性，就必须定义一个分布式事务。在这个分布式事务中，所有的操作都可以涉及对多个服务器的操作，当这些操作都成功时，那么其操作结构将都提交到相应服务器的数据库中；如果这些操作中有一条操作失败，那么这个分布式事务中的全部操作都将被取消。

六、事务回滚机制

事务回滚（Transaction Rollback）是指当事务运行过程中发生了某种故障，事务不能继续执行，系统将事务中对数据库的所有已经完成的操作全部撤销，回滚到事务开始的状态。事务回滚使用 ROLLBACK TRANSACTION 命令。其语法如下：

ROLLBACK[TRAN[SACTI0N][transaction_name | @tran_name_variable | savepoint_name | @savepoint_variable]]

其中 savepoint_name 和 @savepoint_variable 参数用于指定事务回滚到某一指定位置。

如果要让事务回滚到指定位置，则需要在事务中设置保存点（savepoint）。保存点提供了一种机制，可以使用 SAVE TRANSACTION savepoint_name 语句创建一个保存点，然后再执行 ROLLBACK TRANSACTION savepoint_name 语句回滚到该保存点，无须回滚到事务的开始点。也就是说，利用保存点机制，事务失败后，不至于所有的操作都不能用。

第二节 锁

SQL Server 作为一个多用户数据库系统，可以同时运行多个事务并存取数据，充分利用系统资源，发挥数据库共享资源的特点。在这种情况下，数据库系统中可能出现多个并发的事务同时存取同一数据的情况，因而可能会发生数据不一致的现象。在并发操作中，需要使用并发控制机制，以保证多个用户程序执行时数据的一致性、完整性。

锁（Lock）是数据库中的一个非常重要的概念，它主要用于多用户环境下保证数据库的完整性和一致性。对于多用户系统来说，锁机制是必需的，它实质上就是一种并发控制机制。

一、事务的缺陷

尽管单个事务本身执行都是正确的，但是由于多个事务并发执行，相互间有干扰，就可能产生错误的总体结果。如果事务之间有足够的隔离性，当多个事务并发执行时，就会出现以下 4 个方面的缺陷：脏读、不可重复读、幻觉读以及丢失更新。这些事务的缺陷就是影响事务完整性的隐患所在。

1. 脏读

“脏读”（Dirty Reads）是指当一个事务正在访问数据，并且对数据进行了修改，而这种修改还没有提交到数据库中，这时，另外一个事务也访问这个数据，然后使用了这个数据。因为这个数据是还没有提交的数据，那么另外一个事务读到的这个数据是脏数据，依据脏数据所做的操作可能是不正确的。

2. 不可重复读

“不可重复读”（Non-Repeatable Reads）是指在一个事务内，多次读同一数据，在这个事务还没有结束时，另外一个事务也访问同一数据，那么，在第一个事务中的两次读数据之间，由于第二个事务的修改，第一个事务两次读到的数据可能是不一样的。

3. 幻觉读

“幻觉读”（Phantom Reads）是指当事务不是独立执行时发生的一种现象，与不可重复读类似，也是一个事务的更新结果影响到另一个事务的情况，但与不可重复读不同的是它不仅会影响另一个事务所选取的结果集合中的数据值，而且还能够使 SELECT 语句返回另外一些不同的记录行。

4. 丢失更新

“丢失更新”（Lost Updates）是指由于每个事务都不知道其他事务的存在，先前事务所做的数据更新被其他事务所做的更新覆盖，这将导致更新数据的丢失。

二、锁的概念

上述的事务缺陷主要是由于并发操作带来的，但我们并不能因此而限制用户的并发操作，因为支持多用户操作是 SQL Server 系统的一个基本特征。并发控制的解决方案是锁，下面介绍锁的概念及原理。

锁就是事务对某个数据库的资源存取前，先向系统发出请求，封锁该资源。在事务获得锁后，即获得对该资源的控制权，在事务释放它的锁之前，其他事务不能访问更新该资源。当事务结束或者撤销之后，系统释放被锁定的资源，这时其他事务才可以访问该资源。

锁是在多用户环境下对资源访问的一种限制机制，本质上是保护指定的资源，进行排他性的事务操作。锁是实现并发控制的主要方法，是多个用户能够同时操作同一个数据库中的数据而不发生数据不一致现象的重要保障。如果有了锁机制，当多个用户同时访问一个数据库时，就可以有效克服上述事务的缺陷。

三、隔离级别

数据库产品通过在事务之间建立相应的隔离来处理上述的 4 种事务缺陷。隔离本质上就是一种封锁机制，它是指自动数据处理系统中的用户和资源的相关牵制关系，也就是用户和进程彼此分开，且和操作系统的保护控制也分开。隔离允许事务行为（无论是读还是写数据）独立或隔离于其他并发运行的事务。通过控制隔离，每个事务在其行动时间内都像是操作数据库的唯一事务。一个事务与其他事务隔离的程度称为隔离级别（Isolation Level）。

1.ANSI SQL–92 的隔离级别

SQL Server 2005 使用锁机制来实现隔离级别。根据 ANSI SQL-92 委员会的规定，在 SQL Server 中有以下 4 种隔离级别。

（1）Read Uncommitted

这是最不严格的隔离级别，在此隔离级别下，它允许读取已经被其他用户修改但尚未提交确定的数据。该选项仅适用于具有非共享数据的非任务关键型系统（这在应用程序中是很少见的情况）。此隔离级别下，性能处于最佳状态，但是将牺牲并发控制力度。如果确定没有其他并发事务，可使用该选项。如果使用该选项，数据一致性问题难以得到保障，相当于 SQL Server 的锁设置为 NOLOCK（无锁）模式，这对数据经常被更新的系统是不合适的。

（2）Read Committed

这是大多数数据库的默认隔离级别，也是 SQL Server 默认的隔离级别。在此隔离级别下，SELECT 命令不会返回尚未提交（Committed）的数据，只能读取提交的数据，因此该选项解决了读“脏数据”的问题。由于要求对数据库使用附加锁，因此性能相对 Read Uncommitted 级别将会慢一些。

此隔离级别防止了事务最严重的缺陷——脏读，而又不会使系统陷入过度锁竞争而使得性能下降的泥潭。

（3）Repeatable Read

在此隔离级别下，用 SELECT 命令读取的数据在整个命令执行过程中不会被更改，此选项会影响系统的效能，非必要情况最好不用此隔离级别。通过使用该隔离级别，可以解决读脏数据和不可重复读的问题。

（4）Serializable

这是最严格的隔离级别，在希望事务以真正隔离的方式运行并完全与其他事务独立时，请使用该级别，这将能够保证数据的一致性。任务关键型系统使用它来保证真正的隔离事务行为。

通常这种模式适用于对事务完整性的要求比对性能的要求更高的应用，例如，银行、账务系统、高度竞争性的销售数据库（例如股票市场）。使用这种级别的隔离相当于把锁设置为 HOLDLOCK（保持锁定）模式，这将使事务在整个事务的执行期间都保持锁。这种设置虽然提供了完全的事务隔离性，但会造成恶劣的锁竞争，并使性能严重下降。

随着隔离级别增加，需要更多的锁和同步。由于锁控制数据资源，其他尝试执行任何数据操作的事务必须等待，直到锁被释放。因此，增加隔离级别将以牺牲性能为代价。相反，随着隔离级别的降低，因事务耗费较少的时间来等待锁被释放将提高性能。

2. 行版本控制的隔离

行版本（Row Versioning）控制的隔离是 SQL Server 2005 一个新的隔离框架。使用行版本控制的隔离可以在大量并发的情况下，显著减少竞争，并且与 NOLOCK（无锁）相比，它又可以显著减少脏读、幻觉读、丢失更新等现象的发生。

行版本控制的隔离分为两种：已提交读快照隔离级别（READ_COMMHTED_SNAPSHOT）和快照隔离级别（ALLOW_SNAPSHOT_ISOLATION）。这里的快照隔离（Snapshot Isolation，简称 SI）是 SQL Server 2005 中的高级数据库管理特性之一。

在 SQL Server 2005 之前，事务是以悲观方式控制的，这意味着所有事务都获得锁定。尽管锁定是多数应用程序的并发控制选择，但是它也会导致写操作阻止读操作，也就是说，如果某个事务更改了某一行，那么在写操作提交之前另一个事务就不能读取该行。

在某些情况下，读操作等待更改完成是正确的选择。而当在基于行版本控制的快照隔离（SI）下运行的事务在读取数据时，读取操作不会获取正在被读取的数据上的共享锁，因此不会阻塞正在修改数据的事务。另外，锁定资源的开销随着所获取的锁数量的减少降至最低。使用行版本控制的已提交读隔离和快照隔离可以提供副本数据的语句级或事务级读取一致性。这样就可以提高联机事务处理系统（OLTP）应用程序的并发性。

基于行版本控制的快照隔离使得用户能够取得先前提交的行值，但其代价是在修改行时必须保留此版本，这样做的代价是即使当前没有用户在访问此数据也一样进行额外的数据快照（行版本控制都存储在 TempDB 中）。所以在使用时，必须在额外开销与获得更好的并发之间做出衡量和决策。

SQL Server 2005 通过引入快照隔离级别并另外实现了 READ COMMITTED，这是对 ANSI SQL-92 隔离级别的扩展。新的 READ_COMMITTED_SNAPSHOT 隔离级别可以透明地替换所有事务的 READ COMMITTED。

使用行版本控制的隔离级别具有以下优点：

读取操作检索一致的数据库快照；

SELECT 语句在读取操作过程中不锁定数据；

SELECT 语句可以在其他事务更新行时，访问最后提交的行值，而不阻塞应用程序；

死锁的数量减少；

事务所需的锁数量减少，这就减少了管理锁所需的系统开销；

锁升级的次数减少。

四、锁的空间管理及粒度

SQL Server 用锁来实现事务之间的隔离，这样可以防止一个事务所操作的数据受到另一个事务的影响。但为了提高系统的性能，加快事务的处理速度，缩短事务的等待时间，应该使锁定的资源最小化。

为了控制锁定的资源，应该首先了解系统的空间管理。在 SQL Server 系统中，最小的空间管理单位是页，一个页有 8KB。所有的数据、日志、索引都存放在页上。使用页有一个限制，就是表中的一行数据必须在同一个页上，不能跨页。比页更大一级的空间管理单位是簇（Extent，亦称之为扩展盘区），一个簇是 8 个连续的页。表和索引的最小占用单位是簇。数据库由一个或者多个表或者索引组成，即由多个簇组成。

为了优化系统的并发性，应该根据事务的大小和系统活动的程度，锁定不同的资源。SQL Server 系统已经比较完善地实现了这些要求，可以根据需要锁定的资源选用合适的锁的粒度（Granularity）——行级锁、页级锁、簇级锁、表级锁和数据库级锁。

数据行存放在页内，页存放在簇内，一个表由若干个簇组成，而若干个表组成了数据库。在这些可以锁定的资源中，最基本的资源是行、页和表，而簇和数据库是特殊的可以锁定的资源。

1. 行级锁

数据行是数据页中的单行数据，行是可以锁定的最小空间。行级锁是指事务在操纵数据的过程中，锁定一行或者若干行数据，其他事务不能同时处理这些行的数据。需要注意的是，SQL Server 中没有提供对列的锁定。

行级锁占用的数据资源最少，所以在事务的处理过程中，允许其他事务继续操纵同一个表或者同一个页的其他数据，大大降低了其他事务等待处理的时间，提高了系统的并发性。

行级锁是一种最优锁，因为行级锁不可能出现数据既被占用又没有使用的浪费现象。椭圆形表示行级锁占用的数据，而椭圆形之外的其他数据仍然可以由其他事务使用。

2. 页级锁

页是 SQL Server 存取数据的基本单位，其大小为 8KB。页级锁是指在事务的操纵过程中，无论事务处理数据的多少，每一次都锁定一页，在这个页上的数据不能被其他事务操纵。

页级锁锁定的资源比行级锁锁定的数据资源多。在页级锁中，即使是一个事务只操纵页上的一行数据，该页上的其他数据行也不能被其他事务使用。因此，当使用页级锁时，会出现数据的浪费现象，也就是说，在同一个页上会出现数据被占用却没有被使用的现象。在这种现象中，数据的浪费最多不超过一个页上的数据行。

圆形区表示一个页级锁，在这个圆形区内，只有一个事务可以使用圆形区中的数据，其他事务只能使用圆形区以外的数据。

3. 簇级锁

一个簇由 8 个连续的页组成，即 64KB。簇级锁是一种特殊类型的锁，只能用在一些特殊的情况下。簇级锁是指一旦一个事务占用一个簇，那么这个簇不能同时被其他事务所占用。

系统是按照簇分配空间的。当系统分配空间时，使用簇级锁，防止其他事务同时使用同一个簇。当系统完成分配空间之后，就不再使用这种类型的簇级锁。特别地，当涉及对数据操作的事务时，不使用簇级锁。

4. 表级锁

表级锁也是一个非常重要的锁。表级锁是指事务在操纵某一个表的数据时，一旦锁定了这个数据所在的整个表，那么其他事务不能访问该表中的数据。

当事务处理的数据量比较大时，一般使用表级锁。表级锁的特点是使用比较少的系统资源，但是却占用比较多的数据资源。与行级锁和页级锁相比，表级锁占用的系统资源如内存比较少，但是占用的数据资源却是最大。在使用表级锁时，有可能出现数据的大量浪费现象，因为表级锁锁定整个表，那么其他的事务都不能操纵表中的数据。这样会延长其他事务等待处理的时间，降低系统的并发性能。

5. 数据库级锁

数据库级锁是指锁定整个数据库，防止任何用户或者事务对锁定的数据库进行访问。

数据库级锁是一种非常特殊的锁，它只用于数据库的恢复操作过程。这种等级的锁是一种最高等级的锁，因为它控制整个数据库的操作。只要对数据库进行恢复操作，那么就需要设置数据库为单用户模式，这样系统就能防止其他用户对该数据库进行各种操作。

严格地说，数据库级锁不是一种锁，而是一种类似锁的单用户模式机制。但是，这种单用户模式机制非常类似于锁机制，因此也可以把这种单用户模式称为数据库级锁。

采用多级别锁的重要用途是支持并发操作和保证数据的完整性。SQL Server 根据用户的请求做出分析后，自动给数据库加上合适粒度的锁。假如某用户只操作一个表中的部分行数据，系统可能会只添加几个行锁或页面锁，这样可以尽可能地支持多用户的并发操作。但是，如果用户事务中频繁对某个表中的多条记录操作，将导致对该表的许多记录行都加上了行级锁，数据库系统中锁的数目会急剧增加，这样就加重了系统负荷，影响系统性能。因此，在数据库系统中，一般都支持锁升级（Lock Escalation）。所谓锁升级是指调升锁的级别，将多个低粒度的锁替换成少数的更高粒度的锁，以此来降低系统负荷。在 SQL Server 中，当一个事务中的锁较多，达到锁升级门限时，系统自动将行级锁和页面锁升级为表级锁。需要注意的是，在 SQL Server 中，锁的升级门限以及锁升级是由系统自动来确定的，不需要用户设置。

五、锁的分类

从不同的角度来看，SQL Server 中的锁大致有两种分类方法。

1. 从数据库系统的角度来看

从数据库系统的角度来看，锁分为以下 3 种类型。

（1）独占锁

独占锁（Exclusive Lock）也称之为排他锁，其锁定的资源只允许进行锁定操作的程序使用，其他任何对它的操作均不会被接受。对于那些修改数据的事务，其执行数据更新命令，例如，执行 INSERT、UPDATE 或 DELETE 命令时，系统自动在所修改的事务上放置独占锁。在有独占锁的资源上，不能放置共享锁，也就是说不允许可以产生共享锁的事务访问这些资源。

只有当产生独占锁的事务结束之后，独占锁锁定的资源才能被其他事务使用。但当对象上已有其他锁存在时，则无法对其加独占锁。独占锁一直到事务结束才能被释放。

（2）共享锁

共享锁（Shared Lock）锁定的资源可以被其他用户读取，但其他用户不能修改它。在 SELECT 命令执行时，SQL Server 通常会对对象进行共享锁锁定。通常加共享锁的数据页被读取完毕后，共享锁就会立即被释放。

（3）更新锁

更新锁（Update Lock）是为了防止死锁而设立的。当 SQL Server 准备更新数据时，它首先对数据对象作更新锁锁定，这样数据将不能被修改，但可以读取。直到 SQL Server 确定要进行更新数据操作时，它会自动将更新锁换为独占锁，但当对象上有其他锁存在时，则无法对其作更新锁锁定。

2. 从程序员的角度看

从程序员的角度看，锁分为以下两种类型。

（1）乐观锁

乐观锁（Optimistic Lock）假定在处理数据时，不需要在应用程序的代码中做任何事情就可以直接在记录上加锁，即完全依靠数据库来管理锁的工作。一般情况下，当执行事务处理时，SQL Server 会自动对事务处理范围内所需更新的表进行锁定。

（2）悲观锁

悲观锁（Pessimistic Lock）对数据库系统的自动管理不敏感，需要程序员直接管理数据，并负责获取、共享和放弃正在使用的数据上的任何锁。

六、在 SQL Server 中查看数据库中的锁

1. 用 Management Studio 查看锁

查看数据库系统中的锁，最便捷的方式就是在 Management Studio 中使用对象资源管理器，通过选择目录树窗口中 [管理] 文件夹下的 [活动监视器]，可以有两种方式来查看锁——“按进程查看锁”或者“按对象查看锁”。

在 [活动监视器] 节点右击，从弹出的快捷菜单中选择 [按对象查看锁] 命令，即可查看当前锁定的对象。

该子节点列出了各个进程的锁信息，包括锁住的对象、锁类型、锁模式、锁状态、所有者等信息。

2. 用系统存储过程 sp_lock 查看锁

用系统存储过程 sp_lock 也可以列出当前的锁，其语法格式如下：

sp_lock spid

spid 是系统进程编号（System Process ID）的缩写。spid 是 INT 类型的数据，如果不指定 spid，则显示所有的锁。

七、应用程序中锁的设计

在 SQL Server 2005 中，除了可以对数据库中的数据进行加锁外，还可以对进程和资源进行加锁。例如，对于某些应用程序来说，由于对应多个应用实例，如果不对某些资源或进程进行锁定限制，那么就有可能出现问题。例如，在一个图书馆管理系统中，为了便于图书采购部门在日后的购书工作中具有针对性，采购师生相对高频关注的书籍，可能就需要借助于统计师生的图书查询记录，为了管理这些图书查询记录，需要给每一个查询记录赋一个唯一的单据号，假设现有单据号的编号依据就是通过原有最大单据编号（ConsultTableID）+1 来实现的，由于图书馆有多台计算机运行多个图书查询的实例，如果不对所有单据号这个共享资源进行锁定，那么就有可能出现与时间有关的错误——运行结果不唯一。

假设以往最大的图书查询单据编号为 998。

在第一种情况下，有甲、乙、丙 3 台计算机同时在运行图书查询的实例，

这3台计算机此时可能同时读到这个最大的图书查询单据编号998，如果甲先完成了查询，按照约定的流程，其对应的图书查询单据编号如下：

ConsultTableID+1=998+1=999

然后丙也完成了图书查询任务，由于其先前读到的最大图书查询单据也是998，则其对应的图书查询单据编号如下：

ConsultTableID+1=998+1=999

最后乙也完成了图书查询任务，同理，其对应的图书查询单据编号如下：

ConsultTableID+1=998+1=999

那么就会出现同一个图书查询单据号999被3次图书查询所使用，这显然是不正确的，后续基于此数据得来的统计肯定也是错误的。把图书查询单换成票单，如果这个问题出现在售票系统中，就可能导致“一票多卖”的现象。

在第二种情况下，假设甲先于乙、丙读到以往最大的图书查询单据编号为998，在甲查询后，则甲的查询单据编号为：

ConsultTableID+1=998+1=999

在甲把查询记录单据提交给系统后，乙、丙再同时读到以往最大的图书查询单据编号就为999，基于同第一种情况相同的原因，乙、丙就会同时争用1000为自己的图书单据查询编号。

在第三种情况下，假设甲、乙、丙分别先后完成查询，则其对应的图书查询单据编号就分别为999、1000、1001，这时候就没有出错。但此时事实上甲、乙、丙三人的查询已经不是一个并发查询——已经变为实际上的“串行”查询了。但这在实际的使用中，是不现实的，因为不能保证任意一组查询都碰巧是“串行”发生的。

把这3种情况综合起来分析，可以看到，同样的3次查询，仅仅因为甲、乙、丙查询的时机不同，竟然得到不同的结果，这就是与时间有关的错误——结果不唯一。

在应用程序中，可以使用锁机制来避免此类错误。

在应用程序中使用锁，需在系统存储过程 sp_GetAppLock 中声明，然后对其所有声明命名的用户资源进行锁定。

应用程序中的锁必须在事务中申请，申请时必须指明锁的模式（共享、更新、独占、意向排他或意向共享），系统存储过程 sp_GetAppLock 的返回值显本了过程是否成功申请到了需要的锁，其返回值代表的意义如下：

0——正常获得所申请的锁；

1——在其他过程释放之后获得了所申请的锁；

-1——锁申请失败（超时）；

-2——锁申请失败（撤销）；

-3——锁申请失败（死锁）。

-999——锁申请失败（其他原因）。

锁使用完毕后要释放，系统存储过程 sp_ReleaseAPPLock 用于释放所申请的锁。

SQL Server 处理应用程序锁的方法与处理其他锁的方法有一些不同，首先是系统不会自动检测应用程序锁是否存在死锁情况，其次是事务释放锁的次数必须和获得锁的次数相同。

八、死锁及其预防解决方法

1. 死锁的概念

在两个或多个事务中，如果每个事务都锁定了自己的资源，却又在等待其他事务释放资源，此时就会造成死锁（Dead Lock）。

死锁就是一个死循环。例如，事务 A 与事务 B 是并发执行的两个事务，事务 A 锁定了表 A 的所有数据，同时请求要使用表 B 里的数据；而事务 B 锁定了表 B 里的所有数据，同时请求要使用表 A 里的数据。两个事务都在等待对方释放资源，因此造成了一个死循环，这就是死锁。此时除非某个外部程序来结束其中一个事务，否则这两个事务就会无期限地等待下去。

2. 死锁的预防

锁是并行处理的重要机制，能保持数据并发的一致性，系统需要利用锁来保证数据完整性。因此，用户避免不了死锁，但在设计时可以充分考虑，从而预防死锁。预防死锁的实质就是破坏死锁产生的条件。虽然不可能完全避免死锁，却可以使死锁的数量减至最少。

用户可以采取以下措施来预防死锁的发生。

（1）按同一顺序访问

预先规定一个封锁顺序，所有的事务都必须按这个顺序对数据执行封锁。例如，不同的过程在事务内部对对象的更新执行顺序应尽量保持一致。

（2）减少在事务中与用户的交互

因为运行没有用户交互的事务处理速度要远远快于有需要用户手动响应事务的速度，有了在事务中与用户的交互，就意味着增加了其他事务等待的概率，其他事务就有可能因此而被阻塞，从而增加事务死锁的可能性。

（3）尽量避免长事务

在同一个数据库中并发执行多个需要长时间运行的事务时，通常会发生死锁。事务运行时间越长，其持有的独占锁的时间也就越长，从而阻塞了其他事务的活动，并可能发生死锁。每个事务的执行时间不可太长，对程序段长的事务可考虑将其分割为几个事务。

（4）使用低级别的隔离

在条件允许的情况下，尽可能使用低级别的隔离。使用低级别的隔离而不使用高级别的隔离可以缩短持有共享锁的时间，从而降低了锁的争夺。

此外，用户还需要遵循以下原则：

尽量避免并发地执行涉及修改数据的语句；

要求每个事务一次性将所有要使用的数据全部加锁，否则就不予执行。

3. 死锁的解除

死锁会造成资源的大量浪费，甚至会使系统崩溃，当发生死锁现象时，系统可以自动检测到，然后通过自动取消其中一个事务来结束死锁。在 SQL Server 中解决死锁的原则是“牺牲一个比两个都死强”，即将其中一个进程作为牺牲者，将其事务回滚，并向执行此进程的程序发送编号为 1205 的错误消息。

在发生死锁的两个事务中，根据事务处理时间的长短来确定其优先级。处理时间长的事务具有较高的优先级，处理时间较短的事务具有较低的优先级。当发生冲突时，保留优先级高的事务，取消优先级低的事务。

第八章　存储过程、触发器和游标

第一节　存储过程

存储过程是一组预先写好的、能实现某种功能的 T-SQL 程序，也是一种数据库对象，是在数据库应用中运用得十分广泛的一种数据对象。

一、存储过程的概念

存储过程(Stored Procedure)是一组预先写好的、能实现某种功能的 T-SQL 程序，指定一个程序名并由 SQL Server 编译后将其存储在 SQL Server 服务器端数据库中，以后要实现该功能，则可以调用这个程序来完成。用户可以通过存储过程的名字并给出参数（如果该存储过程有参数的话）来执行它。

在 SQL Server 2005 中，既可以使用 T-SQL 语言编写存储过程，也可以使用公共语言运行库（Common Language Runtime，CLR）方式编写存储过程。使用 CLR 编写存储过程是 SQL Server 2005 系统与 .NET 框架紧密集成的一种表现形式。

使用存储过程有以下几个优点。

（1）执行速度快效率高

SQL Server 2005 会事先将存储过程编译成二进制可执行代码，在运行存储过程时，SQL Server 2005 不需要再对存储过程进行编译，可以加快执行的速度。

（2）模块式编程

存储过程在创建完毕之后，可以在程序中多次被调用，而不必重新编写该 T-SQL 语句。在存储过程创建之后，也可以对存储过程进行修改，而且一次修改之后，所有调用该存储过程的程序所得到的结果都会被修改，提高了程序的可移植性。

（3）减少网络流量

由于存储过程是存储在数据库服务器上的一组 T-SQL 语句，在客户端调用时，只需要使用一个存储过程名及参数即可，那么在网络上传送的流量比传送这一组完整的 T-SQL 语句要小得多，所以可以减少网络流量，提高运行速度。

（4）安全性

存储过程可以作为一种安全机制来使用，当用户要访问一个或多个数据表，但没有存取权限时，可以设计一个存储过程来存取这些数据表中的数据。而当一个数据表没有设权限，而对该数据表操作又需要进行权限控制时，也可以使用存储过程来作为一个存取通道，对不同权限的用户使用不同的存储过程。

二、存储过程的分类

在 SQL Server 2005 中，存储过程可以分为 3 大类。

（1）系统存储过程

系统存储过程（System Stored Procedures）一般是以“sp_”为前缀的，是由 SQL Server 2005 自己创建、管理和使用的一种特殊的存储过程，用户不能对其进行修改或删除。从物理意义上来说，系统存储过程存储在 Resource 数据库中，但从逻辑意义上来说，系统存储过程出现在系统数据库和用户定义数据库的 sys 架构中。

（2）扩展存储过程

扩展存储过程（Extended Stored Procedures）通常是以“xp_”为前缀的。扩展存储过程允许使用其他编辑语言（如 C# 等）创建自己的外部存储过程，其内容并不存储在 SQL Server 2005 中，而是以 DLL 形式单独存在的。不过该功能在以后的 SQL Server 版本中可能会被废除，所以尽量不要使用。

（3）用户自定义存储过程

用户自定义存储过程（User-defined Stored Procedures）是由用户自行创建的存储过程，可以输入参数、向客户端返回表格或结果、消息等，也可以返回输出参数。在 SQL Server 2005 中，用户自定义存储过程又分为 T-SQL 存储过程和 CLR 存储过程两种。

T-SQL 存储过程：保存 T-SQL 语句的集合，可以接受和返回用户提供的参数。

CLR 存储过程：该存储过程是针对微软的 .NET Framework 公共语言运行库（CLR）方法的引用，可以接受和返回用户提供的参数。CLR 存储过程在 .NET Framework 程序中是作为公共静态方法实现的。

三、创建与执行存储过程

在 SQL Server 2005 中，创建存储过程有两种方法：一种是使用 SQL Server Management Studio；另一种是使用 T-SQL 命令 CREATE PROCEDURE。默认情况下，创建存储过程的许可归属数据库的所有者，数据库的所有者可以把许可授权给其他用户。

在创建存储过程时，要确定存储过程的 3 个组成部分：

输入参数和输出参数；

在存储过程中执行的 T-SQL 语句；

返回的状态值，指明执行存储过程是成功还是失败。

如果在过程定义中为参数指定 OUTPUT 关键字，则存储过程在退出时可以将该参数的当前值返回至调用程序。这也是用变量保存参数值以便在调用程序中使用的唯一方法。

1. 在 SQL Server Management Studio 中使用模板创建存储过程

在 SQL Server Management Studio 中，创建存储过程的步骤如下。

①打开 SQL Server Management Studio，展开节点 [对象资源管理器] ｜ [实例数据库] ｜ [可编程性] ｜ [存储过程]，在窗口的右侧将显示当前数据库的所有存储过程，在 [存储过程] 上右击，从弹出的快捷菜单中选择 [新建存储过程] 命令。

②在打开的 SQL 命令窗口中，系统给出了创建存储过程命令的模板。

③建立存储过程的命令被成功执行后，在 [对象资源管理器] ｜ [实例数据库] ｜ [可编程性] ｜ [存储过程] 中可以看到新建立的存储过程。

2. 用 CREATE PROCEDURE 语句创建存储过程

用 T-SQL 语言的 CREATE PROCEDURE 语句可以建立存储过程，其示例如下。

```
CREATE{ PROC | PROCEDURE } [schema_ name.] procedure_name [ ;number ]
[{@parameter[type_schema_name.]data_type}
[ VARYING ][ = default][ [ OUT[ PUT ]
][， ... n]
```

[WITH <procedure_ option> [, ... n]

[FOR REPLICATION]

AS {sql_statement> [;][, ... n] | <method_specifier>}

[;]

<procedure_ option> ::=

[ENCRYPTION]

[RECOMPILE]

[EXECUTE_ AS_ Clause]

<sql_ statement> ::=

{ [BEGIN] statements [END]}

<method_ specifier> ::=

EXTERNAL NAME assembly_ name.class_ name.method_ name

各选项含义如下。

schema_name：过程所属的架构名称。

procedure_name：用于指定所要创建的存储过程的名称。

number：对同名过程进行分组的选项，使用 DROP PROCEDURE 语句可以将这些分组过程一起删除。

@parameter：存储过程的参数。

[type_schema_name.]data_type：参数的架构及类型。

VARYING：指定作为输出参数支持的结果集，仅适用于游标参数。

default：参数的默认值，如果定义了 default 值，则无须指定此参数的值也可执行存储过程。

OUTPUT：输出参数，此选项的值可以返回给调用存储过程的语句。

ENCRYPTION：加密存储过程。

RECOMPILE：指明该存储过程在运行时才编译，不预编译。

EXECUTE_AS_Clause：指定执行存储过程的安全上下文。

FOR REPLICATION：用于指定不能在订阅服务器上执行复制创建的存储过程。使用 FOR REPLICATION 选项创建的存储过程可用作存储过程筛选，且只能在复制过程中执行。

<sql_statement> 语法块：存储过程执行的 T-SQL 语句。

<method_specifier> 法块：指定 .NET Framework 程序集的方法，以便 CLR 存储过程引用。

四、创建与执行存储过程实例

1. 创建与执行不带参数的存储过程

例如：创建一个不带参数的存储过程，从“选课表”中选出所有“分数>65”的记录。

本例中创建存储过程的代码如下：

```
CREATE PROCEDURE getstudent_1
AS
SELECT*
FROM 选课表
WHERE 分数 >65
```

存储过程创建成功后，输入 T-SQL 语句“EXEC getstudent_1”执行存储过程。

2. 创建与执行带有输入参数的存储过程

例如：创建一个带输入参数的存储过程，从“选课表”中选出分数在70 ~ 90 之间的记录。

```
CREATE PROCEDURE getstudent_2
@minfs int,
@maxfs int
AS
SELECT*
FROM 选课表
WHERE 分数 BETWEEN@minfs and@maxfs
```

创建存储过程成功后，输入 T-SQL 语句“EXECgetstudent_2 70，90”来执行存储过程。

3. 创建与执行带有输入、输出参数的存储过程

例如：创建一个带有输入和输出参数的存储过程，实现显示“选课表”中给定学号学生的信息，并输出“选课表”中该学号的学生所选课程的最高分数和最低分数。

创建该存储过程的代码如下：

```
CREATE PROCEDURE getstudent_3
@xuehao varchar（12），
```

```
@maxfs int output
AS
SELECT*
FROM 选课表
WHERE 学号 =@xuehao
SELECT@maxfs=max（分数）
FROM 选课表
WHERE 学号 =@xuehao
SELECT@minfs=min（分数）
FROM 选课表 WHERE 学号 =@xuehao
```

创建存储过程成功后，输入如下的 T-SQL 语句：

```
DECLARE@xl int，@x2 real
EXECUTE getstudent_3'20090201'，@xl output，@x2 output
SELECT@xl AS 最高分数，@x2 AS 最低分数
```

单击 [执行] 按钮，执行已经创建的存储过程 getstudent_3。

五、查看、修改、重命名和删除存储过程

在 SQL Server 2005 中，用户可以对已创建的存储过程进行查看、修改和删除等操作。

1. 查看存储过程

存储过程被创建之后，它的名字就存储在系统表 sysobjects 中，它的源代码存放在系统表 syscomments 中。可以使用 SQL Server 2005 Management Studio 或系统存储过程来查看用户创建的存储过程。

（1）使用 SQL Server 2005 Management Studio 查看用户创建的存储过程

在 SQL Server Management Studio 中，展开指定的服务器和数据库，选择并依次展开 [可编程性] ｜ [存储过程]，然后右击要查看的存储过程的名称，从弹出的快捷菜单中选择 [编写存储过程脚本为] ｜ [CREATE 到] ｜ [新查询编辑器窗口] 命令，则可以看到存储过程的源代码，如果在弹出的快捷菜单中选择 [查看依赖关系] 选项，则会弹出 [对象依赖关系] 对话框，在其中显示与选择的存储过程有依赖关系的其他数据库对象名称。

（2）使用系统存储过程来查看用户创建的存储过程

可供使用的系统存储过程及其语法形式如下。

sp_help，用于显示存储过程的参数及其数据类型，其语法为：

sp_help[[@objname=]name]

其中，参数 name 为要查看的存储过程的名称。

sp_helptext，用于显示存储过程的源代码，其语法为：

sp_helptext[[@objname=]name]

其中，参数 name 为要查看的存储过程的名称。

sp_depends，用于显示和存储过程相关的数据库对象，其语法为：

sp_depends[@objname=]'object1'

其中，参数 object 为要查看依赖关系的存储过程的名称。

sp_stored_procedures，用于返回当前数据库中的存储过程列表，其语法为：

sp_stored_procedures[[@sp_name=]，name，]

[，[@sp_owner=]'owner']

[，[@sp_qualifler=]'qualifier']

其中，[@sp_name=]'name' 指定返回目录信息的过程名；[@sp_owner=]'owner' 指定过程所有者的名称；[@sp_qualifier=]'qualified' 指定过程限定符的名称。

2. **修改存储过程**

存储过程可以根据用户的要求或基表定义的改变而改变。可以使用 ALTER PROCEDURE 语句修改已经存在的存储过程。修改存储过程与删除和重建存储过程不同，其特点是保持存储过程的权限不发生变化。其主要语法形式如下：

```
ALTER PROCEDURE procedure_name[；number]
[|@parameter data_type|
[VARYING][=default][OUTPUT]][，...n]
[WITH
{RECOMPILE|ENCRYPTION|RECOMPILE，ENCRYPTION}]
[FOR REPLICATION]
AS
sql_statement[...n]
```

当用 ALTER PROCEDURE 语句时，如果在 CREATE PROCEDURE 语句中使用过参数，那么在 ALTER PROCEDURE 语句中也应该使用这些参数。每次只能修改一个存储过程。存储过程的创建者、db_owner 和 db_ddladmin 组的成员拥有执行 ALTER PROCEDURE 语句的许可，其他用户不能使用。

另外，使用 SQL Server Management Studio 也可以修改存储过程的定义。在 SQL Server Management Studio 中，展开指定的服务器和数据库，选择并展

开 [可编程性] | [存储过程] 节点，选择要修改的存储过程并右击，从弹出的快捷菜单中选择 [修改] 命令，打开代码修改窗口。在其中可以直接修改定义该存储过程的 T-SQL 语句，然后单击按钮，执行该存储过程的修改。

3. 重命名存储过程

修改存储过程的名称可以使用系统存储过程 sp_rename，其语法形式为：

sp_rename[@objname=]'object_name'，['object_type']

另外，通过 SQL Server Management Studio 也可以修改存储过程的名称。在 SQL Server Management Studio 中，右击要操作的存储过程名称，从弹出的快捷菜单中选择 [重命名] 选项，当存储过程名称变成可输入状态时，就可以直接修改该存储过程的名称了。

4. 删除存储过程

删除存储过程可以使用 T-SQL 语句中的 DROP 命令，DROP 命令可以将一个或多个存储过程从当前数据库中删除，其语法形式为：

DROP PROCEDURE procedure_name[...n]

另外，通过 SQL Server Management Studio 也可以很方便地删除存储过程。在 SQL Server Management Studio 中，在要删除的存储过程上右击，从弹出的快捷菜单中选择 [删除] 命令，打开 [删除对象] 对话框，选中该存储过程，然后单击 [确定] 按钮即可。

第二节　触发器

触发器是一种特殊类型的存储过程。触发器的主要特点是其通过事件触发而被执行，它只能自动执行。如果希望系统自动完成某些操作，且自动维护确定的业务逻辑和相应的数据完整性，那么就可以通过使用触发器来实现。本节将具体讲述触发器的相关原理与使用技术。

一、触发器概述

触发器是一种特殊类型的存储过程，它在执行语言事件时自动生效。例如，当对某一个表进行诸如 UPDATE、INSERT、DELETE 这些操作时，SQL Server 就会自动执行触发器所定义的 T-SQL 语句，从而确保对数据的处理符合由这些 T-SQL 语句所定义的规则。

1. 触发器的作用

触发器的主要作用是能实现由主键和外键所不能保证的、复杂的参照完整性和数据一致性。除此之外，触发器还有其他许多不同的功能。

（1）可以调用存储过程

为了响应数据库更新，触发器的操作可以通过调用一个或多个存储过程，甚至可以通过调用外部过程完成相应操作。

（2）跟踪变化

触发器可以侦测数据库内的操作，从而禁止了数据库未经许可的更新和变化，使数据库的修改、更新操作更安全，数据库运行更稳定。

（3）可以强化数据条件约束

触发器能够实现比 CHECK 语句更为复杂的约束，更适合在大型数据库管理系统中用来约束数据的完整性。

（4）级联和并行运行

触发器可以侦测数据库内的操作，并自动地级联影响整个数据库的各项内容。例如，某个表的触发器中包含有对另外一个表的数据操作，如删除、更新、插入，而该操作又导致该表上的触发器被触发。

由此可见，触发器可以实现高级形式的业务规则、复杂行为限制和定制记录等功能。

2. 触发器的类型

按照触发事件的不同，可以把 SQL Server 2005 提供的触发器分成两大类型，即 DML 触发器和 DDL 触发器。

（1）DML 触发器可以在数据库中数据修改时被执行

DML 事件包括在指定表或视图中修改数据的 INSERT 语句、UPDATE 语句或 DELETE 语句。DML 触发器可以查询其他表，还可以包含复杂的 T-SQL 语句。系统将触发器和触发它的语句作为可在触发器内回滚的单个事务对待，如果检测到错误（例如磁盘空间不足），则整个事务自动回滚。

（2）DDL 触发器是 SQL Server 2005 的新增功能

当服务器或数据库中发生数据定义语言（DDL）事件时将调用这些触发器。DDL 触发器与 DML 触发器的相同之处在于都需要触发事件进行触发，但是，它与 DML 触发器不同的是，它不会为响应针对表或视图的 UPDATE、INSERT 或 DELETE 语句而触发，相反，它会为响应多种数据定义语言（DDL）

语句而触发。这些语句主要是以 CREATE、ALTER 和 DROP 等关键字开头的语句。DDL 触发器的主要作用是执行管理操作，如审核系统、控制数据库的操作等。

需要说明的是，在 SQL Server 2005 中，还可以创建 CLR 触发器。CLR 触发器既可以使用 DML 触发器，也可以使用 DDL 触发器。

二、DML 触发器的创建和应用

当数据库中发生数据操作语言事件时，将调用 DML 触发器。在 SQL Server 2005 系统中，按照触发器事件类型的不同，可将 DML 触发器分成 3 种类型：INSERT 类型、UPDATE 类型和 DELETE 类型。当向一个表中插入数据时，如果该表有 INSERT 类型的 DML 触发器，则该触发器就触发执行；如果该表有 UPDATE 类型的 DML 触发器，则当对该触发器表中的数据执行更新操作时，该触发器就执行；如果该表有 DELETE 类型的 DML 触发器，当对该触发器表中的数据执行删除操作时，该 DELETE 类型的 DML 触发器就触发执行。有时也可以将这 3 种触发器组合起来使用。

按照触发器和触发事件的操作时间划分，可以把 DML 触发器分为 AFTER 触发器和 INSTEAD OF 触发器。当在 INSERT、UPDATE、DELETE 语句执行之后才执行 DML 触发器的操作时，这种触发器的类型就是 AFTER 触发器。AFTER 触发器只能在表上定义。如果希望使用触发器操作代替触发事件操作，可以使用 INSTEAD OF 类型的触发器。也就是说，INSTEAD OF 触发器可以替代 INSERT、UPDATE 和 DELETE 触发事件的操作。INSTEAD OF 触发器既可以建在表上，也可以建在视图上。通过在视图上建立触发器，可以大大增强通过视图修改表中数据的功能。

DML 触发器的主要优点如下：

① DML 触发器可通过数据库中的相关表实现级联更改，不过，通过级联引用完整性约束可以更有效地进行这些更改；

② DML 触发器可以防止恶意或错误的插入、修改及删除操作，对检查约束定义的限制或更为复杂的其他限制进行强行比较，与检查约束不同，DML 触发器可以引用其他表中的列。例如，触发器可以使用另一个表中的 SELECT 比较插入或更新的数据，以及执行其他操作，如修改数据或显示用户定义错误信息；

③ DML 触发器可以评估数据修改前后表的状态，并根据该差异采取措施；

④一个表中的多个同类 DML 触发器（INSERT、UPDATE 或 DELETE）允许采取多个不同的操作来响应同一个修改语句；

⑤维护非范式数据，可以使用触发器维护非范式数据库环境中的行级数据的完整性。

创建DML触发器应该考虑以下几个问题：

① CREATE TRIGGER 必须是批处理中的第一条语句，并且只能应用于一个表；

②触发器只能在当前的数据库中创建，但是可以引用当前数据库的外部对象；

③创建触发器的权限默认分配给表的所有者，且不能将该权限转给其他用户；

④触发器为数据库对象，其名称必须遵循标识符的命名规则；

⑤虽然不能在临时表或系统表上创建触发器，但是触发器可以引用临时表；

⑥如果一个表的外键包含对定义的DELETE或UPDATE操作的级联，不能定义INSTEAD OF和INSTEAD OF UPDATE触发器；

⑦虽然TRUNCATE TABLE语句类似于没有WHERE子句（用于删除行）的DELETE语句，但它并不会引发DELETE触发器，因为TRUNCATE TABLE语句没有记录；

⑧ WRITETEXT 语句不会引发 INSERT 或 UPDATE 触发器；

⑨如果指定了触发器架构名称来限定触发器，则将以相同的方式限定表名称；

⑩在触发器内可以指定任意的SET语句，选择的SET选项在触发器执行期间保持有效，然后恢复为原来的设置；

⑪在DML触发器中不允许使用下列语句：ALTER DATABASE、CREATE DATABASE、DROP DATABASE、RECONFIGURE、LOAD LOG、LOAD DATABASE、RESTORE LOG、RESTORE DATABASE。

1.DML 触发器的创建

当创建一个触发器时必须指定如下选项：

①名称；

②在其上定义触发器的表；

③触发器将何时激发；

④激活触发器的数据修改语句，有效选项为INSERT，UPDATE或DELETE，多个数据修改语句可激活同一个触发器；

⑤执行触发器操作的编程语句。

DML 触发器使用 deleted 和 inserted 逻辑表，它们在结构上和触发器所在的表的结构相同，SQL Server 会自动创建和管理这些表。可以使用这两个临时的驻留内存的表，测试某些数据修改的效果及设置触发器操作的条件。

deleted 表用于存储 DELETE 或 UPDATE 语句所影响的行的副本。在执行 DELETE 或 UPDATE 语句时，行被从触发器表中删除，并被传送到 deleted 表中。

inserted 表用于存储 INSERT 或 UPDATE 语句所影响的行的副本，在一个插入或者更新事务处理中，新建的行同时被添加到 inserted 表触发器中。inserted 表中的行是触发器表中新行的副本。

在对具有触发器的表进行操作时，其过程如下：

执行 INSERT 操作，插入触发器表中的新行被插入 inserted 表中；

执行 DELETE 操作，从触发器表中删除的行被插入 deleted 表中；

执行 UPDATE 操作，先从触发器表中删除旧行，然后再插入新行。其中删除的旧行插入 deleted 表中，插入的新行同时添加到 inserted 表中。

在 SQL Server 2005 中，可以使用 SQL Server 管理平台或者 T-SQL 语句来创建 DML 触发器。由于 SQL Server 不支持针对系统表的用户定义的触发器，建议不要为系统表创建用户定义触发器。

使用 CREATE TRIGGER 命令创建 DML 触发器的语法形式如下：

CREATE TRIGGER[schema_name.]trigger_name

ON{table|view}

[WITH<dml_trigger_option>[，...n]]

{FOR|AFTER|INSTEAD OF}{[INSERT][，][UPDATE][，][DELETE]}

[WITH APPEND]

[NOT FOR REPLICATION]

AS{sql_statement[；][…n]|EXTERNAL NAME<method specifier[；]>}

<dml_trigger_option>：：=

[ENCRYPTION]

[EXECUTE AS Clause]

<method_specilier>：：=

assembly_name.class_name.method_name

各参数说明如下。

schema_name：DML 触发器所属架构的名称。DML 触发器的作用域是为其创建该触发器的表或视图的架构。对于 DDL 触发器，无法指定 schema_name。

trigger_name：触发器的名称。每个 trigger_name 必须遵循 SQL Server 标识符规则，但 trigger_name 不能以“#”或“##”开头。

table|view：用于指定在其上执行 DML 触发器的表或视图，有时称为触发器表或触发器视图。视图只能被 INSTEAD OF 触发器引用。

WITH ENCRYPTION：对 CREATE TRIGGER 语句的文本进行加密。使用 WITH ENCRYPTION 可以防止将触发器作为 SQL Server 复制的一部分进行发布。

EXECUTE AS：指定用于执行该触发器的安全上下文。允许用户能够控制 SQL Server 的实例在验证对触发器引用的任意数据库对象的权限时使用的用户账户。

AFTER：指定 DML 触发器仅在触发 SQL 语句中指定的所有操作都已成功执行时，才被触发。所有的引用级联操作和约束检查也必须在触发此触发器之前完成。如果仅指定 FOR 关键字，则 AFTER 为默认值。

INSTEAD OF：指定 DML 触发器是“代替” SQL 语句执行的，因此其优先级高于触发语句的操作。对于表或视图，每个 INSERT、UPDATE 或 DELETE 语句最多可定义一个 INSTEAD OF 触发器，但是，可以在每个具有 INSTEAD OF 触发器的视图上定义视图。INSTEAD OF 触发器不可以用于使用 WITH CHECK OPTION 的可更新视图。如果将 INSTEAD OF 触发器添加到指定了 WITH CHECK OPTION 的可更新视图中，则 SQL Server 将引发错误。用户必须用 ALTER VIEW 删除该选项后才能定义 INSTEAD OF 触发器。

{[DELETE][，][INSERT][，][UPDATE]}：指定数据修改语句，这些语句可在 DML 触发器对表或视图进行尝试时激活该触发器。在触发器定义中，允许使用上述选项的任意顺序组合。对于 INSTEAD OF 触发器，不允许对具有指定级联操作 ON DELETE 的引用关系的表使用 DELETE 选项；同样，也不允许对具有指定级联操作 ON UPDATE 的引用关系的表使用 UPDATE 选项。

WITH APPEND：指定应该再添加一个现有类型的触发器。仅当兼容级别等于或低于 65 时，才需要使用此可选子句；如果兼容级别等于或高于 70，则不需要使用 WITH APPEND 子句来添加现有类型的其他触发器。这是兼容级别设置等于或高于 70 的 CREATE TRIGGER 的默认行为。WITH APPEND 不能与 INSTEAD OF 触发器一起使用。如果显式声明了 AFTER 触发器，则也不能使用该子句。仅当为了向后兼容而指定了 FOR（但没有 INSTEAD OF 或 AFTER）时，才能使用 WITH APPEND。如果指定了 EXTERNAL NAME（即触发器为 CLR 触发器），则不能指定 WITH APPEND。

NOT FOR REPLICATION：表示当复制进程修改涉及触发器的表时，不应执行该触发器。

sql_statement：触发器的条件和操作。触发器条件指定其他标准，以确定 DELETE、INSERT 或 UPDATE 语句是否导致执行触发器操作。

<method_specifier>：指定程序集与触发器绑定的方法。该方法不能带有任何参数，并且必须返回空值。class_name 必须是有效的 SQL Server 标识符，并且该类必须存在于可见程序集中。如果该类有一个使用“·”来分隔命名空间部分的命名空间限定名称，这类名必须用 [] 或“#”分隔符分隔。该类不能为嵌套类。

2.DML 触发器的应用

（1）使用 INSERT 触发器

INSERT 触发器常被用来更新时间标记字段，或者验证被触发器监控的字段中数据满足要求的标准，以确保数据的完整性。当向数据库中插入数据时，INSERT 触发器将被触发执行。INSERT 触发器被触发时，新的记录被增加到触发器的对应表中，并且同时也被添加到 inserted 表中。

（2）使用 UPDATE 触发器

UPDATE 触发器和 INSERT 触发器的工作过程基本一致，修改一条记录等于插入了一条新的记录并且删除一条旧的记录。

（3）使用 DELETE 触发器

DELETE 触发器通常用于两种情况：第一种情况是为防止那些确实需要删除但会引起数据一致性问题的记录的删除；第二种情况是执行可删除主记录的子记录的相关删除操作。

（4）使用嵌套的触发器

如果一个触发器在执行操作时引发了另一个触发器，而这个触发器又接着引发下一个触发器，这些触发器就是嵌套触发器。例如，在执行过程中，如果一个触发器修改某个表，而这个表已经有其他触发器，这时就要使用嵌套触发器。

三、DDL 触发器的创建和应用

DDL 触发器一般用于执行以下操作：

防止对数据库架构进行某些更改；

希望数据库中发生某种情况以响应数据库架构中的更改；

要记录数据库架构中的更改或事件。

仅在运行触发 DDL 触发器的 DDL 语句后，DDL 触发器才会被触发。DDL 触发器无法作为 INSTEAD OF 触发器使用。仅在要响应由 T-SQL DDL 语法指定的 DDL 事件时，DDL 触发器才会激发。不支持执行类似 DDL 操作的系统存储过程。

可以创建响应以下语句的 DDL 触发器：

一个或多个特定的 DDL 语句；

预定义的一组 DDL 语句，可以在执行属于一组预定义的相似事件的任何 T-SQL 事件后，触发 DDL 触发器；

选择触发 DDL 触发器的特定 DDL 语句。

并非所有的 DDL 事件都可用于 DDL 触发器中。有些事件只适用于异步非事务语句。例如，CREATE DATABASE 事件不能用于 DDL 触发器中。

1. 创建 DDL 触发器

使用 CREATE TRIGGER 命令创建 DDL 触发器的语法形式如下：

```
CREATE TRIGGER trigger_name
ON{ALL SERVER|DATABASE}
[WITH<ddl_trigger_option>[，...n]]
{FOR|AFTER}{event_type|event_group}[，...n]
AS{sql_statement[；][...n]|EXTERNAL NAME<method specifier>[；]}
<ddl_trigger_option>：：=
[ENCRYPTION]
[EXECUTE AS Clause]
<method_specifler>：：=
assembly_name.class_name.method_name
```

各参数说明如下。

ALL SERVER I DATABASE：将 DDL 触发器的作用域应用于当前数据库。如果指定了此参数，则只要当前服务器中的任何位置上出现 event_type 或 event_group，就会激发该触发器。

EXECUTE AS：指定用于执行该触发器的安全上下文，允许用户能够控制 SQL Server 的实例在验证对触发器引用的任意数据库对象的权限时使用的用户账户。

event_type：执行之后将导致激发 DDL 触发器的 T-SQL 语言事件的名称，用于激发 DDL 触发器的 DDL 事件中列出的在 DDL 触发器中可用的事件。

event_group：预定义的 T-SQL 语言事件分组的名称，执行任何属于 event_

group 的 T-SQL 语言事件之后，都将激发 DDL 触发器。CREATE TRIGGER 运行完毕之后，event_group 还可以通过将其涵盖的事件类型添加到 sys.trigger_events 目录视图中，作为宏使用。

sql_statement：触发条件和操作。

2.DDL 触发器的应用

在响应当前数据库或服务器中处理的 T-SQL 事件时，可以激发 DDL 触发器。触发器的作用域取决于事件。例如，当数据库中发生 CREATE TABLE 事件时，将会触发为响应该事件而创建的 DDL 触发器；当服务器中发生 CREATE LOGIN 事件时，将会触发为响应该事件而创建的 DDL 触发器。

例如：使用 DDL 触发器来防止“实例数据库”中的任意一个表被删除或者修改。

```
CREATE TRIGGER safedb
ON 实例数据库
FOR DROP_TABLE，ALTER_TABLE
AS
PRINT' 禁止删除或修改数据库中的表 '
ROLLBACK
```

四、查看、修改和删除触发器

1. 查看触发器

如果要显示作用于表上的触发器究竟对表有哪些操作，必须要查看触发器信息。在 SQL Server 2005 中，有多种方法可以查看触发器信息，其中最常用的方法有如下两种。

（1）使用 SQL Server 管理平台查看触发器信息

在 SQL Server 管理平台中，如果要查看 DML 触发器，则展开指定的服务器和数据库，选择并展开指定的表，然后展开触发器选项，在要查看的触发器名称上右击，从弹出的快捷菜单中选择 [编写触发器脚本为] | [CREATE 到] | [新查询编辑器窗口] 命令，将出现触发器源代码。

（2）使用系统存储过程查看触发器

系统存储过程 sp_help、sp_helptext 和 sp_depends 分别提供有关触发器的不同信息，其具体用途和语法格式如下。

sp_help：用于查看触发器的一般信息，如触发器的名称、属性、类型和创建时间。其语法格式为：

sp_help' 触发器名称 '

Sp_helptext：用于查看触发器的正文信息。其语法格式为：

sp_helptext' 触发器名称 '

sp_depends：用于查看指定触发器所引用的表或者指定的表涉及的所有触发器。其语法格式为：

sp_depends' 触发器名称 '

sp_depends' 表名 '

2. 修改触发器

可以通过 SQL Server Management Studio、存储过程和 T-SQL 语句来修改触发器的正文和名称。

（1）使用 SQL Server Management Studio 修改触发器

在 SQL Server 中，如果要修改 DML 触发器，则展开指定的服务器和数据库，选择并展开指定的表，然后展开触发器选项，在要查看的触发器名称上右击，从弹出的快捷菜单中选择 [修改] 命令，将会出现代码修改窗口。在该窗口中，可以对触发器进行修改。

（2）使用 T–SQL 语句修改触发器

使用 ALTER TRIGGER 语句修改 DML 触发器的语法形式如下：

```
ALTER TRIGGER schema_name，trigger_name
ON（table | view）
[WITH<dml_trigger_option>[，...n]]
（FOR | AFTER | INSTEAD OF）{[DELETE][,][INSERT][,][UPDATE]}
[NOT FOR REPLICATION]
AS{sql_statement[；][...n] | EXTERNAL NAME<method specifier>[；]}
<dml_trigger_option>：：=
[ENCRYPTION]
[<EXECUTE AS Clause>]
<method_specifier>：：=
assembly_name.class_name.method_name
```

使用 ALTER TRIGGER 语句修改 DDL 触发器的语法形式如下：

```
ALTER TRIGGER trigger_name
ON{DATABASE | ALL SERVER}
```

```
[WITH<ddl_trigger_option>[，...n]]
{FOR | AFTER}{event_type[，...n]|event_group}
AS{sql_statement[；]|EXTERNAL NAME<method specifier>[；]}
<ddl_trigger_option>：：=
[ENCRYPTION]
[<EXECUTE AS Clause>]
<method_specifier>：：=
assembly_name.class 一 name.method_name
```

各参数说明如下。

schema_name：DML 触发器所属架构的名称。DML 触发器的作用域是为其创建该触发器的表或视图的架构。对于 DDL 触发器，无法指定 schema_name。

trigger_name：要修改的现有触发器。

table|view：对其执行 DML 触发器的表或视图，可以选择指定表或视图的完全限定名称。

DATABASE：将 DDL 触发器的范围应用于当前数据库。如果指定了此参数，则只要当前数据库中出现 event_type 或 event_group，就会激发该触发器。

ALL SERVER：将 DDL 触发器的范围应用于当前服务器。如果指定了此参数，则只要当前服务器中的任何位置上出现 event_type 或 event_group，就会激发该触发器。

event_type：执行之后将导致激发 DDL 触发器的 T-SQL 语言事件的名称，用于激发 DDL 触发器的 DDL 事件中列出了在 DDL 触发器中可用的事件。

event_group：预定义的 T-SQL 语言事件分组的名称。执行任何属于 event_group 的 T-SQL 语言事件之后，都将激发 DDL 触发器。在 ALTER TRIGGER 运行完成后，event_group 还将充当宏，将它涉及的事件类型添加到 sys.trigger_events 目录视图中。

NOT FOR REPLICATION：表示当复制代理修改触发器所涉及的表时，不应执行该触发器。

sql_statement：触发条件和操作。

<method_specifier>：指定程序集与触发器绑定的方法。该方法不能带有任何参数，并且必须返回空值。class_name 必须是有效的 SQL Server 标识符，并且该类必须存在于可见程序集中。该类不能为嵌套类。

3. 删除触发器

删除已创建的触发器有 3 种方法。

①使用系统命令 DROP TRIGGER 删除指定的触发器。其语法形式如下：

DROP TRIGGER{trigger}[，…n]

②删除触发器所在的表。删除表时，SQL Server 将会自动删除与该表相关的触发器。

③在 SQL Server Management Studio 中，展开指定的服务器和数据库，找到想要删除的触发器，右击要删除的触发器，从弹出的快捷菜单中选择 [删除] 命令，打开 [删除对象] 对话框，选中该触发器，然后单击 [确定] 按钮即可。

第三节　游标

游标是数据库中一个非常重要的概念。游标提供了一种对表中检索出的数据进行操作的灵活手段。就本质而言，游标实际上是一种能够从包括多数据记录的结果集中每一次只提取一条记录的机制。游标总是与一条 T-SQL 选择语句相关联。游标由结果集和结果集中指向特定记录的游标位置组成。当决定对结果集进行处理时，必须声明一个指向该结果集的游标。

一、游标概述

SQL Server 2005 通过游标提供了对一个结果集进行逐行处理的能力。游标也可以被看作是一个表中的记录指针，该指针与某个查询结果相联系。在某一时刻，该指针只指向一条记录，即游标是通过移动指向记录的指针来处理数据的。当用户在 SQL Server Management Studio 中浏览记录时，有且仅有一条记录的前面有一个黑色的三角标识，该标识就好像是一个指针记录。

游标运行应用程序对查询语句返回的行结果集中的每一行进行相同或不同的操作，而不是一次对整个结果集进行同一操作，它还提供基于游标位置而对表中数据进行删除与更新的功能。游标所具有的优点如下：

允许定位在结果集的特定行；

从结果集的当前位置检索一行或一部分行；

支持对结果集中当前位置的行进行数据修改；

为其他用户对显示在结果集中的数据库数据所做更改提供不同级别的可见性支持；

提供脚本、存储过程和触发器中用于访问结果集中的数据的 T-SQL 语句。

关系数据库中的操作会对整个行集产生影响。由 SELECT 语句返回的行集包括满足该语句的 WHERE 子句中条件的所有行。这种由语句返回的完整行集称为结果集。应用程序，特别是交互式联机应用程序，并不总能将整个结果集作为一个单元来有效地处理。这些应用程序需要一种机制，以便每次处理一行或一部分行。游标就是提供这种机制的对结果集的一种扩展。

二、游标的类型

在 SQL Server 2005 中，根据游标的用途、使用方法等的不同，可以将游标分为多种类型。

1. 根据用途分类

根据游标用途的不同，SQL Server 2005 将游标分为 3 种：T-SQL 游标、API 游标、客户端游标。

（1）T–SQL 游标

T-SQL 游标通过使用 DECLARE CURSOR 等 T-SQL 语句定义、操作，主要用于 T-SQL 脚本、存储过程和触发器中的游标。T-SQL 游标主要用在服务器上，处理由客户端发送给服务器的 T-SQL 语句或批处理、存储过程、触发器中的数据批处理请求。T-SQL 不提取数据块或多行数据。

T-SQL 游标名称和变量只能在 T-SQL 语句中引用，而不能由 OLEDB、ODBC、ADO 和 DB-Library 中的 API 函数引用。

（2）API 游标（应用程序编程接口服务器游标）

API 游标支持 OLEDB、ODBC、ADO 和 DB-Library 中使用的游标函数。ARI 游标主要应用在服务器上。OLEDB、ODBC、ADO 和 DB-Library 支持将游标映射到已执行 SQL 语句的结果集。每次客户端应用程序调用 API 游标函数时，SQL Native Client OLEDB 访问接口或 ODBC 驱动程序将请求传输到服务器，以便对 API 服务器游标进行操作。

（3）客户端游标

客户端游标主要在客户机上缓存结果集时使用，由 SQL Native Client ODBC 驱动程序和实现 ADO API 的 DLL 在内部实现。客户端游标通过在客户端高速缓存所有结果集来实现。每次客户端应用程序调用 API 游标函数时，SQL Native Client ODBC 驱动程序或 ADO DLL 就对客户端上高速缓存的结果集执行游标操作。

2. **根据处理特性分类**

根据 T-SQL 服务器游标的处理特性，SQL Server 2005 将游标分为 4 种：静态游标、动态游标、只进游标和键集驱动游标。

（1）静态游标

静态游标的完整结果集在游标打开时建立在 tempdb 中。静态游标按照游标打开时的原样显示结果集。静态游标不反映在数据库中所做的任何影响结果集成员身份的更改，也不反映对组成结果集中行或列值所做的更新。静态游标不会显示游标打开以后在数据库中新插入的行，即使这些行符合游标中 SELECT 语句的搜索条件。如果组成结果集的行被其他用户更新，则新的数据值不会显示在静态游标中。静态游标会显示打开游标以后从数据库中删除的行。静态游标中不会反映 UPDATE、INSERT 或者 DELETE 操作（除非关闭游标，然后重新打开），甚至不反映使用打开游标的同一连接所做的修改。

在 SQL Server 2005 中，静态游标始终是只读的。由于静态游标的结果集存储在 tempdb 的工作表中，因此结果集中的行大小不能超过 SQL Server 表的最大行大小。

（2）动态游标

动态游标与静态游标相反。当滚动游标时，动态游标反映结果集中所做的所有更改。结果集中的行数据值、顺序和成员在每次提取时都会发生改变。所有用户做的全部 UPDATE、INSERT 和 DELETE 操作通过游标都可以显示。

在 SQL Server 2005 中，动态游标工作表更新始终可以进行。也就是说，即使键列作为更新的一部分被更改了，当前行仍将被刷新。当前行被标记为删除（因为它本身不应该用于键集游标），但是该行并未插入工作表的末端（因为它用于键集游标）。结果是游标刷新未找到行并报告此行丢失。SQL Server 2005 保持游标工作表同步，并且刷新能够找到行，因此它具有新的键。

（3）只进游标

只进游标不支持滚动，它只支持游标从头到尾顺序提取。行只在从数据库中提取出来后才能检索。对所有由当前用户发出或者其他用户提交，并影响结果集中行的 INSERT、UPDATE 和 DELETE 语句，其效果在这些行从游标中提取时是可见的。由于游标无法向后滚动，则在提取行后对数据库中的行进行的大多数更改通过游标均不可见。当值用于确定所修改的结果集（如更新聚集索引涵盖的行）中行的位置时，修改后的值通过游标可见。

SQL Server 2005 将只进和滚动都作为能应用于静态游标、键集驱动游标和动态游标的选项。T-SQL 游标支持只进静态游标、键集驱动游标和动态游标。

（4）键集驱动游标

键集驱动游标打开时，该游标中各行的成员身份和顺序是固定的。键集驱动游标由一组唯一标识符（键）控制，这组键称为键集。键是根据以唯一方式标识结果集中各行的一组列生成的。键集是打开游标时来自符合 SELECT 语句要求的所有行中的一组键值。由键集驱动的游标对应的键集是打开该游标时在 tempdb 中生成的。

当用户滚动游标时，对非键集列中的数据值所做的更改（由游标所有者做出或由其他用户提交）是可见的。在游标外对数据库所做的插入，在游标内是不可见的，除非关闭并重新打开游标。

3. 根据移动方式分类

根据 T-SQL 服务器游标在结果集中的移动方式，SQL Server 2005 将游标分为两种：滚动游标和前向游标。

（1）滚动游标

在游标结果集中，滚动游标可以前后移动，包括移向下一行、上一行、第一行、最后一行、某一行或移到指定行等。

（2）前向游标

在游标结果集中，前向游标只能向前移动，即移到下一行。

4. 根据是否允许修改分类

根据 T-SQL 服务器游标结果集是否允许修改，SQL Server 2005 将游标分为两种：只读游标和只写游标。

（1）只读游标

只读游标禁止修改游标结果集中的数据。

（2）只写游标

只写游标可以修改游标结果集中的数据，它又分为部分可写和全部可写。部分可写表示只能修改数据行指定的列，而全部可写表示可以修改数据行所有的列。

三、声明游标

声明游标是指利用 SELECT 查询语句创建游标的结构，指明游标的结果集中包含哪些数据。声明游标有两种方式：标准方式和 T-SQL 扩展方式。

1. 标准方式

标准方式提供了声明游标语句 DECLARE CURSOR。其语法格式如下：

```
DECLARE cursor_name                /* 指定游标名 */
[INSENSITIVE][SCROLL]CURSOR        /* 指定游标类型 */
FOR
select_statement                   /* 指定查询语句 */
[FOR{READ ONLY|UPDATE[OF column_name[，...n]]}]
[；]
```

各参数说明如下。

cursor_name：游标名。

INSENSITIVE：表示声明一个静态游标。

SCROLL：表示声明一个滚动游标。

select_statement：表示 SELECT 查询语句。

READ ONLY：表示声明一个只读游标。

UPDATE：表示声明一个可写游标。如果有 OF column_name，则指定可写的列名。

2.T–SQL 扩展方式

T-SQL 扩展方式也提供了声明游标语句 DECLARE CURSOR。其语法格式如下：

```
DECLARE cursor_name CURSOR                  /* 指定游标名 */
[LOCAL|GLOBAL]                              /* 指定游标的作用域 */
[FORWARD_ONLY|SCROLL]                       /* 指定游标的移动方向 */
[STATIC|KEYSET|DYNAMIC|FAST_FORWARD]        /* 指定游标的类型 */
[READ_ONLY|SCROLL_LOCKS | OPTIMIS           /* 指定游标的属性 */
[TYPE_WARNING]                              /* 指定游标转换警告 */
FOR
select_statement                            /* 指定查询语句 */
[FOR UPDATE[OF column_name[，...n]]]
[；]
```

各参数说明如下。

LOCAL：表示定义游标的作用域仅限于其所在的存储过程、触发器或者批处理中。当建立游标的存储过程执行结束后，游标会被自动释放。

GLOBAL：定义游标的作用域，表明所声明的游标是全局游标，作用于整个会话层中。只有当用户脱离数据库时，该游标才会被自动释放。如果既未使用 GLOBAL，也未使用 LOCAL，那么 SQL Server 2005 将默认为 LOCAL。

FORWARD_ONLY：表明在从游标中提取数据记录时，只能按照从第一行到最后一行的顺序，此时只能选用 FETCH NEXT 操作。

STATIC：该选项的含义与 INSENSITIVE 选项一样，SQL Server 2005 会将游标定义所选取出来的数据记录放在一个临时表中（建立在 tempdb 数据库中）。对该游标的读取操作皆由临时表来应答。

KEYSET：当游标被打开时，游标中列的顺序是固定的，并且 SQL Server 2005 会在 tempdb 内建立一个表，该表为 KEYSET。KEYSET 的键值可唯一识别游标中的某行数据。

DYNAMIC：表明基础表的变化将反映到游标中，使用这个选项会在最大程度上保证数据的一致性。然而，与 KEYSET 和 STATIC 类型游标相比较，此类型游标需要大量的游标资源。

FASTFORWARD：一个 FORWARD_ONLY、READ_ONLY 型的游标。此选项已为执行进行了优化。如果 SCROLL 或 FOR_UPDATE 选项已被定义，则 FAST_FORWARD 选项不能被定义。

SCROLL_LOCKS：表示锁被放置在游标结果集所使用的数据上。当数据被读入游标时，就会出现锁。这个选项确保对一个游标进行的更新和删除操作总能被成功执行。如果 FAST_FORWARD 选项被定义，则不能选择该选项。另外，由于数据被游标锁定，所以当考虑到数据并发处理时，应避免使用该选项。

OPTIMISTIC：在数据被读入游标后，如果游标中的某行数据已发生变化，那么对游标数据进行更新或删除可能会导致失败。如果使用了 FAST_FORWARD 选项，则不能使用该选项。

TYPE_WARNING：若游标类型被修改成与用户定义的类型不同时，系统将发送一个警告信息给客户端。

标准方式使用 SQL-92 语法声明游标，T-SQL 扩展方式使用 T-SQL 扩展插件，这些扩展插件允许用户使用在 ODBC 或 ADO 的数据库 API 游标函数中所使用的相同游标类型来定义游标。如果在 CURSOR 关键字的前面指定 SCROLL 或 INSENSITIVE 关键字，则不能在 CURSOR 和 FOR select_statement 关键字之间使用任何关键字。如果在 CURSOR 和 FOR select_statement 关键字之间指定任何关键字，则不能在 CURSOR 关键字的前面指定 SCROLL 或 INSENSITIVE。

如果使用T_SQL 语法的DECLARE CURSOR，则不能定义READ—ONLY、OPTIMISTIC 或 SCR0LL_L0CKS，其默认值如下：

如果 SELECT 语句不支持更新，则游标为 READ_ONLY。

STATIC 和 FAST_FORWARD 游标默认为 READ_ONLY。

DYNAMIC 和 KEYSET 游标默认为 OPTIMISTIC。

例如：利用标准方式声明一个名称为“学生”的游标。

```
DECLARE 学生 CURSOR
FOR
SELECT 学号，姓名，性别，出生日期，入学日期
FROM 学生表
WHERE 院系名称 =' 计算机系 '
FOR READ ONLY
GO
```

例如：利用 T-SQL 扩展方式声明一个名为“选课”的游标。

```
DECLARE 选课 CURSOR
DYNAMIC
FOR
SELECT 学号，分数 FROM 选课表 WHERE 课程号 =n FOR UPDATE OF 学号 GO
```

四、使用游标

1. 打开游标

声明游标后，必须打开才能使用。T-SQL 提供了打开游标语句 OPEN。其语法格式如下：

OPEN[GLOBAL]cursor_name

其中，GLOBAL 参数表示要打开的是全局游标。要判断打开游标是否成功,可以通过判断全局变量@@ERROR是否为0来确定。全局变量@@ERROR等于 0 表示成功，否则表示失败。当游标打开成功后，可以通过全局变量 @@CURSOR_ROWS 来获取这个游标中的记录行数。@@CURSOR_ROWS 有以下 4 种可能的取值，指出游标当前的行数信息：

-m：表中的数据已部分填入游标。返回值“-m”表示数据子集中当前的行数；

-1：游标为动态，表示游标的行数不断变化；

0：没有被打开的游标，或最后打开的游标已经被关闭或被释放；

n：表中的数据已完全填入游标，返回值“n”是游标中的总行数。

2. 读取游标

打开游标后，就可以从结果集中提取数据了。T-SQL 提供了读取游标语句 FETCH。其语法格式如下：

```
FETCH
[[NEXT|PRIOR|FIRST|LAST
|ABSOLUTE{n|@nvar}
|RELATIVE{n|@nvar}]
FROM
]{{[GLOBAL]cursor_name}|@cursor_variable_name}
[INTO@variable_name[，...n]]
```

各参数说明如下。

NEXT: 紧跟当前行返回的结果行,并且当前行递增为返回行。如果 FETCH NEXT 是对游标的第一次提取操作，则返回结果集中的第一行。NEXT 是默认的游标提取选项。

PRIOR：返回紧邻当前行前面的结果行，并且当前行递减为返回行。如果 FETCH PRIOR 是对游标的第一次提取操作，则没有行返回并且游标置于第一行之前。

FIRST：返回游标中的第一行并将其作为当前行。

LAST：返回游标中的最后一行，并将其作为当前行。

ABSOLUTE{n ∣ @nvar}：指定绝对行。如果 n 或 @nvar 是正数，则返回从游标头开始的第 n 行，并将返回行变成新的当前行。如果 n 或 @nvar 是负数，则返回从游标末尾开始的第 n 行，并将返回行变成新的当前行。如果 n 或 @nvar 为 0，则不返回行。n 必须是整数常量，并且 @nvar 的数据类型必须是 smallint、tinyint 或 int。

RELATIVE{n ∣ @nvar}：指定相对行。如果 n 或 @nvar 是正数，则返回从当前开始的第 n 行，并将返回行变成新的当前行。如果 n 或 @nvar 是负数，则返回当前行之前第 n 行，并将返回行变成新的当前行。如果 n 或 @nvar 是 0，则返回当前行。在对游标完成第一次提取时，如果在将 n 或 @nvar 设置为负数或 0 的情况下指定 FETCH RELATIVE，则不返回行。n 必须是整数常量，@nvar 的数据类型必须是 smallint、tinyint 或 int。

GLOBAL：指定游标是全局游标。

cursor_name：要从中进行提取的打开的游标名称。如果全局游标和局部游标都使用 cursor_name 作为它们的名称，那么指定 GLOBAL 时，cursor_name 是指全局游标，未指定 GLOBAL 时，则是指局部游标。

@cursor_variable_name：游标变量名，引用要从中进行提取操作的打开的游标。

INTO@variable_name[，...n]：允许将提取操作的列数据放到局部变量中。列表中的各个变量从左到右与游标结果集中的相应列关联。各变量的数据类型必须与相应的结果集列的数据类型相匹配。变量的数目必须与游标选择列表中的列数一致。

如果 SCROLL 选项未在标准方式的 DECLARE CURSOR 语句中指定，则 NEXT 是唯一受支持的 FETCH 选项。如果在标准方式的 DECLARE CURSOR 语句中指定了 SCROLL 选项，则支持所有的 FETCH 选项。

如果使用 T-SQL 扩展方式声明游标，当指定了 FORWARD_ONLY 或者 FAST_FOR-WARD 时，则 NEXT 是唯一受支持的 FETCH 选项。如果未指定 DYNAMIC、FOR-WARD_ONLY 或者 FAST_FORWARD 选项，但已经指定了 KEYSET、STATIC 或者 SCROLL 中的某一个，则支持所有的 FETCH 选项。DYNAMIC SCROLL 游标支持除 ABSOLUTE 以外的所有 FETCH 选项。

@@FETCH_STATUS 函数报告上一个 FETCH 语句的状态。同样的信息记录在由 sp_describe_cursor 返回的游标中的 fetch_status 列中。这些状态信息应该用于在对 FETCH 语句返回的数据进行任何操作之前，以确定这些数据的有效性。

为了获得 FETCH 命令的执行情况，系统提供了游标函数。通过使用游标函数，用户可以了解游标的运行和执行状态。

3. 关闭游标

如果一个已打开的游标暂时不用，就可以关闭。T-SQL 提供了关闭游标语句 CLOSE。其语法格式如下：

CLOSE cursor_name

4. 删除游标

如果一个游标不需要，就可以删除。T-SQL 提供了删除游标的语句 DEALLOCATE。其语法形式如下：

DEALLOCATE cursor_name

第九章　备份与恢复

第一节　备份与恢复的基础知识

任何系统都难免会出现各种形式的故障，某些故障甚至会导致数据库灾难性的损坏。所以做好数据库的备份工作极其重要。

备份可以创建在磁盘、磁带等备份设备上。与备份对应的是恢复。本章将主要介绍数据库在磁盘上的备份与恢复。此外，备份与恢复还有其他用途。例如，将一个服务器的数据库备份下来，再把它恢复到其他的服务器上，实现数据库的快速转移。

一、备份数据库的时机

数据库备份是对数据库结构、对象和数据进行复制，以便数据库遭受破坏时能够修复数据库。数据库恢复是指将备份的数据库再加载到数据库服务器中。

1. 备份用户数据库的时机

通常在下列情况下备份用户数据库。

（1）创建数据库之后

在创建或装载数据库之后，都应当备份数据库。

（2）创建索引之后

创建索引的时候，需要分析以及重新排列数据，这个过程耗费时间和系统资源。在这个过程之后备份数据库，备份文件中包含了索引的结构，一旦数据库出现故障，再恢复数据库后不必重建索引。

（3）清理事务日志之后

使用 BACKUP LOG WITH TRUNCATE_ONLY 或 BACKUP LOG WITH

NO_LOG 语句清理事务日志后，应当备份数据库。此时，事务日志将不再包含数据库的活动记录，所以，不能通过事务日志恢复数据。

（4）执行大容量数据操作之后

当执行完大容量数据装载语句或修改语句后，SQL Server 2005 不会将这些大容量的数据处理活动记录到日志中，所以应当进行数据库备份。例如执行完 SELECT INTO、WRITETEXT、UPDATETEXT 语句后，都需要备份数据库。

model 数据库是系统中所有数据库的模板，如果用户通过修改 model 数据库来调整所有新用户数据库的默认配置，就必须备份 model 数据库。

2. 备份系统数据库的时机

备份数据库，不但要备份用户数据库，也要备份系统数据库。因为系统数据库中存储了 SQL Server 2005 的服务器配置信息、用户登录信息、用户数据库信息、作业信息等。

通常在下列情况下备份系统数据库。

（1）修改 master 数据库之后

master 数据库中包含了 SQL Server 2005 中全部数据库的相关信息。在创建用户数据库、创建和修改用户登录账户或执行任何修改 master 数据库的语句后，都应当备份 master 数据库。

（2）修改 msdb 数据库之后

msdb 数据库中包含了 SQL Server 2005 代理程序调度的作业、警报和操作员的信息，在修改 msdb 之后应当备份这些信息。

二、备份与恢复的方式

SQL Server 2005 所支持的备份是和还原模型相关联的，不同的还原模型决定了相应的备份策略。SQL Server 2005 提供了 3 种还原模型，用户可以根据自己数据库应用的特点选择相应的还原模型。用户可以在 [数据库属性 - 实例数据库] 对话框的 [选项] 选项页中随时修改数据库的还原模型，默认使用完整还原模型。

1. 故障还原模型

（1）完整模型

SQL Server 2005 默认采用完整还原模型，它使用数据库备份和日志备份，能够较为完全地防范媒体故障。SQL Server 2005 事务日志记录了对数据进行的全部修改，包括大容量数据操作。因此，采用该模型能够将数据库还原到特定的时间点。

（2）大容量日志模型

该模型和完整模型类似，也使用数据库备份和日志备份，不同的是，对大容量数据操作的记录，采用提供最佳性能和最少的日志空间方式。这样，事务日志只记录大容量操作的结果，而不记录操作的过程。所以，当出现故障时，采用该模型虽然能够恢复全部的数据，但是不能恢复数据库到特定的时间点。

（3）简单模型

采用简单模型可以将数据库恢复到上一次的备份。事务日志不记录数据的修改操作，采用该模型不能进行“事务日志备份”和“文件 / 文件组备份”。对于小数据库或数据修改频率不高的数据库，通常采用简单模型。

2. 数据库备份方式

SQL Server 2005 提供了 4 种数据库备份方式，用户可以根据自己的备份策略选择不同的备份方式。在 SQL Server Management Studio 中，用户可以通过 [备份数据库] 对话框选择相应的备份方式。

（1）完整备份

完整备份将备份数据库的所有数据文件、日志文件和在备份过程中发生的任何活动（将这些活动记录在事务日志中，一起写入备份设备）。完整备份是数据库恢复的基线，日志备份、差异备份的恢复完全依赖于在其前面进行的完整备份。

（2）差异备份

差异备份只备份自最近一次完整备份以来被修改的那些数据。当数据修改频繁的时候，用户应当执行差异备份。差异备份的优点在于备份设备的容量小，减少数据损失并且恢复的时间快。数据库恢复时，先恢复最后一次的完整数据库备份，然后再恢复最后一次的差异备份。

（3）事务日志备份

事务日志备份只备份最后一次日志备份后所有的事务日志记录。备份所用的时间和空间更少。利用事务日志备份恢复时，可以恢复到某个指定的事务（如误操作执行前的那一点）。这是差异备份和完整备份所不能做到的。但是利用事务日志备份进行恢复时，需要重新执行日志记录中的修改命令来恢复数据库中的数据，所以通常恢复的时间较长。通常可以采用这样的备份计划：每周进行一次完整备份，每天进行一次差异备份，每小时进行一次事务日志备份。这样最多只会丢失一小时的数据。恢复时，先恢复最后一次的完整备份，再恢复最后一次的差异备份，再顺序恢复最后一次差异备份后的所有事务日志备份。

（4）文件和文件组备份

文件和文件组备份将它备份数据库文件或数据库文件组。该备份方式必须与事务日志备份配合执行才有意义。在执行文件和文件组备份时，SQL Server 2005 会备份某些指定的数据库文件或文件组。为了使恢复文件与数据库中的其余部分保持一致，在执行文件和文件组备份后，必须执行事务日志备份。

第二节　备份数据库

备份数据库的方法有多种，可以在 SQL Server Management Studio 下完成，也可以使用 SQL 语句来实现。由于该过程和通常的数据库操作相比频率较低，所以，使用 SQL Server Management Studio 下的图形界面来操作更方便些，并且 SQL Server Management Studio 的操作环境具有更强的集成性，一个操作步骤能够实现多条 SQL 语句的功能。

一、创建备份设备

进行数据库备份，通常需要先生成备份设备，如果不生成备份设备，就需要直接将数据备份到物理设备上。在 SQL Server Management Studio 中生成备份设备可以在数据库备份的集成环境下同时进行，也可以单独进行。·

在服务器实例中，右击 [服务器对象] 节点，从弹出的快捷菜单中选择 [新建备份设备] 命令，打开 [备份设备] 对话框，在 [备份设备] 对话框中可以设置设备名称和文件存储位置。

SQL Server 2005 使用物理设备名或逻辑设备名标识备份设备。物理备份设备指操作系统所标识的磁盘文件、磁带等，如 C: \Program Files\Microsoft SQL Server\MSSQL.1\MSSQL\Backup\myback001.bak。逻辑备份设备名用来标识物理备份设备的别名或公用名称。逻辑设备名存储在 master 数据库的 sysdevices 系统表中。使用逻辑备份设备名的优点是比引用物理设备名简短。

在使用 SQL 语句方式进行数据库备份时，同样可以直接备份到物理设备，或先创建备份设备后再以该设备的逻辑名进行备份。

二、使用 SQL Server Management Studio 备份数据库

使用 SQL Server Management Studio 创建“实例数据库”备份，操作步骤如下。

在对象资源管理器下依次展开文件夹到要备份的 [实例数据库]。

右击 [实例数据库]，在弹出的快捷菜单中选择 [任务] | [备份] 命令。

[名称] 文本框内默认为 [实例数据库 - 完整数据库备份]，如果需要，在 [说明] 文本框中输入对备份集的说明。默认没有任何说明。

在 [备份类型] 选项下选择备份的方式。其中，[完整] 执行完整的数据库备份；[差异] 仅备份自上次完整备份以后，数据库中新修改的数据；[事务日志] 仅备份事务日志。在 [备份组件] 选项下选择选择备份内容，可以是备份 [数据库] 或者 [文件和文件组]。

指定备份目标。在 [目标] 区域中单击 [添加] 按钮，并在 [选择备份目标] 对话框中，指定一个备份文件名或备份设备。这个指定将出现在对话框中 [备份到：] 下面的列表框中。在一次备份操作中，可以指定多个目的设备或文件。这样可以将一个数据库备份到多个文件或设备中。这里指定的文件名是物理备份设备，而备份设备名是逻辑备份设备。如果系统中没有备份设备，则新建一个备份设备。

打开 [备份数据库] 对话框的 [选项] 选项页，用户可以对数据库备份进行设置，包括覆盖媒体、可靠性、事务日志等。

在 [备份到现有媒体集] 里，[追加现有备份集] 或 [覆盖所有现有备份集] 分别表示将此次备份数据追加到原有备份数据后面或覆盖原有备份数据。如果需要可以选择 [检查媒体集名称和备份集过期时间] 复选框来要求备份操作验证备份集的名称和过期时间，在 [媒体集名称] 文本框里可以输入要验证的媒体集名称。

若选择 [备份到新媒体集并清除现有备份集]，则在 [新建媒体集名称] 文本框输入新媒体集名称，在 [新建媒体集说明] 文本框输入新媒体集的相关说明。

设置数据库备份的可靠性：选择 [完成后验证备份] 复选框将会验证备份集是否完整以及所有卷是否都可读。选择 [写入媒体前检查校验和] 复选框将会在写入备份媒体前验证校验和，如果选中此项，可能会增大工作负荷，并降低备份操作的备份吞吐量。在选中 [写入媒体前检查校验和] 复选框后会激活 [出错时继续] 复选框，选中该复选框后，如果备份数据库时发生了错误，还将继续进行。

是否截断事务日志：如果在对话框中的 [备份类型] 下拉列表框里选择 [事务日志]，那么在此将激活 [事务日志] 区域，在该区域中，如果选择 [截断事务日志] 单选框，则会备份事务日志并将其截断，以便释放更多的日志空间，此时数据库处于在线状态。如果选择 [备份日志尾部，并使数据库处于还原状态] 单选框，则会备份日志尾部并使数据库处于还原状态，该项创建尾部日志备份，用于备份尚未备份的日志，当故障转移到辅助数据库或为了防止在还原操作之前丢失所做工作，该选项很有作用。选择了该项之后，在数据库完全还原之前，用户将无法使用数据库。

设置磁带机信息：可以选择 [备份后卸载磁带] 和 [卸载前倒带] 两个选择项。

单击 [备份数据库 - 实例数据库] 对话框里的 [确定] 按钮，开始执行备份操作，此时会出现相应的提示信息。单击 [确定] 按钮，完成数据库备份。

三、使用 SQL 语句备份数据库

使用 SQL 语句备份数据库，有两种方式：一种方式是先将一个物理设备创建成一个备份设备，然后将数据库备份到该备份设备上；另一种方式是直接将数据库备份到物理设备上。

在方式一中，先使用 sp_addumpdevice 创建备份设备，然后再使用 BACKUP DATABASE 备份数据库。

创建备份设备的语法格式如下：

sp_addumpdevice' 设备类型 '，' 逻辑名 '，' 物理名 '

各参数含义如下：

设备类型：备份设备的类型，如果是以硬盘作为备份设备，则为“disk”；

逻辑名：备份设备的逻辑名称；

物理名：备份设备的物理名称，必须包括完整的路径。

备份数据库的语法格式如下：

BACKUP DATABASE 数据库名 TO 备份设备（逻辑名）

[WITH[NAME=' 备份的名称 '][，INIT ｜ NOINIT]]

各参数含义如下：

备份设备：由 sp_addumpdevice 创建的备份设备的逻辑名称，不要加引号；

备份的名称：生成的备份包的名称；

INIT：表示新的备份数据将覆盖备份设备上原来的备份数据；

NOINIT：表示新备份的数据将追加到备份设备上已备份数据的后面。

在方式二中，直接将数据库备份到物理设备上的语法格式如下：

BACKUP DATABASE 数据库名 TO 备份设备（物理名）

[WITH[NAME=' 备份的名称 '][，INIT ｜ NOINT]]

其中，备份设备是物理备份设备的操作系统标识。

前面给出的备份数据库的语法是完整备份的格式，对于差异备份，则在 WITH 子句中增加限定词 DIFFERENTIAL。

对于事务日志备份，采用如下的语法格式：

BACKUP LOG 数据库名

TO 备份设备（逻辑名｜物理名）

[WITH[NAME=' 备份的名称 '][，INIT ｜ NOINIT]]

对于文件和文件组备份，则采用如下的语法格式：

BACKUP DATABASE 数据库名

FILE=' 数据库文件的逻辑名 ' ｜ FILEGROUP=' 数据库文件组的逻辑名 '

TO 备份设备（逻辑名｜物理名）

第三节　恢复数据库

恢复数据库就是将原来备份的数据库还原到当前的数据库中，通常在当前的数据库出现故障或者操作失误时进行。当还原数据库时，SQL Server 2005 会自动将备份文件中的数据库备份全部还原为当前的数据库，并回滚所有未完成的事务，以保证数据库中数据的一致性。

一、恢复数据库前的准备工作

当执行恢复操作之前，应当验证备份文件的有效性，确认备份中是否含有恢复数据库所需要的数据，关闭该数据库上的所有用户，备份事务日志。

1. 验证备份文件的有效性

通过对象资源管理器，可以查看备份设备的属性。右击相应的备份设备，在弹出的快捷菜单中选择 [属性] 命令，在 [备份设备] 属性对话框的 [媒体内容] 选项页中，即可查看相应备份设备上备份集的信息，如备份时的备份名称、备份类型、备份的数据库、备份时间、过期时间等。

使用 SQL 语句也可以获得备份媒体上的信息。例如，使用 RESTORE HEADERONLY 语句，获得指定备份文件中所有备份设备的文件首部信息；使用 RESTORE FILEUSTONLY 语句，获得指定备份文件中的原数据库或事务日志的有关信息；使用 RESTORE VERIFYONLY 语句，检查备份集是否完整，以及所有卷是否可读。

2. 断开用户与数据库的连接

恢复数据库之前，应当断开用户与该数据库的所有连接。所有用户都不准访问该数据库，执行恢复操作的用户也必须将连接的数据库更改到 master 数据库或其他数据库，否则不能启动还原任务。例如，使用 USE master 命令将连接的数据库改为 master 数据库。

3. 备份事务日志

用户在执行恢复操作之前备份事务日志，有助于保证数据的完整性，在数据库还原后可以使用备份的事务日志，进一步恢复数据库的最新操作。

二、使用 SQL Server Management Studio 恢复数据库

备份的数据库恢复到当前数据库中，操作步骤如下。

①在 [对象资源管理器] 中依次展开文件夹到要恢复的当前数据库 [实例数据库]。

②右击 [实例数据库]，在弹出的快捷菜单中依次选择 [任务] | [还原] | [数据库] 命令。

③出现 [还原数据库 - 实例数据库] 对话框。在 [目标数据库] 下拉列表中选择要还原的目标数据库（如果要将数据库恢复为一个新的数据库，可输入新的数据库名称）；在 [目标时间点] 文本框里可以设置还原的时间，对于完全恢复数据库备份，只能恢复到完整备份完成的时间点；在 [源数据库] 下拉列表中选择已执行备份的数据库；在 [选择用于还原的备份集] 区域选择该数据库已有的备份集。

④选择 [还原数据库 - 实例数据库] 对话框的 [选项] 选项页。在 [还原选项] 里可以对还原操作进行设置：

"覆盖现有数据库"：还原操作将覆盖所有现有数据库和相关文件；

"保留复制设置"：将已发布的数据库还原到创建该数据库的服务器之外的服务器时，保留复制设置；

"还原每个备份之前进行提示"：还原每个备份设备前都会要求确认一次；

"限制访问还原的数据库"：还原的数据库仅供 dh_owner、dbcreator 或 sysadmin 的成员使用。

在 [恢复状态] 选项中可以选择还原操作的完成状态，用户可以根据实际情况进行选择：

“回滚未提交的事务，使数据库处于可以使用状态。无法还原其他事务日志。”：恢复完成后数据库能够继续运行，但无法再还原其他事务日志，如果本次还原是还原的最后一次操作，则可以选择该项；

“不对数据库执行任何操作，不回滚未提交的事务。可以还原其他事务日志。”：恢复完成后数据库不能再运行，但是可以继续还原其他事务日志，让数据库能恢复到最接近日前的状态；

⑤“使数据库处于只读模式。撤销未提交的事务，但将撤销操作保存在备用文件中，以便可以恢复效果逆转。”：恢复完成后数据库自动成为只读方式，不能对其进行修改，但能还原其他事务日志。

单击 [确定] 按钮，开始还原操作。

三、使用 SQL 语句恢复数据库

和在 SQL Server Management Studio 下恢复数据库一样，使用 SQL 语句也可以完成对整个数据库、部分数据库和日志文件的还原。

1. 恢复数据库

恢复完整备份数据库和差异备份数据库的语法格式如下：

RESTORE DATABASE 数据库名 FROM 备份设备

[WITH[FILE=n][，NORECOVERY ｜ RECOVERY][，REPLACE]]

各含义如下。

备份设备：和备份数据库时一样，备份设备可以是物理设备或逻辑设备。如果备份设备是物理备份设备的操作系统标识，则采用“备份设备类型 = 操作系统设备标识”的形式。

FILE=n：定义从设备上的第几个备份中恢复。

RECOVERY：表示在数据库恢复完成后 SQL Server 2005 回滚被恢复的数据库中所有未完成的事务，以保持数据库的一致性。恢复完成后，用户就可以访问数据库了。RECOVERY 选项用于最后一个备份的还原。如果使用 NORECOVERY 选项，那么 SQL Server 2005 不回滚被恢复的数据库中所有未完成的事务，恢复后用户不能访问数据库。所以，进行数据库还原时，前面的还原应使用 N0REC0VERY 选项，最有一个还原使用 RECOVERY 选项。

REPLACE：表示要创建一个新的数据库，并将备份还原到这个新的数据库，如果服务器上存在一个同名的数据库，则原来的数据库被删除。

2. 恢复事务日志

恢复事务日志采用下面的语法格式：

RESTORE LOG 数据库名 FROM 备份设备

[WITH[FILE=n][，NORECOVERY ｜ RECOVERY]]

其中各选项的意义与恢复数据库中的相同。

3. 恢复部分数据库

通过从整个数据库的备份中还原指定文件的方法，SQL Server 2005 提供了恢复部分数据库的功能。

所用的语法格式如下：

RESTORE DATABASE 数据库名 FILE= 文件名｜ FILEGROUP= 文件组名 FROM 备份设备 [WITH PARTIAL[，FILE=n][，NORECOVERY][，REPLACE]]

4. 恢复文件或文件组

与文件和文件组备份相对应的，SQL Server 2005 也提供对指定文件和文件组的还原功能，其语法格式如下：

RESTORE DATABASE 数据库名 FILE= 文件名｜ FILEGROUP= 文件组名 FROM 备份设备 [WITH[FILE=n][，NORECOVERY][，REPLACE]]

第四节　分离和附加数据库

SQL Server 2005 允许分离数据库的数据和事务日志文件，然后将其重新附加到另一台服务器。这对快速复制数据库是一个很方便的办法。分离数据库将数据库从 SQL Server 2005 中删除，但是保持组成该数据库的数据文件和事务日志文件中的数据完好无损。然后这些数据文件和事务日志文件可以用来将数据库转移到任何 SQL Server 2005 服务器实例上。

在 SQL Server 2005 中，与一个数据库相对应的数据文件（.mdf 或 .ndf）或事务日志文件（.ldf）都是 Windows 系统中普通的磁盘文件，用通常的拷贝就可以进行复制，这样的复制通常是用于数据库的转移的。对数据库进行分离，能够使数据库从服务器上脱离出来，如果不想它脱离服务器，只要无人使用，通常采用关闭 SQL Server 2005 服务器的方法，同样可以复制数据库文件，从而达到数据库备份转移的目的。

将数据库文件复制到另一个 SQL Server 2005 服务器的计算机上，并让该服务器来管理它，这个过程叫作附加数据库。附加数据库必须指定主数据文件的名称和物理位置。主数据文件包含查找由数据库组成的其他文件所需的信息。如果一个或多个文件已改变了位置，还必须指出其他任何已改变位置的文件。否则，SQL Server 2005 将试图基于存储在主数据文件中的不正确的文件位置信息附加文件，且不能成功附加数据库。

在 SQL Server Management Studio 下或使用系统存储过程 sp_attach_db 都可以进行数据库的附加，使用 sp_attach_db 附加数据库语法格式如下：

[EXECUTE]sp_attach_db' 数据库名 '，' 文件名 '[，...16]

其中文件名为包含路径在内的数据库文件名，可以是主数据文件（.mdf）、辅助数据文件（.ndf）和事务日志文件（.ldf），最多可以指定 16 个文件名。

一般的操作方式为将数据库分离后，将数据文件复制至目标计算机，然后再使用附加数据库的方法在目标计算机上附加数据库。

1. 分离数据库

分离数据库的具体操作步骤如下。

①在 [对象资源管理器] 下依次展开文件夹到要分离的 [实例数据库]。分离数据库需要对数据库具有独占访问权限。如果数据库正在使用，则限制其为只允许单个用户进行访问，具体的设置操作如下：

右击数据库名称，在弹出的快捷菜单中选择 [属性] 命令，弹出 [数据库属性 - 实例数据库] 对话框。在该对话框中，选择 [选项] 选项页；

在 [其他选项] 区域中，向下滚动到 [状态] 选项；

选择 [限制访问] 选项，在其下拉列表中，选择 [Single（单用户）]，单击 [确定] 按钮，完成设置。

②右击 [实例数据库]，在弹出的快捷菜单中依次选择 [任务] | [分离] 命令，出现 [分离数据库] 对话框（该菜单只有 sysadmin 固定服务器角色成员可用，不能分离 master、model 和 tempdb 数据库）；

检查数据库的状态，状态为 [就绪] 时才可以分离数据库。如果还有任何的数据库连接，则都不能分离数据库，可选中 [删除连接] 复选框来断开所有活动连接。

③单击 [确定] 按钮，完成数据库的分离。

2. 附加数据库

所谓数据库转移就是将分离后的数据库文件复制到目标机器上。具体操作步骤如下：

在 [对象资源管理器] 下依次展开文件夹到要附加数据库的 [数据库] 文件夹；

右击 [数据库] 文件夹，在弹出的快捷菜单上选择 [附加] 命令，将弹出

[附加数据库] 对话框；

在该对话框中，单击 [要附加的数据库] 列表框下面的 [添加] 按钮，弹出 [定位数据库文件] 对话框；

在该对话框中，找到要附加的 [实例数据库] 的 .mdf 文件，单击 [确定] 按钮返回到 [附加数据库] 对话框；

单击 [确定] 按钮，完成附加数据库操作。

附加数据库的功能经常用于数据库的转移。例如，本地服务器上的数据库可以通过数据和日志文件的复制，附加到其他的服务器上。当前很多光盘上的数据库系统就是通过这种方法进行附加的。

第五节　数据的导入和导出

本节将主要介绍如何使用 SQL Server 2005 数据库导入导出向导，实现与 Excel 或 Access 进行数据格式转换。

一、SQL Server 与 Excel 的数据格式转换

1. 导出数据

例如：将“实例数据库”中的主要数据表导出并添加到 Excel 表中。

具体操作步骤如下。

①在对象资源管理器中，依次打开文件夹到要导出数据的 [实例数据库]。

②右击 [实例数据库]，在弹出的快捷菜单中依次选择 [任务] | [导出数据] 命令，出现对话框。

③单击 [下一步] 按钮，出现 [选择数据源] 页面。在 [数据源] 下拉列表中选择 [Microsoft OLE DB Provider for SQL Server] 选项。

④在 [服务器名称] 文本框中输入或者选择 SQL Server 服务器名，并选择服务器的身份验证方式。如果选择“使用 SQL Server 身份验证”方式，则需要输入登录名和密码。

⑤单击 [刷新] 按钮，使所选服务器上的所有数据库出现在 [数据库] 下拉列表中，然后选择要导出的数据库，这里默认的就是要导出的数据库 [实例数据库]。单击 [下一步] 按钮，出现 [选择目标] 页面。

⑥在 [目标] 下拉列表中，选择目标数据系统，它们可以是文本文件、Excel 表、Access 数据库、Oracle 数据库等，这里选择 Microsoft Excel，并将 [Excel 文件路径] 设置为“C：\excel\ 实例数据库 .xls”。

⑦单击 [下一步] 按钮，出现对话框。该对话框确定从数据库中如何获得数据，可以有如下两种选择：

"复制一个或多个表或视图的数据"：从数据库中导出指定的表和视图；

"编写查询以指定要传输的数据"：从数据库中导出一条查询语句得到的数据。

这里选择第一项，单击"下一步"按钮。

⑧选择要导出的表。在对话框中，选择要导出的表。当在 [源] 列中选择一个表后，在 [目标] 列中就会显示与源表名相同的目标表的名称，默认时两者相同，当然用户可以自己修改目标表的名称。选择好后单击 [下一步] 按钮。

⑨系统将弹出 [保存并执行包] 页面，在该页面中可以选择 [立即执行] 或 [保存 SSIS 包]。这里选择默认值，使导出过程立即运行。单击 [下一步] 按钮，出现 [完成该向导] 页面。

⑩单击 [完成] 按钮，系统开始导出指定的表。导出完成后，将显示"执行成功"的信息。

⑪数据导出完成后，打开文件"C：\excel\ 实例数据库 .xls"。

2. 导入数据

与上述过程相反，用户可以将 Excel 等数据源导入 SQL Server 2005 数据库。这种形式的数据转换经常用于系统建设初期，这时如果用户有数据保存在 Excel 或者 Access 中，要将这些数据添加到数据库中，则可以通过数据库导入导出向导，将数据导入 SQL Server 2005 数据库，而无须手工重新录入数据。

二、SQL Server 2005 与 Access 的数据格式转换

1. 导出数据

例如：将"实例数据库"中的主要数据表，导出并添加到 Access 数据库中，文件名为"实例数据库 .mdb"。

在导出数据之前，先使用 Access 软件建立一个 Access 的空文件"实例数据库 .mdb"，不需要建立任何表或视图，保存在"C：\access\"文件夹下，然后开始数据的导出。导出并添加到 Access 数据库文件的过程和导出并添加到 Excel 表文件的过程类似。这里只介绍重点步骤。

在 [对象资源管理器] 下调出 SQL Server 导入导出向导。

选择要导出的数据库，这里选择 [实例数据库]。单击 [下一步] 按钮，出现 [选择目标] 页面。

在该页面的 [目标] 下拉列表中，选择目标数据系统，这里选择 [Microsoft Access]。文件名指定为新建的文件“C：\access\ 实例数据库 .mdb”。

类似地，选择要导出的表，最终成功地导出指定的表。打开文件“C：\access\ 实例数据库 .mdb”。

2. 导入数据

例如：将上例中建立的“实例数据库 .mdb”文件中的表，导入一个新建的数据库 accessDB。

Access 数据库文件导入数据到 SQL Server 2005 数据库的过程，与 Excel 表文件导入的过程相类似。这里只介绍重点步骤。

在对象资源管理器中依次展开文件夹到 [数据库] 文件夹，新建数据库 accessDB。

进入 [选择数据源] 页面，选择 [数据源] 为 [Microsoft Access]。[文件名] 指定为刚导出的文件“C：\access\ 实例数据库 .mdb”。

然后进入 [选择目标] 页面，[数据库] 选择新建的数据库 accessDB，将实例数据库 .mdb 文件中的所有表导入该数据库。

参考文献

[1] 赵相国．网络数据库应用技术研究 [M]．北京：中国水利水电出版社，2015.

[2] 李辉．数据库技术与应用（MySQL 版）[M]．北京：清华大学出版社，2016.

[3] 沈祥玖，张岳．数据库系统原理与应用 [M]．北京：中国水利水电出版社，2016.

[4] 徐洁磐．数据库技术实用教程 [M]．北京：中国铁道出版社，2016.

[5] 范剑波．数据库技术与设计 [M]．西安：西安电子科技大学出版社，2016.

[6] 钱雪忠，王月海．数据库原理及应用 [M]．4 版．北京：北京邮电大学出版社，2015.

[7] 张红娟，傅婷婷．数据库原理 [M]．3 版．西安：西安电子科技大学出版社，2016.

[8] 胡孔法．数据库原理及应用 [M]．北京：机械工业出版社，2010.

[9] 鲁晔，李奋华，王文霞．现代数据库设计理论及新技术研究 [M]．北京：中国水利水电出版社，2016.

[10] 赵元哲．数据库技术与应用教程——数据库基础、Access 与 Visual BASIC 开发应用 [M]．西安：西安电子科技大学出版社，2016.

[11] 曹盟．基于 .NET 技术的数据库技术与应用研究 [J]. 无线互联科技，2016（2）.

[12] 杨亮祖．计算机数据库的应用及维护技术研究 [J]．信息技术与信息化，2016（3）.

[13] 田彬．多数据库信息安全技术的应用研究 [J]．信息安全与技术，2016，7（8）.

[14] 刘俊俏．Web 数据库安全技术研究与应用 [J]．科技展望，2017，27（10）.

[15] 朱永振．数据库加密技术及其应用研究 [J]．物联网技术，2016，6（3）.

[16] 马朝红，詹晋玮．数据库性能优化技术应用研究 [J]．计算机与网络，2016，42（8）.

[17] 孙荣．数据库加密技术及其应用研究 [J]．科技风，2016（2）.

[18] 党翠萍. 基于云计算的数据库技术应用研究 [J]. 电脑迷，2016（4）.

[19] 张晓飞. WEB 数据库安全技术研究与应用 [J]. 智能城市，2016（4）.

[20] 王浩，武枫，沈雪健. Web 数据库安全技术研究与应用分析 [J]. 通讯世界，2016，22（3）.

[21] 吴明礼，李同刚，方耀耀. 多数据库信息安全技术的应用研究 [J]. 电脑知识与技术，2016，12（10）.

[22] 李磊. 入侵检测技术在计算机数据库的应用研究 [J]. 数字技术与应用，2016（1）.

[23] 耿丽娟. 计算机数据库技术在信息管理中的应用研究 [J]. 科技尚品，2016（5）.

[24] 何琳，张洁，马犇，等. API 技术在地震应急基础数据库中的应用研究 [J]. 电脑编程技巧与维护，2016（1）.

[25] 汪晨. 数据库技术在计算机辅助审计中的应用研究 [J]. 数字技术与应用，2016（10）.

[26] 刘煜. 数据库技术的应用与发展研究 [J]. 中国校外教育，2017（6）.

[27] 蔡敏. 大数据时代的数据库技术应用研究 [J]. 科学技术创新，2019（5）.

[28] 黄石平. WEB 应用与数据库安全关键技术研究 [J]. 电脑知识与技术，2018，14（7）.

[29] 李隽. Web 应用与数据库安全关键技术研究 [J]. 信息与电脑（理论版），2018（15）.

[30] 赵焕同，刘日月. NET 技术的数据库技术与应用研究 [J]. 电脑迷，2017（30）.